Der Blick
in den Menschen
Wilhelm Conrad Röntgen
und seine Zeit

Angelika Schedel
in Zusammenarbeit mit
Gundolf Keil

Mit 30 Abbildungen

Urban & Schwarzenberg · München–Wien–Baltimore

Anschriften der Verfasser:

Angelika Schedel, M.A.
Arndtstr. 35
97072 Würzburg

Prof. Dr. med. Dr. phil. Gundolf Keil
Vorstand des Instituts für Geschichte der Medizin
der Universität Würzburg
Oberer Neubergweg 10a
97074 Würzburg

Die Deutsche Bibliothek – CIP-Einheitsaufnahme
Schedel, Angelika:
Der Blick in den Menschen: Wilhelm Conrad Röntgen
und seine Zeit / Angelika Schedel in Zusammenarbeit
mit Gundolf Keil. – München; Wien; Baltimore:
Urban und Schwarzenberg, 1995
ISBN 3-541-19501-0

Lektorat: Dr. med. Burkhard Scheele
Redaktion: Inge Pfeifer
Herstellung: Christine Zschorn
Einbandgestaltung: Dieter Vollendorf

Satz: Design-Typo-Print GmbH, Ismaning
Druck: Druck- und Verlagsanstalt Wiener Verlag
Bindung: Druck- und Verlagsanstalt Wiener Verlag
Printed in Germany
© Urban & Schwarzenberg 1995

ISBN 3-541-19501-0

GELEITWORT

Im Jahre 1995 haben wir doppelten Anlaß, uns an einen großen Wissenschaftler zu erinnern, dessen Entdeckung einer »neuen Art von Strahlen« einen Höhepunkt in der Geschichte der Naturwissenschaft bedeutet. Am. 27. März jährt sich der Geburtstag Wilhelm Conrad Röntgens zum 150. und am 8. November der Tag der Entdeckung der nach ihm benannten Strahlen zum 100. Mal.

Mit der neuen Biographie Röntgens vermitteln uns Angelika Schedel und Gundolf Keil einen tiefen Einblick in das Leben und die Forschungsarbeit Röntgens, in die Situation an den Hochschulen und in die politischen Entwicklungen während seiner Lebenszeit.

Die Bedeutung der Entdeckung Röntgens fand zwar rasch ein weltweites Echo, der mit ihr verbundene große Nutzen für die Diagnostik und Behandlung verschiedenster Erkrankungen wurde jedoch erst im Laufe der Jahrzehnte als unverzichtbar erkannt.

Wilhelm Conrad Röntgen genoß bereits als junger Hochschullehrer aufgrund seiner besonderen naturwissenschaftlich-technischen Begabung großes Ansehen. Bei seiner ersten Berufung auf eine Professur wurde er als »bescheiden, gutartig, verständig, taktvoll und tüchtig« charakterisiert. Zu diesen Prädikaten gehörten ein ausgeprägtes Selbstbewußtsein und eine tiefe Abneigung, die Erfüllung seiner Pflichten als Hochschullehrer durch Termine für Ehrungen oder Vorträge zu belasten.

Zahlreiche Rufe auf angesehene Lehrstühle für Physik sind Ausdruck seiner Wertschätzung durch Fachkollegen und der die Hochschulpolitik bestimmenden Persönlichkeiten. Röntgens Einstellung zu den Aufgaben der Universität wurde aus seiner Rektoratsrede in Würzburg 1893 deutlich, in der er die geistige Bildung als eine der Voraussetzungen für eine akademische Laufbahn forderte. Die Verantwortung, die er bei der Gründung des Deutschen Museums übernahm, ist

Ausdruck seines über die Hochschule hinausreichenden Engagements. Aus seinem Briefwechsel spüren wir neben der großen fachlichen Qualifikation auch eine tiefe menschliche Wärme.

Kaum ein anderes ärztliches Fachgebiet hat durch die Zusammenarbeit von Naturwissenschaft und Technik einen so großen Nutzen gewonnen wie die Radiologie.
Auf der Basis der »Zufallsentdeckung« der Röntgenstrahlen wurden diagnostische und therapeutische Fortschritte erzielt, die unzähligen Menschen Heilung oder zumindest Linderung brachten.

So ist es eine verdienstvolle Aufgabe, uns mit der neuen Biographie die Persönlichkeit Wilhelm Conrad Röntgens und seine wissenschaftlichen Leistungen nahezubringen. Der Autorin und Gundolf Keil gilt hierfür unsere Anerkennung. Dem Buch, das viele Freunde gewinnen und in der Reihe der Veröffentlichungen über Wilhelm Conrad Röntgen einen hervorragenden Platz einnehmen wird, wünsche ich die verdiente Aufnahme bei der Leserschaft.

München, im Dezember 1994   Prof. Dr. Dr. h.c. Paul Gerhardt
                                   Direktor des Inst. für
                                   Röntgendiagnostik der
                                   Technischen Universität
                                   München

VORWORT

Wilhelm Conrad Röntgen, der von 1845 bis 1923 lebte, hat durch die
Entdeckung der nach ihm benannten Strahlen im Jahre 1895 die Geschichte der Medizin so wesentlich beeinflußt, daß eine Würdigung
seines Lebens und Forschens zum Anliegen, ja zur Pflicht des Instituts für Geschichte der Medizin der Universität Würzburg wurde.
Mit Unterstützung der Nycomed Arzneimittel GmbH und betreut von
Herrn Dr. Ogle Burian haben wir die vorliegende Röntgen-Biographie
erarbeitet.
Zweifelsohne verdankt der Physiker, dessen 150. Geburtstag wir 1995
gleichzeitig mit dem 100. Jahrestag der Entdeckung der Röntgenstrahlen feiern können, Ruhm und Popularität in erster Linie der Bedeutung dieser Strahlen für die Medizin. Dabei war und ist der Fund
für alle Naturwissenschaften, besonders für die Weiterentwicklung
der Atomphysik, von elementarer Wichtigkeit. Nicht umsonst wurden
fast alle bislang erschienenen Röntgen-Biographien von Physikern
verfaßt.
Die Biographie, die wir uns zur Aufgabe gemacht hatten, sollte eine
Annäherung an den Menschen Wilhelm Conrad Röntgen sein und zugleich seine Zeit widerspiegeln – was angesichts der kargen Quellen
vor allem eine Suche in der Geschichte bedeutete, eine Auswertung
der Zeugnisse unter einfühlender Hermeneutik erforderte und obendrein naturwissenschaftliche Grundkenntnisse voraussetzte.
Und so hoffen wir, daß diese Röntgen-Biographie allen Lesern einen
Menschen und sein Werk vertraut macht, das noch heute wesentlichen Einfluß auf unser aller Leben hat.

Würzburg, im Dezember 1994   Angelika Schedel und Gundolf Keil

Inhaltsverzeichnis

EINLEITUNG

1995 steht für Würzburg unter dem Zeichen Röntgens und dem schwachen Leuchten von Kristallen, das am 8. November 1895 in einem unscheinbaren Haus in der Ziegelau aufglomm.

Die Stadt wird die Entdeckung der Röntgenstrahlen feiern; die Universität wird in die Feiern hineingezogen werden, und die Fachhochschule wird sich in die Feierlichkeiten mit Verve stürzen, denn wenn sie auch zur Zeit der Strahlen-Entdeckung noch nicht existierte, so ist ihr doch der Schauplatz zugefallen und hat sie jenes unscheinbare Haus am Pleicherring übernehmen können, in dem sich die Entdeckung des westfälisch-bayerischen Forschers abspielte.

Das Physikalische Institut der Universität, die altehrwürdige Physico-Medica, die Medizinische Fakultät der Alma Julia und selbst das Institut für Geschichte der Medizin werden in das Festtagsgeschehen eingebunden; denn welcher Medizinhistoriker wagte schon zu sagen, daß die Deutsche Forschungsgemeinschaft ihn auf Ortolf von Baierland angesetzt und er entsprechend im Würzburg des 13. Jahrhunderts zu forschen habe, wo doch so strahlende Entdeckungen jüngster Vergangenheit in ihrer säkularen Bewältigung seine Mitwirkung fordern?

1995 wird für Würzburg zu einem Jahr des Feierns, und ein Blick in den Veranstaltungskalender (der jetzt schon überquillt, noch ehe er gedruckt ist) zeigt, daß sich die festlichen Ereignisse geradezu überstürzen werden und alles in den Schatten zu stellen versprechen, was Würzburg je an Feierlichkeiten erlebt hat[1].

Als da zu erwähnen ist: das Jahr 1914, das den Jubel der 100jährigen Zugehörigkeit zu Bayern mit königlichem »Pomp« und Girlanden be-

---

1 Vgl. Wendehorst, Alfred (Hrsg.): Würzburg. Geschichte in Bilddokumenten. München 1981; S. 101–105 sowie S. 105–112 u.ö.

ging, oder die Säkularfeiern der Universität von 1882 und 1982; ebenso die Erste Deutsche Bischofskonferenz (1848), die Versammlung deutscher Naturforscher und Ärzte (1824) oder das 1200jährige Kiliansjubiläum (1889). Da kann weder der Fürstentag von 1897 mit seinen zwei Königen und dem Kaiser gleichziehen, noch läßt sich das Kaisermanöver von 1909 vergleichen: 35 000 Mann und 8300 Pferde – ein beeindruckendes Spektakel –, aber wie rasch sind die vorbeidefiliert, und der Folgetag läßt »das Glacis schon wieder vom Hufschlag der gewohnten Fuhrwerke und vom Peitschenknall der Fuhrleute widerhallen«.

So war es auch nach der Landesgartenschau ausgangs der 80er Jahre, als der Besucherstrom sich zwischen herbstlichen Rabatten verlor. Allenfalls die zwölf Monate der »geflaggten Stadt« ab dem 9. März 1933: mit dem neuen Oberbürgermeister, den Menschenfluten in der umbenannten Theaterstraße, mit der überbordenden Frankenhalle, mit den nicht enden wollenden Aufmärschen zum Gauparteitag – allenfalls die zwölf Monate aufbrandender Hoffnung lassen sich mit dem Röntgen-Jahr in Würzburg vergleichen, dessen Feierlichkeiten in wenigen Wochen über die Stadt hereinbrechen werden: Festungs- beleuchtung, Feuerwerk, Ringvorlesung, »river boat shuffle« über einen »Main in Flammen« – die Jubiläumsprogramme der beteiligten Fachgesellschaften, -verbände und Vereine sind vielfach schon versandt.

Röntgen war nicht der größte Forscher Würzburgs, und er war mitnichten der bedeutendste Physiker des vorigen Jahrhunderts. Aber von all den Wissenschaftlern, die mit ihm um die Jahrhundertwende wirkten, ist keiner – von Albert Einstein einmal abgesehen – so bekannt geworden wie er. Auch Rudolf Virchow nicht, der 1856 von Würzburg aus das neue Paradigma der Zellularpathologie durchsetzte[2] und damit den Biowissenschaften neue Wege wies; er hat darüber hinaus die Medizinische Soziologie begründet, die Anthro-

---

2 Duchesneau, François: La genèse de la théorie cellulaire. Montréal–Paris, 1987 (= Collection »Analytiques«, 1); S. 213–344.

pologie[3] vorangetrieben, sich an der Seite Schliemanns[4] zu einem der bedeutendsten Archäologen seiner Zeit entwickelt; er hat geholfen, in Würzburg das erste Biozentrum der Welt[5] einzurichten – und die Virchow-Gesamtausgabe[6], die soeben in Bern zu erscheinen beginnt, wird mehr als 70 Bände umfassen. Aber all dies kann nicht ausreichen, ihm einen vergleichbaren Nachhall zu sichern: 1956 ist verstrichen, ohne daß es zu größeren Feierlichkeiten gekommen wäre, und 2002 wird vorübergehen, ohne als Virchow-Jahr ausgerufen zu werden. Eine derartige Häufung von Gedenk- und Festveranstaltungen wie für Röntgen wird es nicht geben: nicht für Wiener, nicht für Kohlrausch, nicht für Helmholtz, nicht für von Laue, nicht für Bohr und nicht einmal für den medizinischen Olympiker Virchow.

Die Wirkungsmächtigkeit Röntgens erklärt sich nur bedingt aus der Anwendungsgeschichte der von ihm gefundenen Strahlen. Gewiß hat die Verfügbarkeit der Würzburger »neuen Art von Strahlen« technische Bereiche revolutioniert, naturwissenschaftliche Vorhaben vorangetrieben oder ermöglicht und klinisch-medizinische Fächer zum Aufblühen gebracht[7] ; aber entsprechende Innovationsschübe zeich-

---

3 Andree, Christian: Rudolf Virchow als Prähistoriker; I–III. Köln–Wien, 1976–1986.

4 Vgl. Andree, Christian (Hrsg.): Über Griechenland und Troja, alte und junge Gelehrte, Ehefrauen und Kinder: Briefe von Rudolf Virchow und Heinrich Schliemann aus den Jahren 1877–1885. Köln–Wien, 1991.

5 Es handelt sich um das »Kollegienhaus« genannte Gebäude in der Koellikerstr. 2, das – 1853 bezogen – die medizinischen und naturwissenschaftlichen Grundlagenfächer unter seinem Dach zu einem Funktionsverbund zusammenführte. Dieses als Prototyp eines Biozentrums berühmte Haus soll voraussichtlich im Röntgen-Jahr abgerissen werden, um einem modernen Parkhaus Platz zu machen.
   Vgl. zur Baugeschichte: Elze, Miriam: Die Geschichte des Anatomischen Institutes in Würzburg von 1582 bis 1849. Med. Diss., Würzburg 1990.

6 Andree, Christian (Hrsg.): Rudolf Virchow, Sämtliche Werke; Abt. I: Medizin, Bd. 4: Beiträge zur wissenschaftlichen Medizin aus den Jahren 1846–1850. Bern–Frankfurt/M.–New York 1992.
   Abt. II: Politik, Bd. 30: Politische Tätigkeit im Preußischen Abgeordnetenhaus 1861–1864, ebd. 1992.

7 Eine entsprechende Studie von Gerhard Schindler ist in Vorbereitung.

nen sich auch nach anderen wissenschaftlichen Funden ab (etwa auf dem Gebiet der Narkose oder Bakteriologie), ohne daß die Namen Horace Wells, Robert Koch oder Curt Schimmelbusch ein vergleichbares Echo erzielt hätten. Bei Röntgen mußte als Auslöser für seinen Ruhm noch etwas anderes hinzukommen, und zwar die Erfüllung eines langgehegten Wunsches oder Traums – des Traums vom *Blick in den Menschen*[8].

Der Wunsch, Einblick in den Menschen zu gewinnen, ist so alt wie die abendländische Medizin und läßt sich spätestens im 5. vorchristlichen Jahrhundert bei den Hippokratikern greifen: Eine Vielzahl der frühen diagnostischen Verfahren zielte nach innen. Die koisch-knidischen Ärzte hielten das Ohr an den Brustkorb, horchten in den Patienten hinein, entdeckten feinblasige Rasselgeräusche, unterschieden das Plätschern des Pleuraergusses und verglichen bei trockener Rippenfellentzündung das Reiben der Pleurablätter mit dem Knarren eines Lederriemens. In der alexandrinischen Medizin, die ihren Wissensdurst mit Leichensektionen nicht mehr zu stillen vermochte, ergänzte man das anatomische Bild vom Körperinneren durch Vivisektion, indem man mit dem Skalpell die lebenden Leiber von Verurteilten öffnete. Der faszinierende Erkenntnisgewinn zur Hirnanatomie und zu den Bauch- und Beckenorganen wurde freilich aufgewogen durch eine weitgreifende Emotionalisierung, die vom Ärztestand ausging, sämtliche Schichten der abendländischen Bevölkerung durchdrang und in ihrer Protesthaltung so weit ging, daß ab dem 3. vorchristlichen Jahrhundert den Ärzten das Sezieren von Menschen allgemein – auch das von Leichen – untersagt wurde. Galen mußte seine anatomischen Fragestellungen durch die Sektion von Tieren zu beantworten suchen, und es bedurfte des mittelalterlichen Liberalismus, um das Sezieren wieder freizugeben und der Humananatomie

---

8 Zum folgenden vgl. Keil, G.: Conrad Wilhelm Röntgen und die Radiologie der Atemorgane. In: Keil, G., R. Wettengel u.a.: Herbsttagung des Berufsverbandes der Pneumologen in Bayern e.V. Würzburg, Oktober 1986. Vorträge. München 1987; S. 6–27.

erneut Einblick in den menschlichen Organismus zu gewähren: Den Auftakt zur anatomischen Demonstrationszeichnung gibt im 14. Jh. die »Dreibilderserie«, deren ganzfigurige Schautafeln den Sektionsbefund andeuten und den Blick ins Innere der großen Leibeshöhlen lenken[9].

Guido da Vigevanos »Anatomia figurata« folgt, aus deren farbigen Schautafeln der »Cadavere aperto di giovane donna« am bekanntesten geworden ist, weil er die weibliche Bauchhöhle öffnet und darüber hinaus den Blick ins Innere der Gebärmutter freigibt.[10] Leonardo da Vinci hat die Thematik mit seinem Blick in den Uterus während des Zeugungsaktes weitergeführt[11] – vergebens indessen; denn die sorgfältigste Zeichnung, die schönste mittelalterliche Buchmalerei konnte die Wirklichkeit nicht kompensieren und war nicht in der Lage, im Einzelfall ärztlichen Alltags den diagnostischen Blick in den Patienten zu ersetzen.

---

9 Siehe Lexikon des Mittelalters, I ff.; München–Zürich (1977–)1980ff. Hier III (1986), s.v. »Dreibilderserie«.
  Sowie: Keil, G.: Ortolfs chirurgischer Traktat und das Aufkommen der medizinischen Demonstrationszeichnung. In: Harms, Wolfgang (Hrsg.): Text und Bild, Bild und Text. DFG-Symposion 1988. Stuttgart 1990 (= Germanistische Symposien, Berichtsband 11); S. 137–149 und Abb. 41–52 (zwischen S. 232–233) sowie S. 117, 216–221, 237f., 311, 321f.
  Sowie: Auer, Erltraut, Bernhard Schnell: Der »Wundenmann«. Ein traumatologisches Schema in der Tradition der »Wundarznei« des Ortolf von Baierland. Untersuchung und Edition. In Keil, G. (Hrsg.); red. von: Mayer, Johannes G[ottfried], Christian Naser: »ein teutsch puech machen«. Untersuchungen zur landessprachlichen Vermittlung medizinischen Wissens. Ortolf-Studien 1. Wiesbaden 1993 (= Wissensliteratur im Mittelalter; 11); S. 349–401.
  Vgl. auch: Groß, Hilde-Marie: Illustrationen in medizinischen Sammelhandschriften. Eine Auswahl anhand von Kodizes der Überlieferungs- und Wirkungsgeschichte des »Arzneibuchs« Ortolfs von Baierland. In: ebd.; S. 172–348; hier S. 182–184, 186–188, 334 (Abb. 7).
10 Reisert, Robert: Der siebenkammerige Uterus. Studien zur mittelalterlichen Wirkungsgeschichte und Entfaltung eines embryologischen Gebärmuttermodells. Pattensen bei Hann. [jetzt Würzburg] 1986 (= Würzburger medizinhistorische Forschungen, 39); Frontispiz und S. 75–78.
11 Quaderni-Blatt III, 3v; Reisert, a.a.O., S. 82f.

Und die Diagnostik mit ihren Problemen der Krankheitsfindung, mit ihren Fragen zur Prognose drängte ins Innere des Leibes. Seit der Antike war man um Einblick in die natürlich gegebenen Körperhöhlen bemüht. Aus den Instrumentenfunden von Pompeji sind spreizbare Spekula überliefert, die dem Arzt Einsicht in Scheide und After ermöglichten. Die Lepraschauer des Hochmittelalters spreizten die Nasenflügel des Aussatzverdächtigen mit einem Kloben und benutzten bei ihrer Rhinoskopie eine Kerze als künstliche Lichtquelle. Guy de Chauliac, der bedeutendste Chirurg des 14. Jhs., hat sein bis heute verwendetes zweibranchiges Zangen-Spekulum nach diesem Kloben der Aussätzigenschauer entwickelt.

Im Fakultätenstreit des ausgehenden Mittelalters wäre die Unfähigkeit des Arztes, in seinen Patienten hineinzuschauen, der Medizin fast zum Verhängnis geworden. Vor Beginn der Auseinandersetzung zwischen Juristen und Medizinern hatte Pietro d'Abano das Argument fehlender Einsicht-Möglichkeit noch als Entschuldigungsgrund gewertet und die zahlreichen fachinternen Streitigkeiten von Ärzten untereinander damit exkulpiert, daß die Heilkunde es mit einem äußerst schwierigen Objekt, dem »corpus humanum«, zu tun habe und obendrein dieses ihr Objekt ja nur von außen und nicht auch von innen sehe. Als dann wenig später der Dignitätsvergleich beginnt und ab 1390 Ärzte und Juristen um den Vorrang ihrer Fächer ringen, wird den Medizinern die problematische Einstufung ihres Objekts zum entscheidenden Nachteil. Denn von einem Gegenstand, der im Aristotelischen Sinne als »corpus mobile« zu definieren ist und obendrein sich dem Einblick in sein Inneres entzieht, konnten keine Gesetze universaler Gültigkeit abgeleitet werden, wie sie die Rechtsvertreter für sich in Anspruch nahmen, sondern ließen sich aufgrund eingeschränkter Erkenntnismöglichkeit allenfalls empirische Vermutungen und arbiträre Schlußfolgerungen herleiten.

Um der Gefahr drohender Rückstufung zu Handwerkern zu entgehen[12] und um die im 11. Jh. erlangten akademischen Positionen halten zu können, sahen sich die Mediziner während des Fakultätenstreits hinsichtlich Einblicks in den Menschen zu Notlösungen gedrängt, denen die Spuren verzweifelten Bemühens gelegentlich einen

Zug von Skurrilität verliehen. Paracelsus versuchte es mit einem er-
kenntnistheoretischen Ansatz über das »Licht der Natur«, das allen
Ärzten luziden Einblick in den Menschen von dessen makrokos-
misch-mikrokosmischen Bedingtheiten her versprach; Leonhard
Thurneißer zum Thurn bemühte die Möglichkeit frühneuzeitlicher
Glasbläserkunst, indem er das Harnglas zum gläsernen Männlein um-
gestaltete, hoffend, daß die anatomischen Konturen des Urinale zu
einer exakten topographischen Aussage führen und auf diese Weise
über den Harnbefund einen Blick in den Menschen ermöglichen würden; Maurus von Salern hatte ihm mit einer Harnregionenlehre um
1170 die erforderliche theoretische Basis bereitgestellt.

Zukunftsträchtiger als alle spekulativen Ansätze waren frühneuzeit-
liche Versuche, über lichtoptische Vorrichtungen den Blick in den
Menschen zu leiten. Die Voraussetzungen dafür waren insofern günstig, als die optischen Innovationen des Mittelalters zur Erfindung
von Brille, Fernglas, Mikroskop sowie Kamera geführt und obendrein eine neue Sehtheorie bereitgestellt hatten. Den Anfang macht
Fabricio ab Acquapendente, der an der Schwelle zum 17. Jh. die Dunkeladaptation nutzte, um den äußeren Gehörgang bis zum Trommel-

---

12 Der Rückstufungsversuch wurde zuerst von Petrarca formuliert, der in seinen
»Invectivae contra medicum ‹quendam›« den Arzt als Handwerker anspricht
und das Recht auf Fachliteratur streitig macht.
Vgl. auch Keil, G.: Guido d'Arezzo der Jüngere und die Medizinschulen seiner
Zeit. In: Schadewaldt, Hans, Karl-Heinz Leven (Hrsgg.): XXX. Internationaler
Kongreß für Geschichte der Medizin 1986, actes/proceedings[/Verhandlun-
gen]. Düsseldorf 1988; S. 1005–1011.
Sowie: Bergdolt, Klaus: Arzt, Krankheit und Therapie bei Petrarca. Die Kritik
an Medizin und Naturwissenschaft im italienischen Frühhumanismus. Med.
Habil.schr., Würzburg 1990; Weinheim a.d.Bergstr. 1992.
Vgl. auch: Keil, G., Rudolf Peitz: »Decem quaestiones de medicorum statu«.
Beobachtungen zum Fakultätenstreit und zum mittelalterlichen Unterrichts-
plan Ingolstadts. In: Keil, G., Bernd Moeller, Winfried Trusen (Hrsg.): Der Hu-
manismus und die oberen Fakultäten. Weinheim a.d.Bergstr. 1987 (= Deutsche
Forschungsgemeinschaft: Mitteilungen der Kommission für Humanismus-
forschung, 14); S. 215–238.

fell auszuleuchten: Er ließ einen Sonnenstrahl in den verdunkelten Untersuchungsraum fallen und ersetzte den Strahl, wenn die Sonne nicht schien, durch den Schein einer Kerze, deren Licht er nach dem Prinzip der Schusterkugel bündelte; als Kugellinse benutzte er einen wassergefüllten Gutterolf.

Im 18. Jh. ersetzten Bikonvexgläser, im 19. Jh. Hohlspiegelkonstruktionen die bauchige Wasserflasche des Paduaner Anatomen. Wichtig ist, daß Nicolas Deleau 1823 zwei Hohlspiegel einander gegenüberstellte, den einen von beiden perforierte und das fokussierte Licht der zwischen den Spiegeln brennenden Flamme durch die zentrale Perforation austreten ließ; wichtig ist des weiteren, daß 1841 der westfälische Landarzt Friedrich Hofmann das Loch im Hohlspiegel zum Hindurchschauen benutzte und dadurch den Augenspiegel sowie den Stirnreflektor erfand, und von Bedeutung ist außerdem, daß Hermann von Helmholtz zehn Jahre später die Notwendigkeit, Blickrichtung und Richtung des einfallenden Lichts zusammenfallen zu lassen, theoretisch begründete. Als besonders geniale Konstruktion muß indessen der Frankfurter Lichtleiter Philipp Bozzinis gelten, der – wie sein Erfinder 1807 berichtete – zur Erleuchtung innerer Höhlen und Zwischenräume des lebenden animalischen Körpers diente und dabei den Lichtstrahl nicht nur fokussierte, sondern ihn durch sogenannte »Winkelleitung« auch in die erforderlichen Richtungen dirigierte. Strahlengang der Lichtquelle und Strahlengang vom Beobachtungsfeld wurden dabei parallelisiert. Alle späteren Endoskope – mögen sie nun Bronchoskop, Mediastinoskop oder ähnlich heißen und das Licht durch Luft, Glasfiber oder andere Medien leiten – sind nichts anderes als Weiterentwicklungen auf der Grundlage des Frankfurter Lichtleiterprinzips. Das gilt in gewisser Hinsicht auch für die Spiegelkombination Manuel Garcias, der 1854 seine Erfahrungen mit der Laryngoskopie veröffentlichte.

Es darf jedoch trotz all dieser Versuche nicht übersehen werden, daß der Schall weiterhin Konkurrent des Lichtes blieb. Sonarverfahren stellten sich neben die optischen Methoden, und besonderen Auf-

trieb erhielt die hippokratische Auskultation, als Leopold Auen-
brugger 1761 mit seiner den Küfern abgeschauten Perkussion das
Prinzip des Echolots in die Medizin einführte. Beim Werten pneu-
mologischer Befunde machten indessen Schalleitung und Schall-
verstärkung Schwierigkeiten, doch gelang es Théophile Hyacinthe
Laënnec, durch seine Erfindung des Hörrohrs die Probleme zu mei-
stern. Daß die auskultatorische Methode dabei als eine Art bildge-
bendes Verfahren aufgefaßt wurde, läßt sich schon an der Art der Be-
nennung ablesen: Laënnec bezeichnete sein Instrument als Sicht-
gerät, nämlich als »Brust-Schauer«, als »Stetho-Skop«.
Einsicht in die Brust, Einsicht in den menschlichen Körper: Der
Schall machte dem Licht seit dem 18. Jh. erneut Konkurrenz, und was
die Leistung des Lichts betrifft, so gab man sich mit den herkömmlichen Beleuchtungskörpern nicht mehr zufrieden. Die Petroleum-
lampe wetteiferte mit der Kerze seit 1836; neben sie stellte sich die
Karbidlampe; die elektrisch betriebene Glühfadenlampe wird in die
Diagnostik 1890 eingeführt, und mit den lichtstarken Gasentladun-
gen der Geißlerschen Leuchtgasröhren kündigt sich eine neue Art
von Strahlen an. Daß man mit Licht auch ziemlich dicke Gewebe-
schichten durchstrahlen konnte, begann sich anhand der Diaphanie-
Erscheinungen abzuzeichnen.
Das war die Situation, als Röntgen seine »neue Art von Strahlen«
fand. Die am 8. November 1895 in Würzburg entdeckten X-Strahlen
durchleuchteten menschliches Gewebe, ermöglichten den *Blick in
den Menschen*, und die »vorläufige Mittheilung« über sie, die Röntgen am Neujahrstag 1896 veröffentlichte, ging wie ein Lauffeuer um
die Welt. Die erdbebenartige Erschütterung, die sie auslöste, war bedingt durch die Visualisierung der Welt, wie sie die Photographie, die
Kinematographie sowie die Fortschritte in der Beleuchtungstechnik
eingeleitet hatten.
Würzburg feiert 1995 seinen großen Wissenschaftler Röntgen, und es
feiert zugleich eine Entdeckung, die den Eintritt in eine neue Zeit, in
eine neue Weltsicht signalisiert. Diesen Schritt ins Zeitalter der Atomphysik, den die X-Strahlen markieren, hat Röntgen durch seine Entdeckung ermöglicht, selbst aber nicht nachvollzogen. Er ist von der

Wirkungsgeschichte seines Fundes überrollt worden, und der von ihm selbst angestoßene Fortschritt hat ihn überholt.

Dieses Phänomen des Zurückbleibens hinter einer selbstausgelösten Entwicklung macht Röntgen für die Wissenschaftsgeschichte interessant, insbesondere wenn diese sich den Empfehlungen eines »new historicism« anschließt und versucht, die biographische Entität auf dem Hintergrund einer textlich konstruierten Welt zeitgenössischer Mentalität zu entwerfen bzw. aus dem gesellschaftlichen, geistigen und wirtschaftlichen Umfeld der Persönlichkeit abzuleiten.[13]
Die vorliegende Arbeit hat es sich entsprechend in ihrem heuristisch-hermeneutischen Vorgehen zur Aufgabe gemacht, weniger die wissenschaftlichen Theorien zu beleuchten oder die institutionenge-schichtlichen Vernetzungen herauszuarbeiten als vielmehr die Lebenszusammenhänge darzustellen – unter welchen Bedingungen Röntgen wissenschaftlich gearbeitet hat, unter welchen Konstellationen er zu seiner Entdeckung kam und unter welchen Voraussetzungen diese Entdeckung zu jener rezeptionsgeschichtlichen Bedeutung anwuchs, die für das 19. Jh. ohne Beispiel ist und nicht zuletzt auf die Lebensgeschichte Röntgens ihrerseits prägend Einfluß gewann.

Röntgen mit seiner Entdeckung hat alles überstrahlt, was in seinem Jahrhundert an der Würzburger Universität wissenschaftlich geleistet wurde. Angesichts der von ihm begründeten Radiologie wirkt selbst das monumentale Werk von Lexers »Mittelhochdeutschem Handwörterbuch«[14] blaß. Diese wirkungsgeschichtliche Strahlkraft

---

13 Vgl. zur Sache: Müller, Hans Jürgen: Biographie und Bibliographie von Johannes Reinmöller (1877–1955). Würzburg 1994 (= Würzburger medizinhistorische Forschungen, 54); S. 469–471.
14 Siehe die zusammenfassenden Studien in: Brunner, Horst (Hrsg.): Matthias von Lexer. Beiträge [!] zu seinem Leben und Schaffen. Stuttgart 1993 (= Zeitschrift für Dialektologie und Linguistik, Beih. 30).

seiner Entdeckung bestimmt in erheblichem Umfang den Inhalt jeder Röntgen-Monographie und hat den Akzent auch im vorliegenden Buch gesetzt, das vom erfüllten Traum eines Blicks in den Menschen die Rezeptionsgeschichte der X-Strahlen zu begründen versucht.

Das vorliegende Buch ist innerhalb von 20 Monaten entworfen, konzipiert und geschrieben worden. Wenn das Erschließen neuer Text- und Bildbestände trotzdem in weit größerem Umfang gelungen ist, als anfangs geplant war, so mag das nicht zuletzt an den vor Ort gegebenen Forschungsbedingungen gelegen haben und damit auch jenem Genius loci zu verdanken sein, der 1895 zum *Blick in den Menschen* geführt hat.

Würzburg, im Dezember 1994   Gundolf Keil

1

Der Anfang vom Ende der Dunkelheit

»Sehsucht« lautete der Titel einer Bonner Ausstellung, die dem radikalen Wandel der Sehgewohnheiten im 19. Jahrhundert gewidmet war. Denn diese Epoche, so die These der Aussteller, habe die Entwicklung neuer optischer Medien im Dienste des veränderten Blicks in eine(r) gewandelte(n) Welt gefördert. Lebensgewißheiten seien nicht mehr vorrangig »im vertikalen Blick auf eine geistige Welt höherer Wesen zu finden«, sondern »mit dem nicht mehr hierarchischen, horizontalen Blick auf die durch sie selbst beherrschbare Natur und gestaltete Welt«[1].

Verschiedene Veränderungen im Leben der Augenzeugen bedingten diesen Wandel: technisch-naturwissenschaftliche Neuerungen beispielsweise, die industrielle Revolution, nationalstaatliches Pathos, Reiselust und Vergnügungskultur. Bis Mitte des 19. Jahrhunderts fanden sie ihren angemessenen bildlichen Ausdruck in sog. Panoramen, d.h. in riesigen umgreifenden Gemälden und verwandten Gestaltungsformen. Doch schon in den folgenden 50 Jahren übernahmen andere, schnellere Medien die Befriedigung des Bedürfnisses nach optischer Information: die illustrierten, stets aktuellen Zeitungen; die Photographie, die die menschliche Sehfähigkeit übertraf, indem sie Bewegungen isolieren und damit den bislang unsichtbaren Augen-

---

1 Sehsucht. Das Panorama als Massenunterhaltung des 19. Jahrhunderts. Begleitheft der Pädagogischen Abteilung zur Ausstellung der Kunst- und Ausstellungshalle der Bundesrepublik Deutschland in Bonn, 28.5.–10.10.1993. Bonn 1993; S. 6.
Vgl. auch gleichnamiger Ausstellungskatalog. Basel 1993.

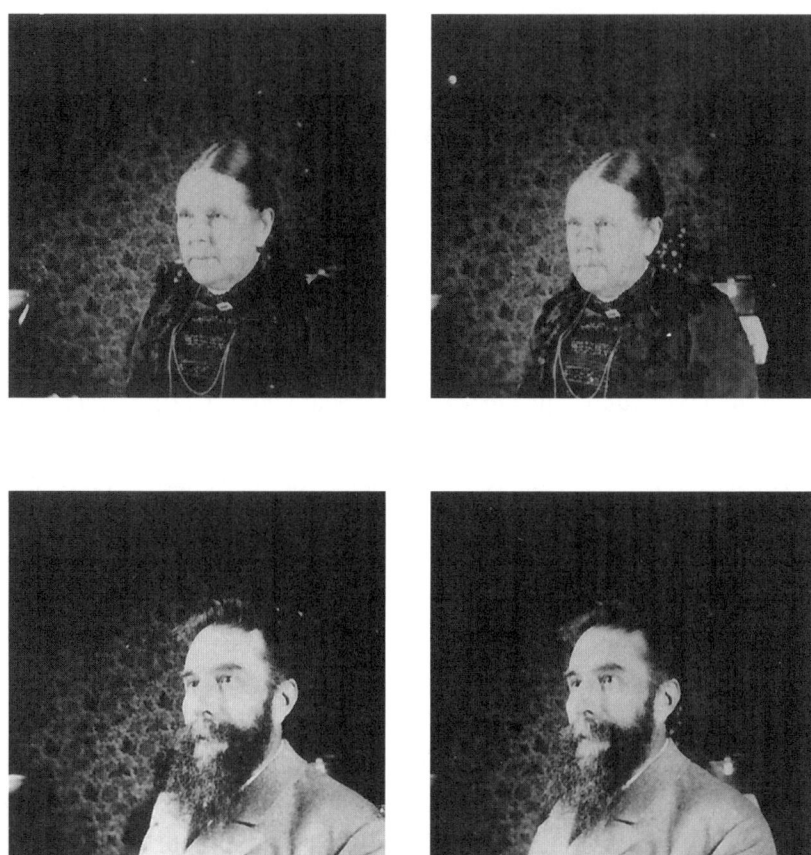

Abb. 1   Wilhelm Conrad Röntgen und seine Ehefrau Bertha im Alter von etwa 50 Jahren. Auch der Hobby-Photograph Röntgen ließ sich von der Spielerei der Stereographie faszinieren, die es erlaubte, mittels zweier leicht unterschiedlicher Bildvorlagen und entsprechender Apparatur, ein Motiv dreidimensional zu sehen.

blick sichtbar sowie – mit Hilfe einer chemischen Lösung[2] – unvergeßlich machen konnte; die Stereoskopie, die der Photographie den dreidimensionalen Bildeindruck eröffnete, und das Kino. Schließlich auch die Röntgenstrahlen, die sich eine kurze Zeit lang anschickten, nicht nur eine herausragende technische Neuerung, sondern auch ein »Spielzeug« in den Händen vieler zu werden. Gerade mit ihrer Hilfe schien das moderne Naturverständnis wenige Jahre vor der Jahrhundertwende seine perfekte optische Umsetzung gefunden zu haben: Das verborgene Innere von Lebewesen und toter Materie war plötzlich zu sehen, Welt und Menschen waren durchsichtig geworden, es schien fortan keine Geheimnisse mehr zu geben.

Wilhelm Conrad Röntgens Mitteilung von der Entdeckung unbekannter Strahlen löste 1896, im Jahr ihrer Publikation, eine Welle von Furcht und Neugier aus. In der Folge begaben sich Wissenschaftler, Ingenieure, Photographen und Hobbybastler vieler Nationen mit unbekümmerter Begeisterung für einige Jahre auf die Suche nach der Natur, mehr aber noch nach der praktischen Anwendungsmöglichkeit des Fundes. Die Erwartungen waren euphorisch, und gerne griff man zum Superlativ: »Man kann heutzutage doch beinahe keine Zeitung mehr zur Hand nehmen, ohne daß darin noch etwas zu finden ist, was nicht auf den X-Strahlen beruht. (...), oh Strahlenkönig.«[3]
Auf dem Gipfel seines Ruhmes verkörperte der Physiker den unbegrenzten Fortschrittsglauben einer ganzen Generation. Man wollte, nein: man würde der Natur Herr werden! »Fin-de-siècle-Strahlen« pries Friedrich Kohlrausch, einer der berühmtesten Physiker der

---

2 Photographie war wiederum nur eine Fortentwicklung der Idee der »camera obscura«.
  Siehe Burckhardt, Martin: Metamorphosen von Raum und Zeit. Eine Geschichte der Wahrnehmung. Frankfurt/M.–New York 1994; S. 248–249.
3 Freiherr Johan Marinus Schorer am 10. Apr. 1896 aus Gravenhage an Röntgen. Zitiert nach Wylick, W.A.H.van: Röntgen und die Niederlande. Ein Beitrag zur Biografie Wilhelm Conrad Röntgens. Remscheid–Lennep 1975; S. 57.

Zeit, die Entdeckung seines Kollegen. Der Faszination, die von den neuen Strahlen ausging, konnte sich kaum einer entziehen.

Ohne den Strahlenfund wäre auch eine Vielzahl von Röntgen-Biographien gar nicht, ganz sicher aber völlig anders geschrieben worden. Er wäre als der Physiker in die Lehrbücher eingegangen, der die Äquivalenz von mechanisch bewegten Ladungen und elektrischem Strom bewiesen und mit diesem sogenannten »Verschiebungsstrom« James Clerk Maxwells Theorie von der Elektrodynamik zum Durchbruch verholfen hat. Doch wer kennt heute schon Maxwell, einen der bedeutendsten Theoretiker unter den Physikern des 19. Jahrhunderts?[4] Die Entdeckung der Strahlen ließ Maxwells und viele andere Namen wie Innovationen zweitrangig erscheinen. Die Strahlen bestimmten jetzt das Licht, in das man Physiker stellte! Sie veränderten als zentrales Ereignis aber auch Röntgens Leben. So wie er selbst durch seine Entdeckung ins Blickfeld der Öffentlichkeit geriet, öffneten seine Strahlen künftig den Blick in den Aufbau der Materie, den Blick in jeden Menschen. Immer wieder bemühte sich der Zeitgeist um Einordnung der Bilder von durchleuchteten Menschen in Zeitungen und populären Vorträgen.

»Es ist angesichts einer so sensationellen Entdeckung schwer, phantastische Zukunftsspekulationen im Stile eines Jules Verne von sich abzuweisen. So lebhaft dringen sie auf denjenigen ein, der hier die bestimmte Versicherung hört, es sei ein neuer Lichtträger gefunden, welcher die Beleuchtung hellen Sonnenscheins durch Bretterwände und die Weichteile eines tierischen Körpers trägt, als ob dieselben von kristallhellem Spiegelglase wären. Die Zweifel müssen sich bescheiden, wenn man vernimmt, daß das photographische Beweisma-

---

4 James Clerk Maxwell (1831–1879), Prof. für Physik in Aberdeen und London, folgte 1871 einem Ruf nach Cambridge, wo er das berühmte »Cavendish-Laboratory« gründete. Bedeutende Forschungen v.a. auf den Gebieten kinetische Gastheorie, physiologische Farbenlehre, Theorie des Elektromagnetismus. Maxwell formulierte die vier Grundgleichungen der Elektrodynamik und bewies hiermit die Existenz elektromagnetischer Wellen.

terial für diese Entdeckung vor den Augen ernster Kritiker bisher
Stand zu halten scheint.«[5]

Bereits in diesem Zeitungsausschnitt vom 7. Januar 1896, einem der
ersten Berichte über die Röntgenstrahlen, wird deutlich, an welche
früheren Erfindungen man beim Versuch der Deutung anknüpfte:
an Erfindungen, die ähnlich benannt wurden, die – auf den ersten
Blick – Ähnliches bewirkten. Und die alle Welt durchschaubarer zu
machen schienen.

Röntgens Strahlen, die nun sogar den Menschen »gläsern« machten,
waren der vorläufige Höhepunkt einer Entwicklung, die bereits Mitte des 19. Jahrhunderts mit neuer Architektur begonnen hatte: 1851
in London, bei der »Great Exhibition of the Works of Industry of all
Nations«. Erstmals versprach hier eine Weltausstellung so etwas wie
eine Übersicht über die Leistungsfähigkeit der europäischen Industrie, über Maschinen und Handwerk. Mit dem Bau einer gigantischen
Ausstellungshalle rückte Großbritannien auch eine neue Architektur
ins Bewußtsein der Weltöffentlichkeit: ein schlankes, schwereloses
Gebäude aus den neuen Industriewerkstoffen Gußeisen und Glas.[6]
Der »Kristallpalast« bot den größten Innenraum der Geschichte. Auf
70 000 Quadratmetern Grundfläche, 564 m lang und 40 m hoch, über-
dachte das durchsichtige Gebäude den Hyde-Park. Der Erbauer, Joseph Paxton, hatte der Natur eine Hülle übergeworfen, um so »die
Außenwelt zur Innenwelt«[7] zu machen. Die Besucher reagierten ver-
unsichert bis begeistert. So schilderte ein Augenzeuge in einer »Kul-

---

5 Frankfurter Zeitung Jg. 40, Nr. 7 (7. Jan. 1896) »Zweites Morgenblatt«.
6 Die Eisenteile für den Kristallpalast waren zum ersten Mal in der Geschichte
   des Bauens maschinell genormt, vorgefertigt und montierbar geliefert worden,
   ebenso die Glasscheiben, die erst seit wenigen Jahren großflächig hergestellt
   werden konnten.
   Vgl. Schivelbusch, Wolfgang: Lichtblicke. Zur Geschichte der künstlichen Helligkeit im 19. Jahrhundert. München 1983.
7 Klotz, Heinrich: Von der Urhütte zum Wolkenkratzer. Geschichte der gebauten
   Umwelt. München 1991; S. 208.

turhistorischen Skizze aus der Industrieausstellung aller Völker«, er
habe Orientierung an den Seitenwänden gesucht, sei doch jede Säule
im Raum »(...) so schlank, als wäre sie nicht da, um zu tragen, sondern um das Bedürfnis des Auges nach einem Träger zu befriedigen«[8]. Und ein Kunsthistoriker kommentierte: »Dieser Riesenraum
hatte etwas Befreiendes. Man fühlte sich in ihm geborgen und doch
ungehemmt. Man verlor das Bewußtsein der Schwere, der eigenen
körperlichen Gebundenheit.«[9]
Eine neue Architektur, neue Materialien und Techniken hatten eine
neue Seherfahrung ermöglicht. Die Grenze zwischen Innen und
Außen, also auch zwischen Privatem und Öffentlichem, schien in
solch einem gläsernen, lichterfüllten Bau zu verschwinden. Es war
dieselbe Erfahrung, die in anderen öffentlichen Gebäuden, an »Sam-
melpunkt(en) einer transitorischen Bewegung«[10] gemacht werden
konnte: in Bahnhöfen, Markt- und Ausstellungshallen, in den prunk-
vollen Passagen der Metropolen, deren berühmteste in London (Bur-
lington Arcade, seit 1819), Brüssel (Galerie Saint-Hubert, seit 1847)
und Mailand (Galleria Vittorio Emanuele II, seit 1877) errichtet wurden.[11] Und noch eine weitere Neuerung entstand zur selben Zeit und
sorgte in der Öffentlichkeit für zwiespältige Gefühle: die künstliche
Beleuchtung, erfunden für und ermöglicht durch den industriellen
Fortschritt.[12]
Seit Anfang des 19. Jahrhunderts hatten die Vorteile des Gaslichts zu
seiner raschen Verbreitung geführt: Das bislang ignorierte Abfallpro-
dukt, das bei der Verkokung von Steinkohle entstand, fand zunächst

---

8 Bucher, Lothar: Kulturhistorische Skizzen aus der Industrieausstellung aller
   Völker. London 1851. Zitiert nach Klotz; S. 214.
9 Meyer, A.G.: Eisenbauten, ihre Geschichte und Ästhetik. Eßlingen 1907; S. 69.
10 Kohlmaier, Georg, Barna von Sartory: Das Glashaus – ein Bautypus des
   19. Jahrhunderts. München 1981; S. 40 (= Studien zur Kunst des neunzehnten
   Jahrhunderts, Bd. 43).
11 Vgl. Geist, J.F.: Passagen. Ein Bautypus des 19. Jahrhunderts. 4. Aufl. München
   1982.
12 Vgl. Schivelbusch.

in englischen Fabriken seinen Einsatz. Es war bequem zu handhaben, regulierbar, viel heller für die dauerhafte und großflächige Beleuchtung und weniger gefährlich als die herkömmlichen Öllampen. In den 50er Jahren des 19. Jahrhunderts, als das Gaslicht über England und Frankreich auch die deutschen Straßen erreicht hatte, kündigten sich bereits die ersten Versuche mit elektrischem Bogenlicht an. Eine nochmalige Helligkeitssteigerung und Annäherung an tageslichtähnliche Zustände war die Folge. So schrieb ein französischer Mediziner 1880 über die Dunkeladaptation des Auges: »Mitten in der Nacht tut sich der strahlende Tag auf. Laden- und Straßenschilder kann man deutlich über die Straße hinweg erkennen. Sogar die Gesichtszüge von Personen sind über eine größere Distanz hin gut zu sehen, und was besonders merkwürdig ist, das Auge gewöhnt sich sofort und ohne die geringste Anstrengung an diese intensive Beleuchtung. Doch der Eindruck täuscht: Sobald der Blick die breite Verkehrsstraße verläßt und sich in eine Seitenstraße verliert, wo eine dürftige und trübe Gaslaterne flackert, beginnt die Sehanstrengung. Hier herrscht noch unbezwungen die Dunkelheit, oder vielmehr ein schwacher rötlicher Lichtschein, der kaum ausreicht, Zusammenstöße im Hauseingang oder auf der Treppe zu verhindern; mit einem Wort, hier herrscht das Elend der Beleuchtung. Mühevoll erweitert sich die Pupille, und die Netzhaut sucht den kleinsten Lichtstrahl aufzufangen. Im Gegensatz dazu strahlt von der elektrischen Leuchtkugel das Licht mächtig aus, erhellt beide Seiten der Straße, vertreibt jeglichen Schatten, durchleuchtet jeden Winkel, indem es vom Pflaster und den Häuserwänden reflektiert wird, und verliert sich schließlich in den Wolken.«[13]

---

13 Poncet de Cluny. In: Progrès médical. 1880; S. 627–628. Zitiert nach einer Übersetzung von Schivelbusch; S. 116.

Ob Gaslampe oder elektrische Beleuchtung: Die Menschen konnten
unabhängig von der Tageszeit auch im Freien dank einer technischen
Neuerung Außenräume erfahren, als wären sie Innenräume. Nächt-
liche Geschäfts- und Vergnügungsstraßen wurden zu »Interieurs«,
die dort endeten, wo die Dunkelheit begann.

Letztendlich überschritt die Helligkeit auch die Schwelle der Wohn-
räume. Das Dämmerlicht, das bislang nächtens in den städtischen
Wohnungen geherrscht hatte, wurde durch Gas- und später Elektro-
anschluß beendet, die Fenster wurden größer und öffneten das bürgerliche Haus zur Straße hin. Die scharfe Trennung zwischen drinnen
und draußen schien aufgehoben – hätten nicht immer mehr und
undurchdringlichere Gardinen und Vorhänge das Licht durch eine
»textile Wand«[14] in Schach gehalten. Ein Kontrast, der die Existenz
»des bürgerlichen Individuums als Privatmann zu einer öffentlichen
Existenz«[15] widerspiegelt und in der zweiten Hälfte des 19. Jahrhunderts seinen Höhepunkt erreichte. »Im Hintergrund dieses
Schreckens stand sicherlich die (...) Ideologie des 19. Jahrhunderts,
daß die Familie als Ort der Geborgenheit um jeden Preis zu schützen
sei. Gleichzeitig wurde gegenwärtig, daß das Industriezeitalter daran
arbeitete, die Familie aufzulösen. Die Großstadt erschien jenen Bür-
gern feindlich, die in der ersten oder zweiten Generation vom Lande
zugewandert waren. Ihrer Vielfalt permanenter Reize, denen geantwortet werden mußte, fand sich das Individuum unzulänglich angepaßt und ließ es nicht zur Ruhe kommen. Gewohnheitsmäßiger Ablauf und Ritual der Bewegung war nur in der Sphäre der Wohnung
möglich. Darum erschienen die vier Wände als ein Fluchtpunkt, als
ein Labyrinth des Vergessens, wo das Gefühl, wie man meinte, her-
vorgekehrt werden konnte. Von der gardinenverhangenen Wohnung
aus führte der Bürger des 19. Jahrhunderts sein Rückzugsgefecht gegen die gefühllose Maschinenwelt.«[16]

---

14 Kohlmaier, von Sartory; S. 39.
15 ebd.
16 ebd.; S. 40.

Trotz aller Bedenken akzeptierte der Mensch das künstliche Licht und dessen unaufhaltsamen Siegeszug. Einen Höhepunkt erreichte die elektrische Beleuchtungseuphorie, die immer neue Anwendungsmöglichkeiten provozierte[17], in den Vorbereitungen zur Pariser Weltausstellung des Jahres 1889. Bevor sich das Vorbereitungskomitee für die Errichtung des Eiffelturms, eine Konstruktion aus Gußeisen mit vielen freien, lichtdurchlässigen Flächen, entschied, war ein weiteres Projekt als Fortschrittsdenkmal in der engeren Wahl, das nicht nur ebenso unübersehbar sein, sondern auch Sichtweisen verändern sollte: Jules Bourdais und ein Elektroingenieur namens Sébillot hatten den vieldiskutierten Vorschlag gemacht, mitten im Zentrum der Stadt einen Sonnenturm (»Tour soleil«) bauen zu lassen, der aus einer Höhe von 360 Metern ganz Paris im Umkreis von 5,5 Kilometern mit Licht überziehen konnte. Eine Bogenlichtanlage sollte Wahrzeichen für den Entwicklungsstand der Beleuchtungsindustrie, ja der menschlichen Zivilisation schlechthin werden. Die Nacht würde zum Tage werden, die Helligkeit »bis ins Innere der Häuser und Wohnungen dringen«[18], hatte man versprochen. Bedenken darüber, ob man mit einer solch riesigen Lichtquelle die Menschen nicht eher blende, als ihnen Licht schenke, ließen das Komitee schließlich für Eiffels konkurrierendes Projekt stimmen.

»Neue Medien« wie Photographie und Kino, der Kristallpalast in London, der geplante Sonnenturm in Paris: Neue Sehweisen und ungewohnte Perspektiven gehören zum geschichtlichen Hintergrund einer Biographie über Wilhelm Conrad Röntgen. Sie machten und illustrierten Schlagzeilen und sorgten in der Öffentlichkeit für Gesprächsstoff: »Beinahe überall findet man Ihr Bild, aus dem ich Sie kaum noch wiedererkenne.«

---

17 Vgl. Schivelbusch; S. 67ff.
18 Sébillot. In: Société des ingénieurs civils de France. Mémoires et compte rendu des travaux, Bd. 1 (1885); S. 53. Zitiert nach einer Übersetzung von Schivelbusch; S. 126.

Für seinen Zürcher Schulkollegen Schorer besaß Röntgen als »Held«
der Presseberichte ab 1896 kaum noch Ähnlichkeit mit dem Mann,
der mit ihm in Zürich das Hochschulstudium absolviert hatte und der
nie besonders aufgefallen war. Es schien, als hätte Röntgens Leben
erst mit der Entdeckung seiner Strahlen begonnen. Deshalb ist das
folgende Kapitel dieser Biographie dem Sohn eines Tuchfabrikanten
gewidmet, der als Wilhelm Conrad Röntgen am 27. März 1845 in
Lennep geboren wurde. Seine Geschichte ist auch eine Geschichte
jener Zeit der Veränderungen, revolutionärer technischer Entwicklungen, einer ebenso revolutionären Demokratisierung der Hochschulen, und der daraus folgenden Differenzierung der Wissenschaften – aber auch der bürgerlichen Vergnügungen eines Forschers in
Zeiten eines wachsenden deutschen Imperialismus, der Denken und
Handeln vieler bestimmte.

Kapitel für Kapitel will diese Biographie dazu beitragen, den »Strahlenkönig« Röntgen als einen Menschen zu zeigen, der nicht nur
großartiger Forscher, sondern darüber hinaus typischer Vertreter
seiner Generation war.

2

1845-1874

KINDHEIT UND AUSBILDUNG
LENNEP – APELDOORN – UTRECHT

»NICHT JEDOCH ZUFRIEDEN MIT DEM GANG DER STUDIEN...«
»Wilhelm Conrad Röntgen, geboren 27. März 1845 zu Lennep (Rhein-preußen) erhielt im Jahre 1848 die holländischen Bürgerrechte und besuchte bis 1861 in dem Wohnort seiner Eltern, Apeldoorn (Holland), die Primär- und Sekundärschule, wurde dann Schüler an der Technischen Schule zu Utrecht (Holland), wo er bis 1863 hauptsächlich in folgenden Fächern unterrichtet wurde: Trigono-metrie, Stereometrie, deskriptive Geometrie, Algebra, Experimental-physik, Chemie, Technologie. Indem er zu weiterer theoretischer Ausbildung Lust hatte, widmete er die Jahre 1863–1864 dem Privat-studium der Lateinischen und Griechischen Sprache, und ließ sich 1864 an der Universität zu Utrecht als Student bei der Philoso-phischen Fakultät einschreiben und hörte während 2 Semester folgende Hauptfächer: Analysis: Prof. Dr. Buys-Ballot, Botanik: Prof. Dr. Miquel. Nicht jedoch zufrieden mit dem Gang der Studien an genannter Universität, wurde er durch den Ruf, den die Zürcher Schule hat, bestimmt dahinzuziehen und sich speziell der angewand-ten Mathematik zu widmen. Zu dem Zweck trat er an der Mechanisch-Techn. Abtheilung des Eidgenössischen Polytechnikums ein, (...). Im August 1868 erhielt er das Diplom als Maschineningenieur und war

von da bis dato als Zuhörer von einigen mathematischen Übungen am Eidgen. Polytechnikum eingeschrieben.«[1]

Mit diesem Lebenslauf meldete sich der Maschinenbauingenieur Wilhelm Conrad Röntgen im Frühjahr 1869 zur Promotion in den Naturwissenschaften an. Spät hatte er sich für ein Studium in Technik und Naturwissenschaften entschieden, das sich erst im Aufbau befand und noch keine geregelte Studienlaufbahn bereithielt. Röntgen wuchs mit einer Generation auf, die sich neu orientieren mußte. Mehrere Umzüge und unverhoffte private Hürden, die im Lebenslauf verschwiegen werden, ihn aber Zeit gekostet und auf seine Schulausbildung Einfluß genommen hatten, kamen hinzu.

Nun war mit der Entscheidung, an der Eidgenössischen Technischen Hochschule (ETH) Zürich zu studieren und zu promovieren, für das weitere Leben Röntgens wenigstens soviel sicher: Als akademisch gebildeter Techniker würde er zumindest in beruflicher Hinsicht die Familientradition nicht fortsetzen.

Seine Vorfahren väterlicherseits waren seit vier Generationen Tuchfabrikanten. Der Vater, Friedrich Conrad, hatte das Gewerbe vom Großvater übernommen. Sein Haus – zugleich die »Tuchfabrik« – stand in Lennep, damals eine Kleinstadt der preußischen Rheinprovinz, heute ein Stadtteil des westfälischen Remscheid.

Das Tuchgewerbe hatte Tradition im Bergischen Land: Bis Ende des 17. Jahrhunderts hatten die Bewohner – unter ihnen wohl auch Röntgens erster nachweisbarer Vorfahre, Engel Röngen [!], ein Hausweber – von der nahen Hansestraße als günstigem Handelsweg profitiert. Noch bis Mitte des 19. Jahrhunderts blieb die handwerkliche Tuchmacherei eine der Hauptverdienstquellen vor Ort, denn nur wenige Betriebe konnten sich damals Investitionen in maschinelle Tuchscher- und Wollkrempelmaschinen leisten. Wasserkraft war die

---

1 Curriculum vitae, zur Bewerbung in Zürich eingereicht. StAZ U 110e.1.

billigste Ressource, die in dem hügeligen Land von zahlreichen Flüssen geliefert wurde.[2]

Für Wilhelm Conrads Großvater, der sich in der Gemeinde auch als Presbyter engagiert hatte, kam die Anschaffung moderner, dampfgetriebener Maschinen nicht in Frage. Sein Betrieb war klein und hatte, neben den Privatzimmern für die bis zu elfköpfige Familie, in einem zweistöckigen Haus Platz, während in den nahen Städten Elberfeld und Barmen größere Tuchfabriken entstanden. Diese Konkurrenz bekam man in der Alten Poststraße 287[3] in Remscheid wohl zu spüren, denn von Johann Heinrich Röntgen (1759–1842) ist in den Chroniken vermerkt, daß er sich ein Zubrot als Kupferschläger verdienen mußte.

1824 starb der Bruder des Großvaters. Nun war Friedrich Conrad der Älteste, der traditionell den väterlichen Betrieb übernahm. Er heiratete 1842 seine Cousine Charlotte Constanze Frowein in Amsterdam, der Heimat der Braut. Sie stammte ebenfalls aus einer Handels- und frühen Industriellenfamilie: Ihr Vater Johann Wilhelm Frowein, gebürtiger Lenneper, und ihre Mutter, die Holländerin Susanne Moyet, hatten 1800 in Amsterdam geheiratet, und als Kaufmann hatte er hier sein Geschäft weiterbetrieben.[4]

---

2 Im 19. Jahrhundert verhalf die Wasserkraft vor allem einem Gewerbezweig zum Aufschwung: der Schlittschuhherstellung. Remscheid sollte sich bis zum Ersten Weltkrieg zur »Schlittschuhschmiede der Welt« entwickeln.
Vgl. Stockhaus, Dörthe: Der letzte Schliff – Remscheid als Schlittschuhschmiede der Welt. In: Unter Null. Kunsteis, Kälte, Kultur. Katalog zur gleichnamigen Ausstellung, veranstaltet vom Museum für Industriekultur Nürnberg und dem Münchner Stadtmuseum. München 1991; S. 173–181.
Ebenso: Esser, Gerhard: Remscheids Weg zur Schlittschuhschmiede der Welt. Ein bergischer Geschichtsbeitrag zur Entwicklung der Schlittschuhe und des Eislaufs. Remscheid 1978 (= Beiträge zur Geschichte Remscheids. Hrsg. vom Stadtarchiv Remscheid. H 10).

3 Heute: Gänsemarkt 1.

4 Am ausführlichsten dokumentiert ist der Röntgensche Stammbaum bei Bönneken, Ernst: Aus der Geschichte des rheinisch-bergischen Geschlechtes Röntgen. In: Archiv für Sippenforschung (1971); S. 261–286 und (1972); S. 443–461. Siehe auch van Wylick.

Abb. 2   Wilhelm Conrad Röntgen wuchs in einem bürgerlichen Elternhaus auf.
Hier die Familie Röntgen beim Kaffee im Kreis von Freunden oder Verwandten.
Stehend in der Mitte Wilhelm Conrad, sitzend, links von ihm, seine Mutter, rechts
der Vater.

Zwei Monate nach der Trauung von Charlotte Constanze und Friedrich Conrad Röntgen starb der Vater des Bräutigams in Lennep, und
das Paar leitete künftig die Tuchmanufaktur.[5] Ihr erstes und einziges
Kind, Wilhelm Conrad, kam drei Jahre später zur Welt, als die Mutter
bereits 37, der Vater 44 Jahre alt waren.
Aufschluß über den bürgerlich-wohlhabenden Lebensstil der Röntgens geben Erbstücke, die von der Mutter auf den Sohn übergingen
und nach dessen Tod in München versteigert wurden: »Da gab es
einige alte holländische Bilder, darunter eine heilige Familie von
hohem Wert; wunderhübsches altes Silbergeschirr; ein Wedgewood-
und ein Meißner Service; eine Sammlung alter chinesischer Bilder,
die der Vorfahre Moyet von einer Orientreise mitgebracht hatte; alt-
chinesisches Porzellan; ein Zimmer voll von Mahagoni-Empiremöbel
und einige Stühle aus dem 18. Jahrhundert.«[6]

Vieles deutet darauf hin, daß der großbürgerliche Lebensstil das einzige war, was dem Jungen gewissermaßen »in die Wiege gelegt« wurde. Besonderes Talent und Eigenschaften, etwa – wie von vielen Biographen nachgesagt – handwerkliches Geschick oder rheinischen
Humor, schien er kaum geerbt zu haben.
Die meisten Röntgens hatten als Kaufleute und Handwerker gelebt
und gearbeitet. Sie waren Bäcker, Weber, Kupferschläger, Schuh-
macher oder Wundärzte gewesen, wie der Stammbaum, der sich bis
Mitte des 17. Jahrhunderts zurückverfolgen läßt, verzeichnet.[7] Überliefert ist weiter, daß viele der männlichen Vorfahren Röntgens
ehrenamtliche kirchliche Aufgaben als Gemeindevorsteher übernahmen[8] und im kommunalen Bereich als Ratsherren[9], Gerichtsschöffen,

---

5 Über die Größe des Betriebes ist zwar nichts bekannt, da jedoch alles im Wohn-
   haus untergebracht war, kann von Angestellten nicht ausgegangen werden.
6 Boveri, Margret: Persönliches über W.C. Röntgen. In: Glasser; S. 117–118.
7 Erstmals hat sich Winfried Speitkamp um eine kulturgeschichtliche Deutung
   des Stammbaumes bemüht.
8 Wie Johann Heinrich Röntgen (1732–1816) oder dessen Sohn gleichen
   Namens (1759–1842), Wilhelm Conrads Großvater.
9 Wie Johann Mathias Röngen [!] (1697–1763).

Bürgermeister und Richter am Aufbau eines modernen Verwaltungs-
staates mitwirkten.

»In Röntgens Familie dominierten bürgerliches Selbstbewußtsein
und bürgerliche Selbstverantwortung. Protestantischer Glaube, Bür-
gerehre und Strebsamkeit flossen zusammen. Man stand wirtschaft-
lich auf eigenen Füßen, verließ sich nicht auf den Staat oder auf kor-
porative Privilegien und zünftischen Nahrungsschutz, sondern lebte
und arbeitete gemäß dem altliberalen Ideal des autonomen Wirt-
schaftsbürgers.«[10]

Dieses Ideal und diese Werteordnung schienen 1848 in Frage gestellt.
Marx und Engels hatten ihr »Kommunistisches Manifest« als Grundlage des »wissenschaftlichen Sozialismus« verkündet. Der Februar-
revolution in Paris, die zur Abdankung König Ludwig Philipps führte,
folgten Aufstände in Deutschland und Österreich, die eine demokra-
tische Verfassung zum Ziel hatten, wie sie von der ersten Deutschen
Nationalversammlung in der Frankfurter Paulskirche ausgearbeitet
wurde. In Paris wurde der Sozialistenaufstand blutig unterdrückt.
Nach Aufständen in Österreich dankte Ferdinand I. ab, ihm folgte
Kaiser Franz-Josef I., und der Wiener Reichstag beschloß die Aufhe-
bung jeder bäuerlichen Untertänigkeit.

In Lennep versetzte vermutlich noch ein lokales Ereignis die Einwohner in Angst: Cholera. Nach 1831 forderte sie auch im Jahr 1849
wieder über 200 Opfer, wie die Chroniken verzeichnen; sie könnte
sich 1848 bereits angekündigt haben.[11]

Politische Unruhen, die auch auf Preußen übergriffen, die Cholera
und schlechte Geschäfte an der Grenze zu Frankreich: Was letztendlich den Ausschlag dafür gab, daß sich die Röntgens zur Emigration

---

10 Speitkamp; S. 126–127.
11 Aus dem alten Lennep. Geschichtliche Mitteilungen über die 700jährige
   Stadtgeschichte. Heft 1. Allgemeines. Zusammengestellt und bearbeitet von
   Kapitän a.D. Windgassen. Remscheid–Lennep 1934; S. 13.

entschlossen, bleibt ungewiß. Im Jahr 1848 verkauften Friedrich Conrad und Charlotte Constanze das Lenneper Haus und verließen mit ihrem dreijährigen Sohn Preußen.

Man muß annehmen, daß sie sich für die Niederlande als neue Heimat entschieden, weil sie hier einen Teil ihrer Verwandtschaft wußten. Friedrichs Bruder Richard, ebenso sein Onkel und Schwiegervater, Johann Wilhelm Frowein, lebten in Velp. Vetter Johann Engelbert betrieb im benachbarten Deventer eine Destille, Charlottes älteste Schwester, Marianne Henriette Louisa, war gerade mit ihrer Familie von Amsterdam nach Apeldoorn umgezogen. Charlottes Bruder, Charles August, war im nahen Kampen Direktor der Schiffahrtsgesellschaft »Rijn- en Ijsselstoomboot-Maatschappij«[12]. Mit dessen Tochter, Carolina Augusta, und deren beiden Mädchen hatte Röntgen bis kurz vor seinem Tod regen Kontakt.[13] Diese familiären Verbindungen erleichterten nicht nur den Neubeginn der Eltern. Sie prägten auch das Leben des kleinen Wilhelm Conrad.

Apeldoorn, dieses große Dorf mit seinen rund 11 000 Einwohnern wurde nun seine neue Heimat. 1850 erwarb man einen Bauplatz an der Dorpsstraat[14]. Noch im selben Jahr, am 20. Oktober, wurde der Grundstein für das Gebäude gelegt, das dem fünfeinhalbjährigen Sohn ein neues Zuhause wurde, und das er einmal hätte erben sollen. Hundert Jahre später wurde bei einem Umbau in der Außenmauer ein Stein gefunden, in den neben dem Datum der Grundsteinlegung die Initialen W.C.R. eingemeißelt waren.[15]
Die unbeschwerte Kindheit im neuen Zuhause währte nicht lange; mit der Schule begann auch für Wilhelm Conrad der Ernst des Lebens.

---

12 Bönneken (1972); S. 443–461, hier S. 445.
13 Van Wylick; S. 12.
14 Heute: Hoofdstraat.
15 Auskunft: Gemeente Archief Apeldoorn.

Abb. 3   Charlotte Constanze und Friedrich Conrad Röntgen, die Eltern. Diese Porträts dürften etwa im Jahr 1865 aufgenommen worden sein.

Er besuchte bis 1862 die »Kostschule« des Herrn van Doorn.[16] Diese private Grundschule war im Zuge der allgemeinen Einführung von dörflichen Gemeindevolksschulen eröffnet worden. Zur weiteren Ausbildung mußte der Junge den Ort und damit das Elternhaus verlassen. Vor allem mit seiner Mutter würde er nun in ständigem brieflichem Kontakt stehen.[17]

Mit siebzehn Jahren, drei Tage nach Weihnachten, zog Wilhelm Conrad nach Utrecht, um dort als einer der Ältesten die Technische Schule zu besuchen. Diese private Oberrealschule bestand erst wenige Jahre, unterschied sich von Lateinschulen oder den humanistisch ausgerichteten Gymnasien, indem sie »technische Kenntnisse für künftige Betriebs- und Unternehmensleiter vermittelte und auf ein technisches Studium vorbereitete, allerdings nicht die allgemeine Hochschulreife verlieh«[18].

In Utrecht fand Wilhelm Aufnahme bei Dr. Jan Willem Gunning und seiner Frau Petronella Adriana.[19] Der Chemiker Gunning, Lehrer an der Technischen Schule und Lektor an der Universität, war 18 Jahre älter als sein Schüler. Röntgen, der von der Familie herzlich aufgenommen wurde, hatte in seinem Lehrer einen väterlichen Freund. Aus der Distanz eines halben Lebens erinnerte er sich gern an diese

---

16 Möglicherweise hielt sich Röntgen während seiner Ausbildung auch noch an anderen Orten auf. Obwohl darüber bislang nichts bekannt ist, darf man diese Vermutung äußern, denn wie sonst ist zu erklären, daß er von seiner Mutter zwischen 1858 und 1879 regelmäßig Briefe bekam? Vgl. Fußnote 17.

17 Vgl. RaFB aus Weilheim am 18. Mai 1921: »Hier in Weilheim habe ich ein grosses Packet Briefe meine[r] Mutter 1858 bis 1879; sie haben mir schon das letzte Mal manchen Abend verschönert, und ich setzte die Lektüre fort. Ein Schatz von inniger, verständnisvoller Liebe, der mir jetzt, wo ich alt und einsam geworden bin, wertvoller ist als damals, wo sie geschrieben wurden.«

18 Speitkamp; S. 127.

19 Die Adresse war Schalkwijkstraat, Wijk A Nr. 1060. Auskunft: Archief Dienst Gemeente Utrecht.
    Nitske behauptet (S. 14), daß Röntgen zuerst bei einem Herrn Dompling gewohnt habe, was sich jedoch nicht belegen läßt.

Zeit voller Arbeit, aber auch anregender Vergnügen: »Der Vater dieser Familie war ein tüchtiger Gelehrter, ein fester Charakter und
überhaupt ein prächtiger Mensch, der es vorzüglich verstand, auch
jungen Leuten den richtigen Weg auf verschiedenen Gebieten des Leben zu zeigen. Die Mutter war eine feingebildete liebevolle Frau, die
ausgezeichnet dafür sorgte, daß die Atmosphäre, in der wir lebten,
sich heiter und gleichzeitig anregend gestaltete. Zur dummen einfäl-
tigen Tändelei war keine Zeit übrig, aber auch keine Stimmung vorhanden. Selbstverfertigte Stückchen wurden aufgeführt, bei Fest-
lichkeiten fanden Darstellungen von fröhlichem Ulk statt; sonst aber
wurde auch wieder feste und mit Liebe gearbeitet und gelernt. Das
war eine glückliche und gleichzeitig fördernde Zeit! (...) Wenn ich
noch einmal auf die besagten Jugendjahre zurückkommen darf, so
muß ich noch schreiben, daß ich damals auch viel geritten bin,
Schlittschuh gelaufen habe, kurz meinen Körper auch gut geübt habe.
Mens sana in corpore sano, heißt es ja wohl, wenn meine Latein-
kenntnisse noch gereicht haben.«[20]
In der Schule erhielt der Schüler vor allem in den mathematisch-tech-
nischen Fächern hervorragende Zensuren. Weniger erfolgreich war
er ausgerechnet in Physik.[21]
Als er 19 Jahre alt war, beendete ein unvorhergesehener Zwischen-
fall vorzeitig seine Ausbildung. Nach dem Streich eines Mitschülers
schwieg er sich über den Namen des Täters aus und wurde dafür von
der Schule verwiesen. Bereits zuvor hatte er offenbar bei einigen Leh-
rern in nicht sehr gutem Ruf gestanden: Im Frühjahr 1863 ließ, laut
Zeugnis, sein Verhalten »zu wünschen übrig«, und ein Jahr später fiel
er »bei mehreren Dozenten unbescheiden und unangenehm«[22] auf.
Aus der Warte des gefeierten Physikers berichtete Röntgen offen von
dieser frühen Episode. Da er sie jedoch in seinem studentischen Le-

---

20 RaMB aus Weilheim am 3. Jan. 1918. Zitiert nach Glasser; S. 118.
21 Zeugnisse RM.
22 Beide Zitate aus van Wylick; S. 19.

benslauf noch verschwiegen hatte, nahm sie in den Schriften vieler Biographen eine Dramatik an, die sie mit Sicherheit nicht verdient.[23] Röntgen schien trotz der Relegation und fehlender Abschlußprüfung zum Studium entschlossen zu sein. Er nahm Unterricht in Latein und Griechisch, um sich so auf die Aufnahmeprüfung an der Universität in Utrecht vorzubereiten. Mitentscheidend oder gar ausschlaggebend dafür dürfte Gunning gewesen sein, der als Vorbild und väterlicher Freund großen Einfluß auf den jungen Röntgen hatte.

Das erste Zulassungsexamen im Januar 1865 wurde zum Fiasko,[24] doch wenige Tage später immatrikulierte Röntgen sich als nicht-ordentlicher Student der Philosophischen Fakultät, der dort an den Vorlesungen teilnehmen, aber keine Scheine erwerben durfte.[25] Dieser Schritt war freilich nur eine Notlösung; Röntgen hatte sich ge-wissermaßen für ein Wartegleis entschieden, um vielleicht in Ruhe über seine Zukunft nachdenken zu können, während er nebenbei Analysis und Botanik studierte.

Privat mußte sich der 20jährige endgültig auf eigene Beine stellen: Gunning war zum Chemieprofessor ans Amsterdamer Athenaeum, die spätere Universität, berufen worden. Deshalb bezog Röntgen Anfang März 1865 ein Haus an der Maliebaan[26] und wurde, wenige Tage später, Mitglied des Utrechter Studentencorps[27].

In dieser Zeit muß seine erste wissenschaftliche Arbeit entstanden sein: »Vragen op het anorganisch gedeelte van het Scheikundig Leer-

---

23 Erstmals bei Ernst Wölfflin, der jedoch behauptete, die Episode habe sich auf einem Gymnasium abgespielt. Vgl. Wölfflin: »In memoriam W.C. Röntgen«. Basler Nachrichten (21. Febr. 1923). Diese Angaben wurden von den meisten Biographen übernommen.

24 Ablehnungsbescheid. Staatsarchiv Utrecht.

25 Am 18. Jan. 1865 Eintragung ins »Album Studiosorum Academiae Rheno-Traiectinae« Utrecht; S. 446: »Wilhelm Conrad Röntgen ex urbe Lennep, Ph. Privata institutione usus est.«

26 Maliebaan, Wijk I Nr. 192 b. Auskunft: Archief Dienst Gemeente Utrecht.

27 Archief Utrechtsch Studenten Corps (USC); Inventar Nr. 175 [Nr. 1300], Inv. Nr. 231 (S. 99), Inv. Nr. 448 (S. 109). Röntgen ist in den Jahrbüchern des USC 1866 und 1867 als Mitglied geführt.

boek van Dr. J.W. Gunning door W.C. R.«, zu deutsch: »Fragen zum
anorganischen Teil des Chemielehrbuchs von Dr. J.W. Gunning von
W.C. R.«. Es handelt sich hierbei um ein schmales, 58seitiges Repeti-
torium für Gunnings Lehrbuch, in dem Röntgen rund 1 000 Fragen
stellt, aber nicht beantwortet.[28]
Im Mai wechselte er nochmals den Wohnsitz.[29]

Geben Zeugnisse und andere Dokumente wenigstens einige Hinweise auf Röntgens Leben und Leistungen als Schüler, so existieren
kaum schriftliche Aussagen darüber, wie er seine Freizeit verbrachte. Der Physiker hat in seinen letzten Lebensjahren die meisten Briefe und Aufzeichnungen aus seinem Besitz verbrannt.
Wenn jedoch – gerade bei Männern, die wie Röntgen Geschichte gemacht haben, – konkrete und ausreichende Hinweise über die Zeit
vor der Ruhmestat fehlen, neigt mancher dazu, Geschichten zu erfinden. So entstanden zu allen Zeiten Legenden von Wunderkindern
oder Dichtungen von paradigmatischen Lebensläufen, die von Kindheit an zielbewußt nur zum späteren Ruhm führen konnten. Um so
wertvoller und wichtiger sind deshalb zwei frühe Briefe, weil sie
zumindest erahnen lassen: Der junge Röntgen war ein unauffälliger,
absolut durchschnittlicher Junge, der sich wohl kaum von seinen
Altersgenossen unterschied. Diese Briefe erreichten Röntgen erst,
als sich plötzlich alle Welt für ihn und sein Leben interessierte und
sich auch längst vergessen geglaubte Bekannte und Freunde bei ihm
wieder in Erinnerung brachten – wie sein ehemaliger Schulkamerad
Dr. J.D. Boeke, der ihm kurz nach der großen Entdeckung aus
Alkmaar schrieb: »Vielleicht erinnern Sie sich noch daran, daß
Gunning, ich glaube es war aus Anlaß seiner Ernennung zum Professor in Amsterdam, ein großes Fest gab für die Schüler der Techni-

---

28 Van Wylick; S. 25.
29 Vom 23. Mai bis 14. Nov. 1865 lebte er Schoutesteeg, Wijk G Nr. 122. Auskunft:
    Archief Dienst Gemeente Utrecht.

schen Schule. Es war auf dem Fest ein sehr hübsches Mädchen, das
viele von uns in Verwirrung gebracht hat, insbesondere unsern guten
Berus und, wie ich mich erinnere, auch Sie und auch mich. (...) Berus
und Sie hatten mich damals spät an einem Abend oder sogar in der
Nacht von meinem Zimmer bei dem Schmied van der Kamp weg-
gelockt mit irgendeiner Geschichte von einem Brand, und als es sich
herausgestellt hatte, daß die Sache mit dem Feuer gar nicht stimmte,
haben wir drei der schönen Angebeteten eine Serenade gebracht.«[30]
Der Kontakt zu den Gunnings, von dem auch hier wieder die Rede ist,
war nach deren Wegzug aus Utrecht rasch abgerissen. Doch einmal
mehr zeigte sich, wie Ruhm und Ehre, die Röntgen nach der Entdeckung der Strahlen zuteil wurden, zerrissene Bande zu knüpfen
halfen. Diesmal war es Röntgen, der sich auf den Glückwunsch seines Hausvaters hin meldete und ihm im April 1896 aus Sorrent
schrieb:»Wie häufig habe ich in den letzten Jahren gedacht: wenn ich
nur wüßte, ob die alte Freundschaft noch stark genug ist, so würde
ich schreiben: Pater peccavi, nehmt mich wieder in Liebe auf! Ich
wollte Ihnen schreiben, daß Ihr Platz in meinem Herzen niemals leer
geworden ist, und daß ich niemals vergessen habe, wie viel Gutes ich
Ihnen beiden zu verdanken habe. – Doch ich scheute mich, das war
unrecht, aber vielleicht begreiflich. Auf Umwegen erhielt ich Nachricht von ihrem Leben.«[31]
1865 wurde Röntgen Mitglied in der Vereinigung »Natura dux nobis
et auspex«, die durch Vorträge und Exkursionen botanische Fach-
kenntnisse zu vertiefen suchte.[32] Botanik hatte er damals kurz ernsthaft als Profession in Erwägung gezogen. Wenig später notiert er:
»Nicht jedoch zufrieden mit dem Gang der Studien (...)« und wird
sich danach über die Utrechter Studienzeit nie mehr äußern.

---

30 J.D. Boeke am 11. Febr. 1896 an Röntgen. RM.
31 Röntgen am 1. April 1896 an Prof. Gunning. Laut van Wylick in Besitz von
     Edvard Frants Röntgen in den Haag.
32 Aufnahme am 19. Mai 1865. Vgl. van Wylick; S. 25.

ZÜRICH

»...BEREITWILLIGKEIT, MEINE KENNTNISSE ZU FÖRDERN, MEINE ANSICHTEN ZU LÄUTERN.«
Zu keiner Zeit, auch jetzt nicht, schien die Geldfrage eine existentielle Rolle bei Röntgens beruflicher Entscheidung gespielt zu haben. Der Student hatte sich für eine Ortsveränderung entschieden, die zahlenden Eltern erklärten sich einverstanden. Er bewarb sich für die mechanisch-technische Abteilung der Eidgenössischen Technischen Hochschule (ETH) Zürich, um Ingenieur zu werden. Schulratspräsident Dr. Karl Kappeler entsprach am 24. November 1865 dieser Bitte, obwohl Röntgen wegen einer schweren Augenentzündung erst mit einigen Tagen Verspätung[33] sein Studium aufnehmen konnte.

Weil er bereits ein »reifes Alter von 20 Jahren« hatte, seine Zeugnisse der Technischen Schule in den mathematischen Fächern »vortrefflich« waren, und er in Utrecht bereits ein Jahr die Universität besucht hatte,[34] wurde ihm eine Aufnahmeprüfung, die für Studenten ohne Matura sonst obligatorisch war, erlassen.

Die Ausbildung an der ETH erforderte ein hohes Maß an Disziplin. Nach dem Vorbild der Pariser École polytechnique organisiert, hatte jeder Student entsprechend dem gewählten Fachbereich einen streng geregelten Unterrichtsplan. Daß die neue Schulart dennoch beliebt war, und die ETH in Zürich der jungen Universität zahlenmäßig den Rang ablief,[35] war dem Aufschwung von Industrie und Handel vor Ort zuzuschreiben. Am Polytechnikum wurden die technischen Modernisten, das Personal für den aufstrebenden Industriestaat, vor allem Architekten, Ingenieure, Chemiker, Pharmazeuten und Forstwirte ausgebildet. Als Röntgen hier sein Studium aufnahm,

---

33 Röntgen spricht in einem Brief an den Direktor vom 16. Nov. 1865 nur »verschiedene Umstände« an. Von einem »Augenübel« ist in einem Schreiben des Gutachters M. Schröter an den Direktor am 23. Nov. 1865 die Rede. Beide Briefe: WA ETH.
34 Schreiben M. Schröters an den Direktor. ebd.
35 Die Universität Zürich 1833–1933 und ihre Vorläufer; S. 482–483.

Abb. 4   Hier lehrten und lernten die technischen Modernisten: die Eidgenössi-
sche Technische Hochschule (ETH) in Zürich, an der Wilhelm Conrad Röntgen ab
dem Wintersemester 1865 eingeschrieben war.

begann man gerade mit dem Bau eines neuen, größeren Bahnhofs, der den Bedürfnissen des gewachsenen Schweizer Eisenbahnnetzes gerecht werden sollte, das freilich noch hinter den Schienennetzen anderer Industrienationen zurückstand. Die Errichtung der ETH sollte wohl ebenfalls dazu beitragen, den technisch-industriellen Vorsprung anderer Nationen aufzuholen. Technische Hochschulen existierten vor Zürich bereits in Karlsruhe, Paris, München und Wien.

Wäre es nach Alfred Escher gegangen, hätte Zürich statt einer TH eine nationale Hochschule gebaut. Doch das Parlament konnte sich für die Ideen des Nationalrats und Vordenkers der liberalen Bewegung in Zürich nicht erwärmen. Escher rettete daher lediglich das Recht auf die Integration einer politisch-geisteswissenschaftlichen Fakultät, verbunden mit der vagen Hoffnung, vielleicht zu einem späteren Zeitpunkt aus der ETH doch noch eine »vollwertige« Universität mit nationalem Anspruch zu machen.[36] So genossen die Studenten – hier wie anderswo (obwohl sie in Zürich seit 1864 sogar im Universitätsgebäude untergebracht waren) – während ihres Studiums nicht das soziale Prestige von »richtigen« Hochschülern.

Die Technischen Hochschulen waren zu Röntgens Studienzeit erst kurz in den wissenschaftlichen Rang erhoben; Promotions- und Habilitationstitel konnten noch nicht erworben werden. Studenten wie Dozenten orientierten sich jedoch an Organisations- und Verfassungsstrukturen der Universität und kämpften um ebenbürtige Titel und Würden für die Ingenieurselite.[37]

---

36 Zum ursprünglichen Wunsch, der Errichtung einer Universität, siehe: Die Universität Zürich 1833–1933 und ihre Vorläufer; S. 472–473.

37 Gundler, Bettina: Zur Sozialgeschichte der Braunschweiger Hochschule 1862–1945: Soziale Herkunft, Werdegänge und Karrieremuster. In: Kertz, Walter (Hrsg.): Hochschullehrer an Technischen Hochschulen und Universitäten. Sozialgeschichte, soziodemographische Strukturen und Karrieren im Vergleich. Referate beim Workshop zur Geschichte der Carolo-Wilhelmina am 26.6.1992. Braunschweig 1993; S. 57 (= Projektberichte zur Geschichte der Carolo-Wilhelmina 8).

Auch in ihrer gesellschaftlichen Haltung paßten sie sich dem Bil-
dungsbürgertum an. Eine Photographie der Zeit zeigt Röntgen und
seine Kommilitonen in der demonstrativen Pose »richtiger« Studenten: eine legere Debattierrunde von acht erwachsenen Männern,
Röntgen rücklings auf einen Stuhl gelümmelt, ein Bierseidel in der
Hand.

Der 19jährige Röntgen hatte Glück, noch am Anfang der Akademi-
sierungs-Tendenzen Zugang zur ETH gefunden zu haben. Denn nur
der Tatsache, daß er als Begabung erkannt und ohne entsprechendes
Abschlußzeugnis und Prüfung aufgenommen worden war, verdankte
er letztendlich seine weitere Karriere. Der talentierte junge Mann mit
dem »Flecken« auf dem Lebenslauf war in Zürich ebenso willkom-
men wie viele seiner Professoren, die aufgrund ihrer liberalen Gesinnung und wegen ihrer Beteiligung an der 1848er-Revolution das
Gebiet des Deutschen Bundes verlassen hatten. Zürich, das seit Mitte des 19. Jahrhunderts eine für Europa beispielhafte liberale Politik
praktizierte und seine Schwerpunkte auf nachhaltige Förderung des
wirtschaftlichen Wachstums sowie aufgeklärte Bildungs- und Sozial-
reformen gelegt hatte, brachte diese humanitäre Hilfe für Emigran-
ten und Vertriebene viel Ehre und auch Vorteile ein. Zahlreiche
berühmte und hochproduktive Wissenschaftler und Gelehrte wurden
hier tätig und bevorzugt an den beiden Hochschulen beschäftigt; die
meisten an der bereits erwähnten Freifächerabteilung der ETH. Neben dem Kanon von Pflichtveranstaltungen – für Röntgen innerhalb
der mechanisch-technischen Abteilung – wurde hier ein vertieftes,
theoretisches Studium der Naturwissenschaften und Unterricht in
Staats- und Geisteswissenschaften angeboten. Der Student Röntgen

---

Siehe auch: Die Universität Zürich 1833–1933 und ihre Vorläufer; S. 480.
Ebenso: Erb, Hans: Geschichte der Studentenschaft an der Universität Zürich
1833–1936. Zürich 1937; S. 61–66.

Abb. 5   Stolz präsentiert sich der 20jährige Student Röntgen im Kreis seiner
Kommilitonen (ganz rechts im Bild). Sein Posieren ist zeitgenössisch studentisch,
leger und mit Bierseidel in der Hand.

zeigte sich in den Jahren 1865 bis 1868 interessiert an diesen Vorle-
sungen. Er hörte bei Friedrich Theodor Vischer Ausführungen über
Goethes »Faust« und bei Johannes Scherr Vorlesungen über Lessing,
Goethe, Schiller, das Zeitalter Friedrichs des Großen und die Ge-
schichte des Jahres 1866. Er wurde von Gottfried Kinkel über alte
Kunstgeschichte unterrichtet und erwarb sich bei Karl Culmann, dem
Chef der Ingenieurschule und Begründer der graphischen Statik,
Grundkenntnisse über eiserne Brücken und Eisenbahnbauten.[38]
Er wohnte im Seilergraben Nr. 7, ganz in der Nähe der Hochschule.
Über sein Privatleben in Zürich ist nicht viel in Erfahrung zu bringen.
Erstmals wurde ihm hier eine Fülle kultureller Angebote gemacht,
und man darf wohl annehmen, daß er sie zu nutzen wußte.
Mit Sicherheit hatte es ihm die Landschaft angetan. Einen Eindruck
von Zürichs Panorama um 1850 vermag Gottfried Kellers Roman
»Der grüne Heinrich« zu vermitteln, der in späteren Jahren zu Röntgens Lieblingslektüre gehörte: »Man besteigt das Schiff zu Rappers-
wyl, (...) fahre, Huttens Grabinsel vorüber, zwischen den Ufern des
länglichen Sees, wo die Enden der reichschimmernden Dörfer in
einem zusammenhängenden Kranze sich verschlingen, gegen Zürich
hin, bis, nachdem die Landhäuser der Züricher Kaufleute immer zahl-
reicher wurden, zuletzt die Stadt selbst wie ein Traum aus dem
blauen Wasser steigt und man sich unbemerkt mit erhöhter Bewegung
auf der grünen Limath unter den Brücken hinwegfahren sieht. (...)
Voll und schnell fließt der Strom, und indem man unversehens noch
ein Mal zurückschaut, erblickt man im Süden die weite schneereiche
Alpenkette wie einen Lilienkranz auf einem grünen Teppich liegen.«[39]
Besonders die Berge verlockten den Studenten immer wieder zu Ausflügen, eine Leidenschaft, die bis ins Alter hielt. Schöne Aussichten,
Begeisterung für Natur, für Bergwanderungen und -touren, füllten zu-

---

38 Zeugnisse und Kursbelegungen: WA ETH.
39 Keller, Gottfried: Der grüne Heinrich. Roman. 4. Aufl. München 1989; S. 11–12.
    (Erstmals Braunschweig 1854/55).

sammen mit kulturellen und gesellschaftlichen Ereignissen wohl kaum die Freizeit aus, die Röntgen hatte.

Sicher ist, daß er auch in der »Wirtschaft zum grünen Glas« verkehrte, einem Treffpunkt Züricher Professoren, Studenten und Schauspieler wie Gästen des gegenüberliegenden Aktientheaters. Wirt dieses beliebten Bierlokals an der »Unteren Zäune« war seit 1846 Johann Gottfried Ludwig, Vater von vier Kindern, der nebenbei Privatunterricht in Griechisch und Latein und in seinem Gasthaus auch Fechtunterricht gab.[40] Er war ein akademischer »Aussteiger«, der sich als Student in Jena an den Burschenschaftskämpfen um nationale Einigung und politische Reformen beteiligt hatte und wie so viele andere nach Zürich emigriert war. Johann Gottfried Ludwig war zudem – für Röntgen sicherlich ausschlaggebend – Vater von Anna Bertha. Sie lernte der 21jährige 1866 kennen. Ein Jugendbild zeigt das damals noch pummelige Mädchen auf einem Stuhl sitzend, ein Buch in der Hand – in damals typischer Photographie-Haltung. Die dunklen Haare locker auf den Hinterkopf zurückgesteckt, blickt sie mit ihrem rundlichen Gesicht freundlich, aber zurückhaltend.

Die Eltern hatten ihr den Unterricht in einem Mädchenpensionat in Neuenburg erlaubt. Anfang der 1850er Jahre schrieb der Vater einen Brief an seine Tochter, in dem er sich zufrieden über den Gesundheitszustand des bereits in jungen Jahren stets kränklichen Mädchens äußert: »Es freut mich vor allem von Fräulein Grossmann zu

---

40 »Eines Hochschulwirthes müssen wir hier gedenken: des Vaters Ludwig gegenüber dem Theater, zum ›grünen Glas‹. Das war ein akademischer Wirth, wie selten einer: vortrefflicher Wirth, tadelloser Grieche und Lateiner und vollendeter Fechtmeister zugleich; vorn wurde pokulirt, hinten, an der ›obern Zäune‹, wurde gefochten zur Übung, wie im ›blutigen Ernst‹; und wenn endlich der alternde Bruder Studio inne ward, daß über all dem Pokuliren und Fechten sein Latein ziemlich defekt ward, so half Papa Ludwig aus der Noth und übersetzte ihm sein wissenschaftliches Machwerk, Dissertation genannt, zur Erlangung der Doktorwürde, in das damals noch üblich Latein.«
Aus NZZ Nr. 144 (24. Mai 1889). Zitiert nach Erb, Kap. I, Fußnote 98.
Zu Ludwig und einigen Episoden des Wirtshauses vgl.: NZZ Nr. 176 (3. Aug. 1981) S. 27.

Abb. 6   Die junge Bertha Ludwig, Tochter des Zürcher Schankwirts Johann
Gottfried Ludwig. Wilhelm Conrad Röntgen lernte seine zukünftige Ehefrau vermutlich in der »Wirtschaft zum grünen Glas« kennen. Geheiratet wurde erst nach
seiner Promotion in der Assistentenzeit.

vernehmen, daß sie in jeder Beziehung mit Dir zufrieden ist; denn ich ersehe daraus, daß Du in Anerkennung des großen Opfers, was Deine Eltern so gerne für Deine Bildung bringen, den festen Willen hast, auch Deinerseits alles zu tun, um das zu werden, wozu wir Dich machen wollen, eine aufrichtige, ordnungsliebende, sittlich und wissenschaftlich gut gebildete Tochter.«[41]

Wann Röntgen erkannte, daß Anna Bertha die Frau seines Lebens war, bleibt sein Geheimnis. Einer dauerhaften Verbindung des jungen Paares stand zunächst vor allem seine mangelhaft gesicherte berufliche Existenz im Wege.

Im August 1868 schloß Röntgen sein Studium mit einem glänzenden Diplom als Maschineningenieur[42] ab, in dessen schriftlichem Teil er ein Maschinenanlageprojekt bearbeitet hatte. Auch die mündliche Prüfung in theoretischer Maschinenlehre und mechanischer Technologie bestand er mit Bestnote, in Maschinenbaukunde fast ebensogut.[43] Gleich im Anschluß an die Diplomprüfungen entschied er sich zur Promotion.[44] Diese war zwar nicht an der ETH, wohl aber an der Zürcher Universität problemlos und unbürokratisch möglich, da in deren Promotionsordnung lediglich die Vorlage einer Druckschrift verlangt wurde, die »gediegene Kenntnisse und selbständige Forschungsgabe«[45] unter Beweis stellen sollte.

Innerhalb eines Jahres erstellte Röntgen seine theoretischen »Studien über Gase«, eine »Literaturarbeit«[46], die prüfte, wie genau und in welchem Druckgebiet alte Messungen des französischen Physikers Reynault eine einfache thermodynamische Zustandsgleichung bestätigen. Sein Ergebnis sollte 1873 in der Van-der-Walls-Zustands-

---

41 Zitiert nach Glasser; S. 120.
42 Diplomurkunde vom 6. Aug. 1868. FH.
43 Hier bescheinigte man ihm eine 5,5. Eine 6 war die beste Note. Glasser; S. 52.
44 Eigenhändiger Eintrag ins Matrikelbuch der Universität Zürich im StAZ.
45 Gutachten Moussons vom 12. Juni 1869. StAZ U 110e.1.
46 Krafft, Fritz (Hrsg.): Wilhelm Conrad Röntgen. Über eine neue Art von Strahlen. Mit einem biographischen Essay von Walther Gerlach. München 1972; S. 69.

gleichung für reale Gase auftauchen. Röntgen bearbeitete damit erstmals schriftlich ein physikalisches Thema, noch dazu auf einem damals aktuellen Gebiet.

Am Erfolg der Arbeit[47] dürften vor allem zwei seiner Lehrer Anteil gehabt haben: zunächst und in erster Linie Rudolf Clausius, im Kursjahr 1866 auf 1867 sein Lehrer in Technischer Physik. Röntgen hatte die Gelegenheit wahrgenommen, dessen – für ihn nicht-obligatorische – Vorlesung über mechanische Wärmetheorie zu hören,[48] bevor sich Clausius von Zürich verabschiedete, um an die Universität Würzburg zu wechseln. Clausius gilt mit seiner Arbeit »Über die bewegende Kraft der Wärme und die Gesetze, welche sich daraus für die Wärmelehre selbst ableiten lassen«[49] als einer der Begründer der mechanischen Wärmetheorie. Seit 1857 hatte er sich um den Ausbau der kinetischen Gastheorie bemüht,[50] 1865 führte er den Begriff der Entropie zur Bezeichnung eines thermodynamischen Zustandes ein und traf grundlegende Aussagen darüber im Zweiten Hauptsatz der Thermodynamik.[51]

Röntgen war zweifelsohne von diesen Forschungen beeindruckt. Insofern ist es nicht verwunderlich, wenn Albert Mousson, Physiker an der Universität und der ETH Zürich, in seinem Gutachten Röntgens Arbeit am 12. Juni 1869 folgendermaßen zusammenfaßt: »Der erste Teil des Schriftchens bis pg. 13 enthält auch lediglich einen Auszug aus der IX. Abhandlung von Clausius. Es werden die beiden Grundsätze der Äquivalenz von Wärme und Arbeit und der Äquiva-

47 Doktordiplom im Universitätsarchiv Zürich. Neuausfertigung anläßlich des 50jährigen Doktorjubiläums vom 22. Juni 1919. FH.
48 Curriculum vitae. StAZ U 110e.1.
49 Clausius, Rudolf: Über die bewegende Kraft der Wärme und die Gesetze, welche sich daraus für die Wärmelehre selbst ableiten lassen. In: Poggendorffs Ann. d. Phys. u. Chem. 1850.
50 Clausius, Rudolf: Über das Wesen der Wärme verglichen mit Licht und Schall. Zürich 1857.
51 Clausius, Rudolf: Die mechanische Wärmetheorie. 2 Bd. 1864/67. Die 2. Auflage erschien unter dem Titel: Abhandlung über die mechanische Wärmetheorie. 2 Bd. 1876/79.

lenz der beiden Verwandlungen richtig auseinandergesetzt, in voller Allgemeinheit weiterentwickelt, endlich auf verschiedene Weise, unter Annahme umkehrbarer Veränderungen in Beziehung gesetzt, – alles das genau auf dem von Clausius angegebenen Weg.«[52]

Mousson kam zum Ergebnis: »Von pg. 13 an macht sich der Verfasser von seinem Führer mehr unabhängig und verfolgt die Konsequenzen, die aus den allgemeinen Formeln hervorgehen, wenn man ein ideelles Gas annimmt, in welchem nach der Vorstellung von Clausius alle innere Arbeit, d.h. jeder Einfluß der Cohäsionskräfte wegfällt.«[53]

Der zweite Lehrer, dem Röntgen für seine erfolgreiche Promotion nach eigenen Einschätzungen nicht wenig verdankte, war Gustav Zeuner, Professor für theoretische Maschinenlehre und technische Mechanik an der ETH und seit 1865 auch deren Direktor.[54] Mit seinen Vorlesungen deckte er den quasi theoretisch-wissenschaftlichen Teil der sich entwickelnden Maschinenindustrie ab. Röntgen wurde unter seiner Anleitung zwischen 1865 und 1868 vom guten zum ausgezeichneten Schüler. »Technische Mechanik«, »Theoretische Maschinenlehre«, »Praktische Hydraulik«, »Mechanische Wärmetheorie und Dampfmaschinen« sowie »Turbinen und Ventilatoren« standen auf Zeuners Lehrplan, und Röntgen zeichnete sich mehr durch Leistung als durch Fleiß aus, erhielt aber im 3. Kursjahr schließlich die Bestnote.

Zeuner war es außerdem zu verdanken, daß Röntgen vor Schulantritt an der ETH keine Aufnahmeprüfung absolvieren mußte. Er hatte in einem Gutachten diese Entscheidung dem Schulratspräsidenten gegenüber befürwortet.[55] Röntgen dankte in seiner Einleitung zur Promotionsschrift deshalb nicht nur seinen Eltern, sondern ausdrücklich auch Zeuner »(...) nicht nur für die Freundlichkeit, womit er mir bei der Abfassung dieser Schrift an die Hand ging, sondern nament-

---

52 Gutachten: StAZ U 110e.1.
53 ebd.
54 Zu Zeuners Biographie vgl.: Zeuner-Schnorf, Gustav: Röntgens Doktorvater in Zürich. Bern 1958 (= Technische Rundschau, Jubiläumsnr. 1958)
55 Gutachten ebd. abgedruckt.

lich auch für die mir während der ganzen Zeit, welche ich hauptsächlich unter seiner Leitung am Eidg. Polytechnikum studierte, in vollem Masse bewiesene Bereitwilligkeit, meine Kenntnisse zu fördern,
meine Ansichten zu läutern«[56].

Nicht Spaß an der Wissenschaft oder Bildungshunger, sondern die
Frage nach der finanziellen Zukunft dürfte Röntgen zur Promotion
bewogen haben. Bertha war seit dem Tod ihres Vaters 1868 Halb-
waise, und die Hochzeit fest eingeplant. Röntgens Vater hatte sich
inzwischen zur Ruhe gesetzt.[57]
Offenbar trug sich das Paar mit dem Gedanken, zu Röntgens Eltern
zu ziehen oder zumindest in die Nähe seiner Verwandtschaft: Bereits
im Sommer 1869 beantragte der junge Mann beim niederländischen
König, Willem III., die Lehrbefugnis an niederländischen Schulen und
erhielt sie zwei Wochen vor der Prüfung.[58] Doch ein Zufall sollte mit
darüber entscheiden, daß Röntgen nicht Gymnasiallehrer für Naturwissenschaften und Mathematik, sondern forschender Professor
wurde.

Während seiner theoretischen Arbeit hatte Röntgen weiter Vorlesungen besucht: einige über Mathematik sowie nochmals die Vorlesung
von Johannes Scherr über die Geschichte des Jahres 1866. Er hatte
sich Gustav Zeuners Theorie der Lebensversicherungen angehört
und auch die Vorlesung eines neuen Dozenten: August Kundt.
Kundt war nur ein Jahr nach seiner Habilitation 1867 nach Zürich berufen worden. Der erst 29jährige Nachfolger von Rudolph Clausius
nutzte, wie viele andere Physiker auch, die Technische Hochschule
als Sprungbrett, um sich für eine der wenigen, aber begehrteren
Stellen an einer »richtigen« Universität zu qualifizieren. Er brachte
bei seinem Eintritt am 9. März 1868 neue Anregungen und Motivatio-

---

56 Zitiert nach Glasser; S. 53.
57 Nach einem Eintrag ins Kirchenbuch der Gemeinde Apeldoorn spätestens
   1859. Auskunft: Gemeente Archief Apeldoorn.
58 Sie wurde ihm zwei Wochen vor seiner Promotion erteilt. RM.

Abb. 7   August Kundt war der physikalische Ziehvater Röntgens. Im Alter von nur 29 Jahren trat Kundt 1867 an der ETH die Nachfolge von Rudolf Clausius an.

nen in die Abteilung ein: Als erstes entwarf er gemeinsam mit Albert Mousson, dem wesentlich älteren Physik-Kollegen, neue Lehrpläne, die insbesondere die Verschiedenheit der Studiengänge für künftige Ingenieure oder Lehrer berücksichtigten.[59]

Besondere Fähigkeiten hatte Kundt freilich auf dem experimentellen Gebiet. Sein Biograph Stefan Wolff urteilte: »Der Tätigkeit im Labor galt (...) zweifellos das besonders engagierte Interesse. So betrachtete er es wirklich als freudige Überraschung, vor der Übersiedelung nach Zürich aus den Anstellungsbedingungen zu erfahren, daß er auch physikalische Übungen zu halten habe. Das Programm für diese praktischen Tätigkeiten der Studenten entwarf er allein. Es ging ihm hier nicht nur um eine Ergänzung der Vorlesungen, sondern um die systematische Vermittlung der wesentlichen Beobachtungs- und Meßmethoden durch ausgewählte Experimente aus allen Bereichen der Physik.«[60]

Röntgen hatte sich für eine Vorlesung dieses neuen Dozenten entschieden, der aus seinem Spezialgebiet Optik die »Theorie des Lichts« herausgriff und vortrug – eine Vorlesung und ein Gebiet, das Röntgen dann so faszinierte, daß man mit Recht behaupten kann, ohne Kundt hätte er keine (akademische) physikalische Karriere eingeschlagen. Röntgen selbst meinte dazu: »Als ich vor 50 Jahren mein Doktordiplom eingehändigt bekommen hatte, rannte ich damit auf den Uetliberg – bei Zürich – hinauf, wo damals mein Schatz zur Kur verweilte, und wir dann recht stolz und fröhlich, trotzdem die Geschichte eigentlich nicht viel bedeutete, und ich allen Grund hatte, wegen meiner ganz ungesicherten Zukunft recht besorgt sein zu müs-

---

59 20 handschriftliche Seiten Kundts, gemeinsam unterzeichnet von Kundt und Mousson: »Gutachten über die Errichtung des Faches der Physik am Schweizerischen Polytechnikum 1868« (16. Mai 1868). Archiv der ETH Zürich, 1868/145.

60 Wolff, Stefan L.: August Kundt (1839–1894). Die Karriere eines Experimentalphysikers. In: Physis. Revista internationale di storia della Scienza 29 (1992) 2; S. 403–446. Hier: S. 416.

sen. Ich hatte zwar zwei Diplome – eines als Ingenieur und das zweite als Dr. phil. – in Händen, konnte mich aber gar nicht entschließen, in die Technik zu gehen, was der ursprünglich beabsichtigte Plan war. In dieser kritischen Zeit lernte ich einen jungen Professor der Physik – Kundt – kennen, der mich eines Tages fragte: ›Was wollen Sie eigentlich in ihrem Leben?‹ Auf meine Antwort, daß ich das nicht wüßte, sagte er, ich solle es doch einmal mit der Physik versuchen, und als ich ihm bekennen mußte, daß ich mich damit so gut wie gar nicht beschäftigt hätte, meinte er, das ließe sich wohl noch nachholen. Kurz und gut, mit 24 Jahren und so halb und halb schon verlobt, fing ich dann an, Physik zu studieren und zu treiben.«[61]

Nach seiner erfolgreichen Promotion wurde Röntgen wissenschaftlicher Assistent Kundts. Kundt war es, wie Röntgen einem früheren Schulfreund mitteilte, »der mich in die Physik einführte und mich über [!] die Unsicherheit über meine Zukunft herausriß«.[62]

Sein Entschluß stand fest: Röntgen wollte die Hochschullaufbahn einschlagen – eine optimistische Entscheidung, denn die akademische Physik steckte damals noch in den Kinderschuhen und bot keine konkreten beruflichen Chancen.

PHYSIK IN DEUTSCHLAND UM 1870

»...IN HOHEM MASSE VON DER INDIVIDUALITÄT DES DIREKTORS DES INSTITUTS BESTIMMT.«

Die akademische Experimentalphysik hatte sich erst rund zwanzig Jahre von den übrigen Naturwissenschaften abgespalten, und nochmals zwanzig Jahre sollte es dauern, bis dank höherer Geldmittel, dem Bau eigener Institute und durch Aufstockung des Personals ein gewisser Status innerhalb der Universitäten erreicht war. 1864 gab es im Deutschen Bund im akademischen Bereich für insgesamt

---

61 RaMB aus München am 12. Juli 1919. Zitiert nach Glasser; S. 121.
62 Glasser; S. 56.

34 Physiker eine Anstellung[63]: 22 von ihnen waren an den 21 Universitäten als ordentliche, 2 als außerordentliche Professoren beschäftigt, 10 waren Privatdozenten. Der institutionelle Durchbruch läßt sich geradezu beispielhaft an den Laufbahnen Röntgens, seines Lehrers August Kundt und dessen Lehrers Gustav Magnus verfolgen.[64]

Seit dem 18. Jahrhundert existierten an den Universitäten zumeist private, manchmal in staatlichem Besitz befindliche »physikalische Kabinette«. Sie enthielten die verbliebenen mechanischen Instrumente aus den »Kunstkammern«, in denen 100 Jahre zuvor noch alle erdenklichen Arten von Gegenständen zur Belehrung und zur Unterhaltung im Auftrag von Königen und Fürsten gesammelt worden waren: Globen, Uhren und einfachere Meßgegenstände, antike Statuen, Fossilien, Mineralien u.v.m.[65] Nachdem die kleine Weltenschau etwa im ersten Viertel des 18. Jahrhunderts in verschiedene wissenschaftliche Disziplinen zerfallen war, errichtete man separate Sammlungen. Die mechanischen Instrumente wurden im 19. Jahrhundert in Glaskästen gesammelt und dienten an den Hochschulen der Vorführung eines gängigen Kanons von Experimenten. Von Räumen, die einem Professor zu Forschungen oder den Studenten für Übungen zur Verfügung gestanden hätten, noch keine Spur: Forschungen und Experimente wurden in privaten Labors und Einrichtungen durchgeführt.

Als einen der Pioniere der wissenschaftlichen Physik kann man Heinrich Gustav Magnus bezeichnen, der 1842 im Berliner Kupfergraben 7 ein Haus kaufte und dort ein Privatlaboratorium für sich und seine

---

63 Diese und die folgenden Zahlen aus: Eckert, Michael: Die Atomphysiker. Eine Geschichte der theoretischen Physik am Beispiel der Sommerfeld-Schule. Braunschweig–Wiesbaden 1993; S. 16–17.

64 Die folgenden Ausführungen basieren im wesentlichen auf: Cahan, David: Meister der Messung. Die physikalisch-technische Reichsanstalt im Deutschen Kaiserreich. Weinheim–New York–Basel–Cambridge 1992.

65 Vgl. Bredekamp, Horst: Antikensehnsucht und Maschinenglauben. Die Geschichte der Kunstkammer und die Zukunft der Kunstgeschichte. Berlin 1993 (= Kleine Kulturwissenschaftliche Bibliothek, Bd. 41).

Schüler einrichtete.[66] Seit 1833 unterstützte der Staat Magnus mit Zahlungen zum Kauf von Apparaten.

Während der 50er und 60er Jahre kam es analog überall in Deutschland zum Einzug physikalischer Institute in zuvor von anderen Einrichtungen genutzte Räume. Die Instrumentsammlungen wurden hier untergebracht, und zumindest der Direktor des Instituts bekam einen Raum für Übungen zur Verfügung gestellt. Diese Laboratorien waren erste Schritte zur universitären Verselbständigung der Disziplin Physik.

Um 1870 unterrichteten an den Hochschulen in Physik fast nur noch Fachleute wie Magnus, und nicht mehr Mathematiker, Naturphilosophen, Chemiker oder Astronomen. Noch die Dissertation des 1845 geborenen Röntgen hatte an der ETH Zürich der bereits erwähnte Mathematiker Albert Mousson beurteilt, der seit 1834/35 theoretische und vor allem Experimentalphysik lehrte, obwohl seine wichtigste Untersuchung eine zoologische Studie über Schnecken war. Der Zweitgutachter der Röntgenschen Doktorarbeit, Rudolf Wolf, war eigentlich Astronom gewesen, und hatte die Arbeit so kommentiert: »Soweit ich im Falle bin, mir über eine Arbeit auf einem mir ziemlich fern liegenden Gebiete ein Urteil zu erlauben, stimme ich mit Gutachten und Antrag des Herrn Prof. Mousson vollständig überein.«[67]

Auch August Kundt hatte zunächst vor allem Astronomie und Mathematik an den Universitäten Leipzig und Berlin studiert, bevor er Ostern 1863 Schüler von Gustav Magnus wurde. Magnus leitete, über den physikalischen Unterricht hinaus, zu eigenständiger Forschung an. Dadurch unterschied sich seine Institution von allen anderen vergleichbaren der Zeit, vom ältesten Seminar in Königsberg ebenso wie von den »Nachahmern« in Berlin, Gießen, Göttingen, Halle, Heidel-

---

66 Vgl. Hermann, Armin: Weltreich der Physik. Von Galilei bis Heisenberg. 2. Aufl. Esslingen 1981; v.a. S. 163–180. Sowie: Cahan; v.a. S. 5–22.
67 Zitiert nach Glasser; S. 55.

berg, München und Wien. Seinen praktischen Übungen lag kein Lehrplan zugrunde. August Kundt resümierte später, daß sie »in hohem Maße von der Individualität des Direktors des Instituts«[68] bestimmt worden seien.

Kundt wurde im Anschluß an seine Promotion, in deren schriftlichem Teil er 1863/64 die Bedingungen untersucht hatte, unter welchen polarisiertes in unpolarisiertes Licht umgewandelt wird, Magnus' Assistent. Auch dieser Universitätsposten konnte sich erst um 1860 etablieren. Standen bis dahin nur geringe Geldbeträge für »Hilfen« zur Verfügung, konnten jetzt die Institutsleiter Assistenten und Institutsdiener bezahlen.

Neben seinen eigenen Forschungen hatte ein Assistent die Aufgabe, bei der Vorbereitung von Vorlesungen und der Aufsicht über das Labor mitzuwirken. Eine Assistentenstelle galt als »Sprungbrett« und half vielen späteren physikalischen Institutsleitern der Jahrhundertwende finanziell über die Lehrjahre: außer Röntgen auch Friedrich Kohlrausch, Eduard Riecke, Ferdinand Braun, Philipp Lenard und Heinrich Hertz.

Die Anstellung von Fachpersonal und Hilfskräften bedeutete natürlich auch eine zunehmende Hierarchisierung der Universitätsstruktur. Die Professoren delegierten die handwerklichen Arbeiten an ihre Institutsmechaniker. Kundt überließ in Zürich die Messungen zur Bestimmung des Verhältnisses der spezifischen Wärme von Gasen – der spezifischen Wärmekapazität, wie man heute sagen würde – seinem Assistenten Röntgen.

Röntgens Glück und Können war es zu verdanken, daß er bei der von Clement und Désormes gefundenen und im Lehrbuch von Friedrich Kohlrausch erklärten Meßmethode eine Ungenauigkeit des Autors fand, und mit diesem Beweis seine ersten wissenschaftlichen Lorbeeren ernten konnte. Der Artikel »Ueber die Bestimmung des Verhältnisses der specifischen Wärmen der Luft«[69] erschien dank Kundts

---

68 Zitiert nach Kundt, August: Physik. In: Lexis, Wilhelm: Die deutschen Universitäten II. Berlin 1893; S. 174.

Vermittlung 1870 in den »Annalen der Physik und Chemie«, einem der wichtigsten wissenschaftlichen Publikationsorgane für aufstrebende Jungphysiker.

Kundt hatte in Zürich bei der Gestaltung seines Unterrichts aus den Erfahrungen bei der eigenen Ausbildung geschöpft. Er übernahm nach Magnus' Vorbild die physikalischen Übungen, modifizierte diese aber für die viel größere ETH.

Bereits jetzt hatte überall der Umbau zur »Großuniversität« begonnen. An den deutschen Universitäten sollte die Zahl der angestellten Physiker in den folgenden 50 Jahren – vor allem bedingt durch die gleichberechtigte Stellung der Technischen Hochschule seit der Jahrhundertwende – auf 171 Personen anwachsen. Der Bau von eigens für die Belange der Physik konzipierten Gebäuden war unerläßlich geworden und inzwischen finanziell auch durchsetzbar, denn die Physik gewann aufgrund ihrer Bedeutung für technische Innovationen zunehmend an Ansehen und Dignität.

Nach nur kurzer Lehrtätigkeit in Zürich erreichte August Kundt am 31. März 1869 ein Ruf der Universität Würzburg. Der, nach Urteil des Würzburger Mathematikers Friedrich Prym, »fruchtbarste« junge Physiker der 60er Jahre sollte dort die Nachfolge von Clausius antreten und sagte sofort zu.[70] Finanzielle Einbußen nahm er in Kauf, da ihm das höhere Ansehen einer Universität wichtiger war. Er drängte auf eine rasche Entpflichtung, die ihm jedoch erst zum Frühjahr 1870 genehmigt wurde,[71] und nahm Röntgen als seinen Assistenten mit.

---

69 Röntgen, W.C.: Ueber die Bestimmung des Verhältnisses der specifischen Wärmen der Luft. Ann. d. Phys. u. Chem. 141 (1870) 552–566.

70 ARW Akte 609. Kundt hatte als Bewerber die Konkurrenten Wilhelm von Bezold, August Toepler und Friedrich Kohlrausch aus dem Feld geschlagen. Der eigentliche Wunschkandidat der Berufungskommission, Kirchhoff, war wegen seiner angegriffenen Gesundheit seitens des Ministeriums abgelehnt worden. Siehe Reindl, S. 39–40.

71 Briefe von Kundt an den Präsidenten des Schulrats vom 3. Sept. und 10. Sept. 1869. WA ETH 1869/295 und 302.
    Am 25. März 1870 wurde Kundt laut Personalblatt der Universität Straßburg Professor in Würzburg. ABR AL 103 paq. 104 No. 527, Bl. 32.

WÜRZBURG

Die beiden fanden in Würzburg ein physikalisches Institut vor, das nur wenig besser ausgestattet war als jenes der Zürcher Technischen Hochschule – und das, obwohl der Rektor der Universität in seinem Jahresbericht geschrieben hatte: »Dr. Rudolf Clausius folgt einem Ruf nach Bonn: er hat hier das Physikalische Kabinett reorganisiert und es auf einen den Anforderungen der Wissenschaft entsprechenden Standpunkt gebracht.«[72]

Im alten Universitätsgebäude in der Neubaustraße stand Kundt im östlichen Flügel ein Hörsaal zur Verfügung. An diesen schloß sich das Arbeitszimmer des Vorstands an, die weitere Flucht beherbergte die Physikalische Sammlung. Für größere Arbeiten gab es einen separaten Raum. Zwei über dem alten Senatszimmer gelegene Räume dienten als Laboratorium, in drei weiteren wurde vor allem altes physikalisches Inventar aufbewahrt.[73] Hier hatte sich im Lauf der Jahre eine ganze Menge inzwischen unbrauchbarer Apparate angesammelt, die Kundt unangetastet an seinen Nachfolger Kohlrausch weitergab. Es muß ein rechtes Sammelsurium gewesen sein, denn im April 1876 notierte ein Engländer auf Europareise nach einem Institutsbesuch, daß Kohlrausch »eine sehr dürftige Sammlung von Instrumenten hatte und nichts, was ich nicht schon gesehen hätte. Es gab eine große Sammlung alter Instrumente, die ein- oder zweihundert Jahre alt waren und nun weggeworfen werden sollten«[74]. Tatsächlich konnte Kohlrausch einen ganzen Waggon voll an das Bayerische Nationalmuseum schicken.

---

72 Zitiert nach Reindl; S. 39–40.
73 Wien, Wilhelm: Das Physikalische Institut. Beiträge zur Geschichte der wissenschaftlichen Institute der Universität Würzburg. In: Hundert Jahre bayerisch. Ein Festbuch. Hrsg. von der Stadt Würzburg. Würzburg 1914; S. 145–150. V.a. S. 146–147.
74 Aus: Rowland, Henry A.: European Tour 1875, Eintragung vom 4. April 1876.

Auch über den baulichen Zustand der Würzburger Physik wissen wir
detailliert nur von Kohlrausch, der sich gleich nach seiner Übernahme des Instituts an die Planung eines Neubaus und an die Inventari-
sierung der bisherigen Bestände machte. Das Institut hatte eine
schlechte Entlüftung. Den Studenten wurde während der Vorlesungen übel, sie mußten den überfüllten Hörsaal verlassen, und die Dozenten brachte jede Unterrichtsstunde im Sommer zum Schwitzen.
Mangelnde Tagesbeleuchtung zwang dazu, die optische Forschung
auf bestimmte Tages- und Jahreszeiten zu beschränken.[75] Diese Verhältnisse hatten vor Kohlrausch bereits Kundt und sein Assistent vor-
gefunden, und sie standen im krassen Gegensatz zur Akzeptanz des
Faches: Meist mußten 103 Philosophiestudenten seine Vorlesungen
besuchen, da auch für Lehramtskandidaten und Mediziner Physik
Pflichtfach war.

Röntgen konnte als Assistent seine Karriere nicht so verfolgen, wie
er dies hätte tun müssen. Zwar führte er, anknüpfend an seine Arbeit
von 1870, erste eigene Präzisionsmessungen mit Gasen durch, die er
1873 erneut in den »Annalen« veröffentlichte.[76] Doch in Bayern, wo
die strengste Regelung im ganzen Deutschen Bund herrschte, ver-
weigerte man ihm mangels eines Abiturs die Habilitation. Sie war seit
1816 an allen deutschen Universitäten wichtigste Qualifikation für
den Professorenstand. Grundlage jeder akademischen Karriere und
aussichtsreichstes Kriterium für eine Berufung war desweiteren die
Veröffentlichung von eigenen wissenschaftlichen Arbeiten.[77]
In dieser Situation kamen die Tüchtigkeit und der gute Ruf seines
Chefs Röntgen zu Hilfe. Bereits am 29. Dezember 1871 wurde August
Kundt eine Professur in Straßburg angeboten, die dieser gerne annahm.

---

75 Vgl. Cahan; S. 14.
76 Röntgen, W.C.: Bestimmung des Verhältnisses der spezifischen Wärmen bei
   konstantem Druck zu derjenigen bei konstantem Volumen für einige Gase.
   Ann. d. Phys. u. Chem. 148 (1873) 580–586.
77 Vgl. Eckert; S. 10.

STRASSBURG

»...PIONIERE DES DEUTSCHEN GEISTES...«

Für die Straßburger Reichsuniversität lagen aus primär politischen Gründen weitreichende Förderpläne vor. Nach dem Ende des Deutsch-Französischen Krieges und dem Zugewinn Elsaß-Lothringens für Deutschland sollte sie ein Prestigeobjekt zum Beweis der Überlegenheit deutscher Kultur, Bildung und Wissenschaft werden. Am 24. Mai 1871 hatte der Deutsche Reichstag den Beschluß gefaßt, »mit Aufbietung grosser Mittel alle die wissenschaftlichen Capazitäten an diese Universität zu berufen, die irgendwie als Pionier des deutschen Geistes dort wirken können«[78].

Bei der Berufung Kundts hatte sich der Regierungsbeauftragte Franz Freiherr von Roggenbach von den Physikern Gustav Robert Kirchhoff und Hermann Helmholtz, dem »Bismarck des Hochschulwesens«[79], weil Physikordinarius in der Reichshauptstadt und Zentralfigur des wissenschaftlichen Lebens im Reich, beraten lassen.

Kundt hatte natürlich die Chance einer Berufung, die ihm nicht nur ein hohes Gehalt, sondern auch einen großen Etat bot, erkannt.

---

78 Zitiert nach Wolff; S. 420.
   Vgl. auch Nebelin, Manfred: Die Reichsuniversität Straßburg als Modell und Ausgangspunkt der deutschen Hochschulreform. In: Brocke, Bernhard von (Hrsg.): Wissenschaftsgeschichte und Wissenschaftspolitik im Industriezeitalter. Das »System Althoff« in historischer Perspektive. Hildesheim 1991; S. 61–68.
79 Hermann von Helmholtz (1821–1894): Er formulierte u.a. 1847 das Prinzip von der Erhaltung der Energie, erfand in den 50er Jahren Augenspiegel, Ophthalmometer und Telestereoskop, war mit seinen Untersuchungen zur Elektrodynamik seit 1870 Vorkämpfer der Maxwellschen Theorie. Zugleich einer der einflußreichsten deutschen Vertreter des empiristisch-naturwissenschaftlichen Fortschrittsdenkens seines Jahrhunderts.
   Röntgen liebte seine 1865–1876 veröffentlichten »Populären wissenschaftlichen Vorträge«.

Selbstbewußt stellte er mehrere Forderungen, von denen die wichtigste die Errichtung eines völlig neuen physikalischen Institutsgebäudes war, an dessen Planung er selbst beteiligt werden wollte.[80] Die Expansion war wegen der zu erwartenden großen Zahl von Studenten notwendig.

Kundt wünschte außerdem eine Arbeitsteilung innerhalb seines Fachbereiches und wollte daher einen theoretischen Physiker eingestellt wissen. Diese Frage hatte während der Berufungsverhandlungen nicht zur Debatte gestanden, wurde jedoch bereits am Ende des ersten Sommersemesters in Straßburg zu Kundts Gunsten entschieden.

Roggenbach berief Emil Warburg, einen Privatdozenten aus Berlin, den Kundt noch aus Magnus' Laboratorium kannte, und für den er sich nachdrücklich eingesetzt hatte.

»Ich glaube Ihnen damit eine äußere Stellung bereitet zu haben, welche in Deutschland bisher keinem Ihrer Kollegen geboten wurde«[81], schreibt Roggenbach dem Straßburger Ordinarius im Januar 1872.

Als auch Kundts Forderung nach einem Neubau eingelöst wurde, war Röntgen bereits nicht mehr sein Assistent. Zusammen mit Hermann Eggert, dem königlichen »Land-Bauinspector«, entwarf und beaufsichtigte Kundt zwischen 1879 und 1883 den Neubau der nunmehr in »Kaiser-Wilhelm-Universität« umbenannten »Reichsuniversität«.

Die Funktion bestimmte den Bau, und das bedeutete, wie Kundt 1893 ausführte,[82] die Errichtung eines großen Saals für Vorlesungen mit Demonstrationen, Räume für die Anfängerpraktika und Räume für

---

80 Zu den Voraussetzungen siehe: Brief vom 2. Jan. 1872 an Roggenbach, ABR AL 103 paq. 104 No. 527, Bl. 1–4. Brief vom 10. Febr. 1872 an Roggenbach, ABR AL 103 paq. 104 No. 527, Bl. 21–22. Brief vom 8. Jan. 1872 an Roggenbach, ABR AL 103 paq. 104 No. 527, Bl. 7–10.

81 Roggenbach an Kundt am 13. Jan. 1872, ABR AL 103 paq. 104 No. 527, Bl. 11–12. Zitiert nach Wolff; Fußnote 100. Zu dem gesamten Vorgang siehe Wolff; S. 421–424.

82 Cahan; S. 29. Dort wird auch Kundts Schrift zitiert.

die Forschungen der fortgeschrittenen Studenten sowie der festen Mitglieder des Instituts. Es entstand auf diese Weise über drei Stockwerke eines der teuersten physikalischen Institute des Kaiserreichs: 584 000 Mark ließ sich der Staat den Prestigebau kosten, was zugleich Ehrung für den »neuen Herren dieses Tempels der Wissenschaft« war.[83]

Die hohen Summen, die das Reich bzw. die deutschen Landesregierungen für den Auf- und Ausbau auch anderer physikalischer Institute Ende des 19. Jahrhunderts zur Verfügung stellten, sollten jedoch nicht nur der Wissenschaft zugute kommen: »Eine blühende Grundlagenforschung hebt (...) die Leistungsfähigkeit der Technik und begünstigt insbesondere die Entwicklung neuer Technologien.«[84]

---

83 Über den Zusammenhang zwischen Persönlichkeit des Institutsleiters und Kosten der Neubauten siehe Cahan; S. 28.

84 Hermann, Armin: Geschichte der physikalischen Institute im Deutschland des 19. Jahrhunderts. In: Scheuch, E.K., H. v. Alemann (Hrsg.): Das Forschungsinstitut. Formen der Institutionalisierung von Wissenschaft. Erlangen 1978; S. 95–118. Hier: S. 111.

3

1875 – 1895

PROFESSOR
HOHENHEIM – STRASSBURG – GIESSEN – WÜRZBURG

*»DEUTSCHE LIEBE UND DEUTSCHER FLEISS, DEUTSCHE TREUE UND
DEUTSCHE SITTE...«*

Daß Röntgen Kundt nach Würzburg gefolgt und dort sein Assistent
geworden war, dürfte ausschließlich in den pädagogischen und wissenschaftlichen Fähigkeiten Kundts seinen Grund gehabt haben.
Wenn er ihn nun nach Straßburg begleitete, lag das sicher an den
größeren beruflichen Chancen, bis hin zur Habilitation. Die wurde
ihm an der neuen Reichsuniversität, auch ohne Abitur und nur aufgrund seiner bisherigen Veröffentlichungen – insbesondere der beiden Arbeiten über spezifische Wärme – im Frühjahr 1874 möglich.[1]
Während dieser Zeit des Aufbruchs und Umbruchs hatte Röntgen
aber auch Bertha nicht vergessen, die er zu heiraten beabsichtigte.

---

1 Bislang mußte man annehmen, daß Röntgens Habilitationsschrift verlorenge-
gangen sei. Aus nun im Archiv du Bas-Rhin in Straßburg entdeckten Unterlagen geht jedoch zweifelsfrei hervor, daß dem nicht so ist, daß Röntgen aufgrund seiner bisherigen Publikationen habilitiert wurde. Vgl. Gutachten
Kundts vom 17. Februar 1874 sowie ein Schreiben Kundts an die Univer-
sitätsleitung von 1872: »Ich bemerke hierzu noch, daß Herr Röntgen, der bereits seit langer Zeit verheiratet ist, sich im vorigen Semester habilitierte und
in diesem Juni Vorlesungen hält.« ABR AL 103 pag. 179 No. 980 Vol. I F 29/30.
Karel von Meyenn (München) fand diese Unterlagen und für die Vermittlung
danke ich Jost Lemmerich (Berlin) sehr herzlich.

Aus anfänglicher Skepsis[2] hatte sich ein positives Verhältnis zu den Eltern entwickelt. Bertha schien zuerst als Wirtstochter keine standesgemäße »Partie« und war zudem sechs Jahre älter als Wilhelm Conrad, was das Ehepaar zeitlebens zu verbergen bemüht war.[3] Bereits ein erster Besuch hatte alle diese Bedenken zerstreuen können, wie in einem Brief von Röntgens Vaters an einen Bekannten deutlich wird: »(...) dabei machten wir die Bekanntschaft mit einem Züricher Mädchen, worüber unser Wilhelm früher wohl erzählt und geschrieben, doch welches wir stets abweichend beantwortet, allein da derselbe noch anhaltend unsere Meinung darüber wünschte, so rechneten wir es als elterliche Pflicht, uns damit zu bemühen, und hierdurch wurden wir durch persönliche Bekanntschaft nicht ungünstig gestimmt, und so waren wir 14 Tage in Zürich, beschlossen dann, um das Mädchen mehr kennenzulernen, mit ihr und Wilhelm einige Tage in Baden-Baden und von da 14 Tage in Wildbad zu verweilen mit dem befriedigenden Erfolge (...), daß wir bei der Scheidung in Karlsruhe unsere Zustimmung zu einer Verlobung gern gaben, denn das Mädchen (Bertha Ludwig) ist gut erzogen, von guter Familie, gesundem Verstand, festem Charakter und ist angenehm im Umgange.«[4] Zwei Jahre nach diesem Zusamentreffen, am 29. Januar 1872, heirateten Wilhelm und Bertha in Apeldoorn[5] im Kreis der Familie Röntgen. Als Wilhelm Conrad kurz darauf seinem Lehrer Kundt nach Straßburg folgte, nahm er seine Frau mit. 1873 kamen auch, zur Freude des Physikers, seine Eltern nach.

---

2 »Da sich jedoch der Vater Röntgen, trotz seiner Einwilligung in diese Verbindung, in seinen hochfliegenden Plänen für den einzigen Sohn, dem er ein höherstehendes Mädchen aus reicher Familie gewünscht hatte, getäuscht sah, gewährte er dem jungen Paar keine oder doch nur eine ganz minimale finanzielle Unterstützung, und die beiden mußten sehen, wie sie mit ihrem geringen Geld auskamen.« Boveri in Glasser; S. 122.

3 Zehnder; S. 150.

4 Friedrich Conrad Röntgen am 3. Okt. 1869 an Herrn Buscher in Lennep–Apeldoorn. Zitiert nach Glasser; S. 119.

5 Heiratsurkunde im Gemeente Archief Apeldoorn.

Wie sehr er sich seiner Familie verbunden fühlte, zeigt ein Brief vom 20. Mai 1872, gerichtet an seinen Onkel Ferdinand und seine Cousine Louise. Die beiden Verwandten wollten nach Amerika auswandern. Röntgen verabschiedete sich von ihnen und ließ bei dieser Gelegenheit viel von seinem schon damals ausgeprägten »nationalen Empfinden« spüren: »Diese wenigen Zeilen sollen Euch, lieber Onkel und Louise, sagen, wie wir die letzten Tage in Eurer Nähe in Gedanken zubrachten und wie sehr wir den schmerzlichen und aufregenden Abschied von Onkel Richard und meinem Vater mitfühlten; sie sollen Euch aber auch ein aufrichtiges ›Gott Heil‹ und ›Behüte Euch Gott‹ auf Eurer weiten Reise zurufen (...). Deutsche Liebe und deutscher Fleiß, deutsche Treue und deutsche Sitte mögen auch im fernen Westen ihren gesegneten Einfluß auf Euch und Eure Umgebung ausüben, dann werdet Ihr uns bald die beruhigende und freudige Nachricht geben können, daß es Euch in Eurem neuen Arbeitskreis wohl ergeht.«[6]
Mit Louise stand Röntgen bis zu seinem Lebensende in Kontakt.

In Straßburg wurde er nach erfolgter Habilitation am 13. März 1874 Privatdozent. Im Wintersemester 1874/75 hielt er die »Einleitung in die praktische Physik« sowie »Übungen im physikalischen Laboratorium« und unterrichtete auch »Ausgewählte Kapitel aus der physikalischen Chemie, insbesondere über gasometrische Methoden«.[7] Noch während des Semesters erreichte ihn der erste Ruf: Die Landwirtschaftliche Akademie Hohenheim zeigte Interesse an ihm. Auf die Frage, warum er die Universität mit einer Akademie eintauschen wolle, muß Röntgen geantwortet haben, »er sehne sich nach einer selbständigeren und einträglicheren Stellung«[8].

---

6 Aus Straßburg am 20. Mai 1872. Zitiert nach Glasser; S. 60.
7 GStA PK, I.HA Rep. 89, Geheimes Zivilkabinett, Nr. 21693 Bl. 72.
8 Ludwig Rau in einem Brief aus Carlsruhe vom 24. März 1875; UAH Personalakte 4/1, Nr. 0003.

Kundt, der seinen Fortgang sehr bedauerte, da er ihm »unbedingt alle Geschäfte habe überlassen können«, konnte ihm in Straßburg keine Aufstiegsmöglichkeit bieten; zudem war er der Meinung »eine Assistententätigkeit vertrage sich auch nicht wohl mit einer Professur, zu welcher R. nunmehr reif und berechtigt sei«[9].

HOHENHEIM

»WIR WAREN JUNG UND KONNTEN DESHALB MANCHEN MISS-STAND MIT EINIGEM HUMOR ÜBERWINDEN.«
Die Akademie Hohenheim versuchte in den 60er und 70er Jahren des 19. Jahrhunderts an Prestige zu gewinnen. Justus von Liebig hatte 1861 in einer seiner Reden vor der Bayerischen Akademie der Wissenschaften – er hielt sie regelmäßig, seit ihn König Max II. 1859 zum Präsidenten gemacht hatte – über »Wissenschaft und Landwirtschaft« referiert: Allen landwirtschaftlichen Hochschulen hatte der Chemiker, der in Gießen das chemische Studium grundlegend reformierte und internationales Ansehen genoß, die Daseinsberechtigung abgesprochen. Vom geistigen Fortschritt seien diese wissenschaftlich isolierten Forschungsstätten ausgeschlossen, der praktische Unterricht sei überbetont, die Agrarchemiker hatte er gar als »Afterchemiker« bezeichnet. Nur in enger Verbindung mit den exakten Naturwissenschaften könnten Fortschritte in der Landwirtschaft erzielt werden, weshalb diese nur noch an Universitäten zu lehren sei. In Folge mußten viele landwirtschaftliche Akademien schließen. Hohenheim blieb bestehen, obwohl auch hier die Liebigsche Kritik zutraf.

1818 als Landwirtschaftliche Landesanstalt mit dem Ziel gegründet, für das Königreich Württemberg Bauern theoretisch und praktisch auszubilden, hatte Hohenheim in den 40er Jahren über die Grenzen

---

9 ebd.

des Staates hinaus Bekanntheit erlangt. Entsprechend wollte man zur Akademie »befördert« werden. Diesem Antrag des Lehrerkonvents stimmte König Wilhelm I. von Württemberg zwar 1847 zu, am Lehrplan änderte sich jedoch nichts. Insbesondere in dem von Liebig so gescholtenen naturwissenschaftlichen Fachbereich waren die Unterrichtsbedingungen denkbar schlecht. In einer Gedenkschrift anläßlich des 150jährigen Bestehens heißt es selbstkritisch, »daß im Rechnungsjahr 1859/1860 für den Unterricht in Mathematik und Physik insgesamt nur 2 fl 14 Kreuzer, also etwa 4,– RM, kaum mehr als die Kosten für die Tafelkreide, aufgewandt wurden«[10].

Besserung kam mit einer Studienreform vier Jahre nach Liebigs Ansprache: Die Regelstudienzeit wurde verlängert, die Semesterzahl jener der Universität angepaßt; wer aufgenommen werden wollte, benötigte die »Mittlere Reife« und für ein forstwirtschaftliches Studium sogar das Abitur.[11] Endlich sollten die Naturwissenschaften als »reine Wissenschaften« und nicht mehr als bloße Hilfswissenschaften für die land- und forstwirtschaftliche Praxis unterrichtet werden, was sich als schwierig erwies. Besondere Probleme bereitete die dauerhafte Besetzung des Lehrstuhls für Mathematik und Physik, zumal man hier dem Unterrichtsniveau einer Universität näherkommen wollte. Friedrich Joseph Pythagoras Riecke wurde nach 41 Dienstjahren pensioniert, die ihm nachfolgenden Professoren gaben sich die Klinke in die Hand: Sechsmal wechselte die Besetzung zwischen 1864 und 1877; zwischendurch blieb die Stelle vakant oder wurde kommissarisch vertreten.

---

10 Universität Hohenheim; S. 70.
    Weitere Arbeiten über Hohenheim: Klein, Ernst: Die akademischen Lehrer der Universität Hohenheim (Landwirtschaftliche Hochschule) 1818–1968. Stuttgart 1968 (= Veröffentlichungen der Kommission für geschichtliche Landeskunde in Baden-Württemberg, Reihe B, Bd. 45).
    Sowie: Tijssen, Rainer, Günther Franz, Klaus Herrmann u.a.: 200 Jahre Schloß Hohenheim. Stuttgart-Hohenheim 1984 (= Mitteilungsblatt des Universitätsbundes Hohenheim, Nr. 4).
11 »Organische Bestimmungen« vom 9. Okt. 1865. Vgl. Universität Hohenheim; S. 70.

Auch Röntgens Vorgänger, Heinrich Friedrich Weber, Experimental-physiker aus Berlin, blieb nur von 1873 bis 1875. Er empfahl den Straßburger Privatdozenten als seinen Nachfolger, bevor er an das Zürcher Polytechnikum wechselte. Röntgen erfuhr in einem Ge-spräch, daß Weber ihn vorgeschlagen habe »auf Grund meiner Arbeit über Cp/Cv, die ihm als sehr solide gefallen hatte«[12].

Das Berufungsgespräch mit Röntgen führte der Direktor der Akade-mie, Ludwig Rau, persönlich. Mitte März 1875 suchte er Röntgen in Straßburg auf. Sein erster Eindruck vom neuen Kollegen: »Dr. Rönt-gen ist ein bleicher, hochgewachsener Mann, der zu leben und sich leicht zu bewegen weiß; seit 1872 ist er mit einer Züricherin verhei-rathet. Kinder hat er nicht. Seine Conversationssprache ist nicht im-mer ohne einen fremdartigen Anklang, der Holänder [!] verläugnet [!] sich nicht völlig. Mir machte er einen angenehmen Eindruck und nach meinen Wahrnemungen sowohl als Erkundigungen, würde er Hohenheim wohlstehen.«[13]

Durchwachsen waren nach Raus Recherchen die Leistungen des Jungwissenschaftlers: »Kappler aus Zürich soll vor einigen Monaten bei R. hospitiert haben, aber nicht sehr entzückt von seinem Vortrag gewesen sein; so berichtete wenigstens ein schweizerischer Student an Schmoller. Kundt dagegen hat Röntgen in Colloquien sehr häufig reden hören, rühmt dessen Redegabe und klaren Ausdruck. Im Labo-ratorium nimmt R. bei der Leitung der physikalischen Arbeiten eine ganz selbständige Stellung ein; K. überließ ihm diese vollständig. Die Studenten sollen sehr an ihm hängen. Von Charakter sei Röntgen nicht nur gutartig und verständig, sondern geradezu ›gentil‹, im Be-nehmen bescheiden und durchaus taktvoll. Während einer fünfjähri-gen Dienstzeit sei nicht die geringste Unannehmlichkeit vorgefallen. (...) Kundt verbürgt sich für Röntgens Tüchtigkeit und namentlich

---

12 RaZ aus Weilheim am 15. Mai 1921.
13 UAH Personalakte 4/1, Nr. 0003.

auch für dessen Befähigung sich in praktischen Materien nützlich zu machen.«[14]

Röntgen war nicht in der Position, Forderungen stellen zu können, und knüpfte bei den Verhandlungen mit Rau folglich keine besonderen Bedingungen an die Annahme der Professur. Am 7. April 1875 wurde er durch ein ministerielles Schreiben offiziell als Professor berufen.[15]

Bereits am 1. Mai begann er den Unterricht an der Akademie, die er bei einer kurzen Orientierungsreise in Augenschein genommen hatte.[16] Die Lehrbedingungen hatte er sich sicherlich anders vorgestellt, sie waren ihm vielleicht von Ludwig Rau auch anders geschildert worden. Schon nach kurzer Zeit schien ihm klargewesen zu sein, daß die Akademie für ihn nicht den richtigen Arbeitsplatz bot: Auf physikalischem Gebiet kam er zu keinen eigenen Forschungen. Er hätte das Wetter wissenschaftlich beobachten sollen, zeigte diesbezüglich jedoch – wie die meisten seiner Vorgänger und Nachfolger – kein Interesse.[17] Da schrieb ihm Kundt aus Straßburg.

Am 10. Mai 1876 teilte Röntgen der Direktion mit, »dass er den an ihn ergangenen Ruf als außerordentlicher Professor für Physik an der Universität Strassburg angenommen«[18] habe. Von Bleibeverhandlungen war keine Rede, und zwei Wochen später verbrachte er auch

---

14 ebd.
15 ebd., Nr. 0004.
16 Reisekostenabrechnung; UAH Personalakte 4/1, Nr. 0007, 0008, 0009.
17 Die in den Jahren 1861 bis 1869 und 1873 bis 1877 beobachteten Daten scheinen seinerzeit wegen »schlechter Aufstellung der Instrumente, Lückenhaftigkeit und häufigen Wechsels in der Person des Beobachters« verworfen worden zu sein, so ein Zitat aus dem »Jahresbericht über die Witterungsverhältnisse in Württemberg« von 1867. Erst ab 1877 wurde dank des Physikprofessors Adolf A. Winkelmann der Metereologie in Hohenheim wieder ein größerer Stellenwert eingeräumt.
    Vgl. dazu: Rentschler, Walter, Leo Kaiser: Die Temperaturverhältnisse in Stuttgart-Hohenheim. Ermittelt aus der hundertjährigen Hohenheimer Klimareihe (1881–1980). In: Winkler, Harald (Hrsg.): Geschichte und Naturwissenschaft in Hohenheim. Festschrift für Günther Franz. Sigmaringen 1982; S. 105–132.
18 UAH Personalakte 4/1, Nr. 0010.

schon zwei Tage in Straßburg, um eine Wohnung zu mieten und dort seine Angelegenheiten zu ordnen.[19]

In einem Vier-Augen-Gespräch mit Direktor Ludwig Rau stellte er anschließend die Gründe klar: Er als Fach-Physiker sei der falsche Mann, um den Unterricht in den mathematischen Fächern, Algebra und Geometrie, abzuhalten. Das könne ein Real- oder Gymnasiallehrer besser, für ihn habe eine solche Aufgabe »nichts Verlockendes«. Röntgens Ärger und Enttäuschung über die unproduktive Hohenheimer Zeit entluden sich in einigen Sitzungen des Lehrerkonvents, nachdem er bereits gekündigt hatte. Zur ersten Eskalation kam es am 17. Juni 1876. Noch am gleichen Tag, nach Ende der Sitzung, teilte der Direktor ihm mit:»Sie haben in der heutigen Sitzung mir gegenüber Ausdrücke gebraucht, welche ich nicht auf sich beruhen lassen will, dies verbietet mir sowohl die amtliche Würde als die persönliche Ehre. Sie erlaubten sich mir von ›Ausflüchten‹, die ich machte, zu reden und antworteten mir wiederholt auf meine Äußerungen ›das ist unwahr‹. Weder Ihnen noch sonst Jemanden gestatte ich meine Wahrheitsliebe anzutasten und ersuche Sie diese beleidigenden Ausdrücke entweder schriftlich oder mündlich vor Zeugen zu widerrufen. Rau«.[20]

Röntgen hatte sich bei der Berufung seines Nachfolgers übergangen gefühlt, hatte ursprünglich geglaubt, seine Meinung werde bei der Wiederbesetzung verlangt. Als ihm Rau dann erklärte,»daß er [Röntgen] nicht wüßte, welche Aufgabe ein Lehrer der Physik an der Anstalt wie Hohenheim zu lösen habe, dass er sich für Hohenheimer Verhältnisse nicht genügend interessiere, dass er deshalb wenig geeignet sei zur Beurtheilung der bei einer Neubesetzung der Stelle in das Gewicht fallenden Momente«[21], hatte Röntgen dies als Mißtrauensvotum aufgefaßt, das er – vor versammelter Lehrerschaft ausgesprochen – von Rau widerrufen haben wollte. Andernfalls würde er

---

19 ebd. Nr. 0011.
20 ebd. Nr. 0015.
21 ebd. Nr. 0024–0028, Brief Röntgens an Rau vom 20. Juni 1876.

seine Arbeit bis zu einer Entscheidung des Konvents einstellen und
dem Ministerium Meldung machen. Zwar gestand Röntgen später ein,
daß er sich in der Sitzung »hat hinreissen lassen, das übliche Mass
von parlamentarischen Ausdrücken zu überschreiten und sich bei
der Äusserung von sachlich vollständig berechtigten und begründeten Ansichten von Ausdrücken zu bedienen, welche von einer Versammlung ungern gebraucht werden«[22]. Doch auch danach mußte
ihn Rau erneut wegen seines ungebührlichen Tons ermahnen.

Über den privaten, freundschaftlichen Kontakt zwischen Röntgen
und anderen Professoren ist wenig bekannt. Mit der Familie von
Franz Baur, der selbst kurze Zeit Physik in Hohenheim unterrichtet
hatte, um sich dann seinem eigentlichen Fachgebiet, der Forstwis-
senschaft, zuzuwenden, müssen die Röntgens befreundet gewesen
sein. Diese Freundschaft wurde in späteren Jahren zwischen den
Frauen, Bertha Röntgen und Ernestine Baur, brieflich gepflegt und
ging auf die Töchter Baur, vor allem auf Charlotte, über.[23] Möglicherweise verkehrte das Ehepaar bei Carl Siemens, dem Vetter und
Schwiegervater des berühmten Ernst Werner von Siemens.[24]

Röntgens selbst wohnten, wie die Zöglinge auch, im Schloß. In einem
Brief an Marcella Boveri, eine Freundin späterer Tage, erinnert sich
der alte Röntgen ironisch:»Wir hatten in Hohenheim Ratten und
waren schon auf einen verhältnismäßig freundschaftlichen Fuß mit
ihnen gekommen; sie bekamen ihr tägliches Futter in dem Rinn-
steinablauf von den Küchenabfällen und ließen uns dafür im übrigen
in Ruhe! (...) Wir waren jung und konnten deshalb manchen Mißstand
mit einigem Humor überwinden.«[25]

---

22 ebd.
23 Charlotte Baur schrieb in einem Memoirenmanuskript über die Freundschaft.
   Insbesondere aus den Jahren 1888–1900 existieren Briefe, die bei Dessauer
   zitiert werden.
24 Im Haus des 66jährigen Professors für landwirtschaftliche Technologie wurde
   musiziert, vorgelesen, Theater gespielt und getanzt. Seine Wohnung stand im
   Mittelpunkt des studentischen Lebens und diente als Ersatz für die fehlende
   kulturelle Umgebung. Vgl.: Universität Hohenheim; S. 77.
25 RaFB aus Weilheim am 14. Juli 1922.

Weniger humorvoll überstand Röntgen freilich seine letzten beiden
Sitzungen im Lehrerkonvent, in denen es nochmals zu Auseinandersetzungen zwischen ihm und Kollegen kam. Er weigerte sich, zum
Abschluß ein Programm über seine Arbeit zu schreiben: Er sei nur
wenig zu eigenen Forschungen gekommen, und auf Bestellung zu
schreiben liege ihm nicht, vertrat er am 22. Juli.[26]

Die Röntgens nahmen unversöhnt von Hohenheim Abschied. Aus
Stuttgart schickte der Physiker am 25. Oktober 1876 einen Brief an
die Direktion, in dem er mitteilt,»daß derselbe am 24. Octob. 1876
Hohenheim verlassen hat, und dass somit die bisherige Wohnung des
Unterzeichneten in Hohenheim zur Verfügung steht«[27].

STRASSBURG

*»EIN NOTWENDIGES ÜBEL, DAS EBEN ZUM PHYSIKBETRIEB EINES
INSTITUTS GEHÖRTE WIE DAS PUTZEN VON INSTRUMENTEN...«*
Am 1. November 1876 trat Röntgen in Straßburg die Nachfolge von
Emil Warburg an. Er hielt Vorlesungen über die »Fresnelsche Theorie des Lichtes«, über die »Theorie der Elektrostatik und der elek-
tromotorischen Kräfte« über die »Theorie der Kapillarität«, über
Magnetismus und Elektrodynamik.[28]
Der Unterricht in theoretischer Physik war erst jüngst auf Drängen
der Physikprofessoren, die sich von der Fülle des zu vermittelnden
Stoffes erdrückt fühlten, abgespalten worden. Soziale Anerkennung
und Wertschätzung von seiten der Naturwissenschaftler waren in
diesem Fachbereich gering – im krassen Gegensatz zu den Erfolgen,
die Wissenschaftler wie Hermann Helmholtz, Gustav Kirchhoff,
Rudolf Clausius und Ludwig Boltzmann verzeichnen konnten: die An-

---

26 Universität Hohenheim; S. 76.
27 UAH Personalakte 4/1, Nr. 0013.
28 Ein ehemaliger Schüler Röntgens namens Trautmann erinnerte sich in einem
    Brief vom 27. März 1915 an die Veranstaltungen. RM.

erkennung der Maxwellschen Theorien, der Grundgesetze der Elektrodynamik, und die bedeutende Rolle in der Thermodynamik.

Doch nach erfolgreichem Kampf mit der Naturphilosophie um die
richtige Forschungsmethode, galt nun bis zum Ende des 19. Jahrhunderts das Experiment als unabdingbar und allein sinnvoll. – Physik war empirische Wissenschaft geworden. Gewöhnlich erklärte daher der »Patriarch« die Betreuung der Theorie zum Aufgabenbereich
seiner »Untertanen«. An Assistenten, Privatdozenten und außerordentliche Professoren wurde diese Disziplin delegiert wie ein »notwendiges Übel, das eben zum Physikbetrieb eines Instituts gehörte
wie das Putzen von Instrumenten oder die Betreuung von Anfängerpraktika«[29].

So schlecht wie anfangs das Prestige war auch die Bezahlung der Ex-
traordinarien. Röntgen, der nun für zwei Personen sorgen mußte,
konnte davon ein Lied singen. »Wanzen und Schaben hatten wir in
Straßburg in unserer Wohnung, aber meine Frau wurde ihrer bald
Herr«[30], erinnerte er sich später an ihre Wohnung in der Waisengas-
se, in der sie die folgenden zweieinhalb Jahre verbringen sollten.

Weil sich das kinderlose Ehepaar die Gesellschaft junger Menschen
wünschte, waren hier oft Töchter von Freunden zu Gast. Wie wohl
man sich in deren Gegenwart fühlte, ist in einem Brief Bertha Röntgens an Ernestine Baur nachzulesen, die Mutter von drei Mädchen
war. Johanna, das älteste von ihnen, war den Röntgens bei deren Umzug nach Straßburg gefolgt: »Um ganz aufrichtig zu sein, muß ich Ihnen gestehen, daß wir hoffen, daß Johanna bis zu den Ferien bei uns
bleiben würde, und daß Sie, liebe Freundin, sie dann ablösen wollten.
Wie gern wir Johanna bei uns haben, will ich Ihnen hier nicht erklären, genug wenn ich sage, daß wir, seit wir das liebe und muntere
Wesen bei uns haben, ganz andere Menschen geworden sind, wir sind
so vergnügt und fühlen uns auch sonst viel wohler. Doch, liebe Freun-

---

29 Eckert; S. 17–18.
30 RaFB aus Weilheim am 14. Juli 1922. Adresse vom Einwohnermeldeamt der
   Stadt Straßburg, Archives communales de Strasbourg.

din, wenn ich Ihnen so meine Gefühle verrathe, so will ich damit nicht bezwecken, daß Sie uns ein Opfer bringen, wenn Sie uns Johanna länger anvertrauen«[31], schrieb Bertha am 25. Februar 1877 aus Straßburg an die Freundin.

Kundt hatte Röntgen unter anderem deshalb für die Stelle vorgeschlagen, weil er dessen baldige Berufung auf eine ordentliche Professur erwartete. Das Extraordinariat sah er lediglich als Durchgangsstation einer Karriere an; einen »extraordinarius perpetuus«[32], wie er es einmal formulierte, sollte es möglichst nicht geben. In Zusammenarbeit mit Röntgen entstanden zwischen 1878 und 1880 vier Arbeiten, die letzte – als Röntgen bereits in Gießen war – zur kinetischen Gastheorie.[33] Beeinflußt von Maxwells elektromagnetischen Theorien wiesen Kundt und Röntgen in der ersten gemeinsamen Veröffentlichung nach, daß die Polarisationsebene eines Lichtstrahls eine Drehung erfährt, wenn dieser gasförmige Stoffe durchläuft, die ihrerseits einem Magnetfeld – parallel zu ihrer Ausbreitung – ausgesetzt werden. Michael Faraday hatte 1845 die entsprechende Beobachtung gemacht, wobei damals feste und flüssige Substanzen als Medium dienten, ohne daß befriedigende Messungen möglich gewesen wären.

---

31 Bertha Röntgen an Ernestine Baur aus Straßburg am 25. Febr. 1877. Zitiert nach Dessauer; S. 201.
32 Vgl. Wolff; S. 436.
33 Kundt, August, Wilhelm Conrad Röntgen: Nachweis der electromagnetischen Drehung der Polarisationsebene des Lichtes im Schwefelkohlenstoffdampf. Münch. Ber. 8 (1878) S. 546. Auch: Ann. d. Phys. u. Chem. N.F. 6 (1879) S. 332–336.
dies.: Nachtrag zur Abhandlung über Drehung der Polarisationsebene im Schwefelkohlenstoffdampf. Münch. Ber. 9 (1879) S. 30.
dies.: Ueber die electromagnetische Drehung der Polarisationsebene des Lichtes in den Gasen. Ann. d. Phys. u. Chem. N.F. 8 (1879) S. 278–298. Auch: Münch. Ber. 8 (1879) S. 148.
dies.: Ueber die electromagnetische Drehung der Polarisationsebene des Lichtes in den Gasen. II. Abhandlung. Ann. d. Phys. u. Chem. N.F. 10 (1880) S. 257–265.

Nicht zuletzt aufgrund dieser vier Veröffentlichungen erhielt Röntgen 1879 einen Ruf als Ordinarius der Physik an die Universität Gießen.

GIESSEN

»EINE HAUPTANNEHMLICHKEIT ODER -UNANNEHMLICHKEIT WÜNSCHE ICH IM AUGENBLICK NICHT ANZUGEBEN.«
Röntgen hatte, abgesehen von den Veröffentlichungen in Zusammenarbeit mit Kundt, bislang zwölf eigene Arbeiten publiziert, die keine bahnbrechenden Ergebnisse zeigten, wohl aber eine »kühne und vorbildlich saubere Experimentierkunst, und sie waren sehr vielseitig in der Thematik«[34].
Trotz seiner Tätigkeit als theoretischer Physiker war er der Praktiker geblieben, und deshalb stand seiner Berufung nichts im Weg, wie es das Gutachten des Mathematikprofessors Richard Baltzer für die Gießener Universität deutlich machte: »Aber in allen Fällen muß darauf gehalten werden, daß der Ordinarius der Experimentalforschung wirklich zugetan und in derselben durch eigene Leistungen legitimiert sei. Nur von einem solchen darf man erwarten, daß er den Unterricht in der Experimentalphysik gründlich, lehrreich, anziehend erteilen werde, daß er ein tüchtiger Vorstand des Physikalischen Instituts sein werde und daß er insbesondere die höchst wesentlichen praktischen Übungen der vorgeschrittenen Studierenden des Physikalischen Laboratoriums mit Erfolg zu leiten imstande sein werde!«[35]
Es galt in Gießen, Studierende der unterschiedlichsten Fachrichtungen in Physik zu unterrichten: Physikstudenten ebenso wie angehende Mediziner, Mathematiker, Chemiker, Technologen, Forstwirte und beschreibende Naturwissenschaftler. Entsprechend hielt Baltzer, der

---

34 Herneck; S. 74. Titel aller 12 Arbeiten stehen bei Glasser; S. 73–74.
35 Votum des Mathematikprofessors Richard Baltzer, am 7. Febr. 1879 eingereicht. Zitiert nach Lorey (1941, 1); S. 97–99.

die zu besetzende Stelle »zu den wichtigsten Professuren der Universität« zählte, in seinem Votum für unabdingbar, daß der künftige Lehrstuhlinhaber »hingebenden Fleiß und deutliche Energie in Erfassung seines Gelehrtenberufes, durch Anziehung der studierenden Jugend zur Wissenschaft und durch erprobte Lehrtätigkeit«[36] zeige. Der Straßburger Physiker war ihm von Kundt »als ein sehr guter Experimentator, tüchtiger Theoretiker, sehr guter Dozent empfohlen, und allen jungen Kräften vorangestellt«[37] worden – was Röntgen oft betonte, der ja später selbst eine sehr strenge Linie in Sachen »Berufungspolitik« vertreten sollte. Auch Friedrich Kohlrausch, Würzburg, Hermann Knoblauch, Halle, und Oskar Emil Meyer, Breslau, hatten ihn gelobt, und auf der Liste des geschickten »Professorenkundschafters« Kappeler aus Zürich, bei dem er anläßlich seiner Hohenheimer Berufung noch gar nicht gut beleumundet war, stand er inzwischen ganz oben. Daß Röntgens Arbeiten bei den angesehensten Physikern des Reiches, bei Gustav Rudolf Kirchhoff und Hermann Helmholtz Anerkennung gefunden hatten, war eine weitere, entscheidende Auszeichnung.

Mit einem Gehalt von 5000 Mark im Jahr, 1000 Mark mehr als man ihm hätte zahlen müssen, trat Röntgen zum Sommersemester 1879 seine Stelle in Gießen an. Von einer Antrittsrede war er befreit worden.[38]

Gießen war, mitsamt seiner Universität, 1866 nur knapp der Angliederung an den preußischen Staat entgangen. Die Ludoviciana wollte als »billige« Universität gelten, verlangte niedrige Kolleggelder und

---

36 ebd. Röntgen setzte sich gegen Hofrat August Toepler vom Dresdner Polytechnikum, den an erster Stelle Gesetzten, sowie gegen Riecke, den Drittplazierten, durch. Toepler wurde wohl dank der mustergültigen Einrichtung seines Grazer Institutes an die Spitze gerückt. Trotzdem wurde mit ihm nie verhandelt.
37 RaZ aus Weilheim am 15. Mai 1921.
38 Lorey (1941, 1); S. 102.

war daher für Dozenten eine »Einstiegsuniversität«[39]. Die Unterrichtsräume trugen, als Röntgen seine Arbeit aufnahm, noch deutliche Spuren universitärer »Pionierzeit« der Physik: Das Institut war im Erdgeschoß des Wohnhauses von Heinrich Buff untergebracht, des im Dezember 1878 verstorbenen Vorgängers Röntgens, der ab 1838 erstmals eine von der Mathematik getrennte Physik in Gießen gelehrt hatte.[40] Die privaten Lehrräume, für die die Universität ab 1844 Miete zahlte, entsprachen mit nur einem Hörsaal und einem Laboratorium bei Röntgens Antritt nicht mehr damaligen Erfordernissen. Andererseits bot man dem 34 Jahre jungen Physiker auf seiner ersten ordentlichen Universitäts-Professur eine solide Instrumentensammlung und einen jährlichen Sachetat von 2250 Mark an. Röntgen machte nach Hohenheim zudem die angenehme Erfahrung: »Die Studenten sind im allgemeinen sehr fleissig.«[41]

Bereits im Mai 1879, einen Monat nach seiner Berufung, wurde Röntgen Examinator bei der medizinischen Vorprüfung der Ärzte und Pharmazeuten, Examinator bei der Staatsprüfung zum Gymnasial- und Realschullehramt, sowie Prüfer für zukünftige technische Chemiker und Kameralisten. Zum Wintersemester 1880/81 konnten der Physiker und seine Studenten dann in das neue Hauptgebäude der Universität einziehen. Dr. August Köhler, einer seiner Studenten und später Abteilungsvorstand bei »Zeiss« in Jena, erinnerte sich: »Das Physikalische Institut war in der neuen Aula im Erdgeschoß untergebracht. Räume und Ausstattung waren, im Vergleich zu den Verhältnissen einer späteren Zeit, sehr einfach. Soweit mir erinnerlich, war z.B. der Schreibtisch im Röntgenzimmer[42] aus einfachem Holz,

---

39 Zu diesem Begriff und der Klassifizierung siehe Baumgarten, in: Hochschullehrer an Technischen Hochschulen und Universitäten; S. 51. Ebenso: Baumgarten (1988); S. 154.
40 Lorey (1941, 1); S. 88–89.
41 Röntgen an Hertz aus Gießen am 27. Sept. 1888; ADM, Nr. 3026.
42 Gemeint ist »Röntgens Zimmer«.

weder gebeizt noch gestrichen. Außer Röntgens Zimmer waren noch einige mäßig große Räume für das Praktikum und sonstige Arbeiten im Erdgeschoß und im Keller vorhanden. Für optische Versuche war ein schwarz gestrichener Raum vorhanden, dessen Fenster zum Teil mit Spiegel-Glasscheiben versehen waren; er konnte gut verdunkelt werden.«[43] Der Physikalische Hörsaal mit seinen 90 Sitzplätzen diente der Hochschule gleichzeitig als Auditorium maximum.[44] Röntgen unterrichtete wöchentlich 5 Stunden Experimentalphysik, meist vor etwas mehr als 70 Zuhörern. Als Extraordinarius war Carl Friedrich Fromme berufen, und Röntgen übertrug ihm die Vorlesungen über theoretische Physik. Um die Bewilligung eines Assistenten mußte Röntgen kämpfen. Erst als er erklärt hatte, das Praktikum nicht ohne einen Assistenten zu beginnen, wurden ihm entsprechende Gelder zugestanden. Jakob Schneider erhielt die Stelle[45], blieb bis Herbst 1887, stand aber bis zu Röntgens Tod noch in brieflichem Kontakt mit ihm.

Röntgen hielt zweimal in der Woche zwischen 14 und 17 Uhr Praktika ab. Praktika sowie ein Kolloquium – »einmal wöchentlich: abends 6–8 Uhr. privatiss. + gratis«[46] – waren unter ihm an die Stelle des Physikalischen Seminars getreten, das Buff für die Ausbildung von Gymnasiallehrern abgehalten hatte.

Im wesentlichen ließ Röntgen nach Friedrich Kohlrauschs Lehrbuch »Praktische Physik« arbeiten, wie Köhler sich erinnert: »Der Praktikant mußte das Protokoll der Versuche ausarbeiten und die Ergebnisse Dr. Schneider vorlegen; dieser führte genau Buch darüber.

---

43 Erinnerungen von Dr. August Köhler an seine Gießener Zeit, aus: Lorey (1941, 1); S. 105.
44 Moraw; S. 175.
45 Von ihm hatte Röntgen bereits einen guten Eindruck gewonnen, als er ihm während des Studiums das Thema für die Klausurarbeit im Lehramtsexamen gestellt hatte. Anschließend ließ er ihn eine Dissertation über die Kompressibilität von Flüssigkeiten ausarbeiten. Lebenslauf sowie Näheres zu Schneider siehe Lorey (1941, 2); S. 66.
46 Vorlesungsankündigung für das WS 1880/1881. Handschriftenabt. UB Gießen NF 116-10 d (1).

Abb. 8   »Über die durch eine Bewegung eines im homogenen elektrischen Felde befindlichen Dielektrikums hervorgerufene elektrodynamische Kraft« hieß der
Titel von Röntgens 1888 veröffentlichter Forschungsarbeit, die der krönende Abschluß seiner Gießener Lehrzeit war. Die Zeichnung ist der Arbeit entnommen. Das
Verdienst an dieser – später »Röntgenströme« genannten – Entdeckung bewertete
der Physiker zeitlebens höher als den Fund der Röntgenstrahlen.

Röntgen selbst wie auch Dr. Schneider beschäftigten sich während
der ganzen Zeit sehr eingehend mit jedem einzelnen.«[47]
In den letzten Jahren von Röntgens Gießener Zeit war die Zahl der
Teilnehmer gering, »weil in Folge der augenblicklich bestehenden
schlechten Aussichten weniger Leute Naturwissenschaften und Mathematik studieren«[48], wie er meinte. Doch zu Anfang der 80er Jahre
überschritt die Besucherzahl häufig 8 Hörer, lag einmal sogar bei 23,
so daß er folglich mehrere Nachmittage beschäftigt war.[49]
Um Zeit und Mittel für Forschungen mußte er immer wieder kämpfen: 1883 versuchte er sich gegen das Erstellen einer Inventarliste zur
Wehr zu setzen. Die Institutsausstattung könne weder er, noch sein
kurz vor dem Examen stehender Assistent katalogisieren, »dessen
knapp bemessene Zeit nicht erlaubt, dass ihm noch andere Funktio-
nen übertragen werden als die Hilfeleistung im Laboratorium und bei
der Vorbereitung von Versuchen«[50], schrieb Röntgen nach Darmstadt
an die »Großherzogliche academische Administrations-Commis-
sion«. Er erbat sich einen zweiten Assistenten für diese Aufgabe,
wurde jedoch abgewiesen und geriet mit der Liste in Verzug.
Als seine bedeutendste Arbeit aus der Gießener Zeit gilt heute der
Nachweis der von Maxwell vorausgesehenen magnetischen Wirkung
des Verschiebestromes. Bereits der amerikanische Physiker Henry
Rowland hatte – auf Anregung von Maxwell und Helmholtz – die
magnetische Wirkung eines bewegten, dielektrisch geladenen Me-
tallkörpers gesucht. Rowland wies nach, daß ein in sich geschlossener Konvektionsstrom senkrecht entlang der Rotationsachse ein
Magnetfeld der Größe erzeugt, wie es entstünde, würde ein äquiva-
lenter Leitungsstrom durch den ruhenden Metallkörper fließen.

---

47 Erinnerungen von Dr. August Köhler an seine Gießener Zeit, aus: Lorey
   (1941, 1); S. 109.
48 Wie Fußnote 41.
49 ebd.
50 Röntgen am 6. Juni 1883 an die »Großherzogliche academische Administra-
   tions-Commission«. Handschriftenabt. UB Gießen Phil H 35/3, Nr. 40. Zu diesem Vorgang siehe auch Nr. 43, 52, 55.

Röntgen stellte sich die Frage, ob auch im elektrischen Feld beweg-
te Nichtleiter einem Konvektionsstrom entsprächen. Zwischen zwei
geladenen Metallplatten ließ er eine dielektrische Scheibe rotieren,
die ein magnetisches Feld lieferte sowie den einem elektrischen Leitungsstrom äquivalenten Strom. Röntgens Beweis und exakte Messung des Stromes, den Henri Poincairé 1901, analog zu den Strahlen,
»Röntgenstrom« nannte,[51] halfen, Maxwells Theorie der Elektrizität
weiterzuführen.

Drei Jahre dauerte die Arbeit an diesen Messungen. Ein vorläufiges
Ergebnis hatte Röntgen am 19. Februar 1885 an Hermann von Helmholtz geschickt, bei dem er wieder auf ein günstiges Urteil hoffen
durfte. Aus dem Brief, dem Röntgen seinen Aufsatz »Versuche über
die elektromagnetische Wirkung der dielektrischen Polarisation«
beilegte, geht hervor, daß er sich bereits mit einer früheren, nach
eigenen Worten »misslungenen« Arbeit an ihn gewandt hatte, und
nun erneut auf sein wohlwollendes Interesse setzte. Röntgen schloß
in höchstem Maße selbstkritisch und mit einem Kniefall:»Eher könnte der Einwand erhoben werden, dass die Freude über die nach lan-
gem Suchen gefundene Thatsache mir nicht die nöthige Unpartei-
lichkeit gelassen hätte, wenn ich nicht absichtlich allerlei Mittel er-
sonnen und angewendet hätte, um von diesem bedenklichen Fehler
frei zu werden.«[52] Helmholtz erfüllte Röntgens Wunsch und legte der
Berliner Akademie der Wissenschaften die Arbeit vor, die im gleichen
Jahr veröffentlicht wurde.

Mit weiteren Untersuchungen dieses Gegenstandes sollte Röntgen
bis zum Ende seiner Gießener Dienstzeit beschäftigt sein: »Bei meinen Versuchen geht mir von Zeit zu Zeit die Geduld aus, und ich muss
dann jedesmal wieder einen neuen Anlauf nehmen. Eine ausführliche
Mittheilung muss noch aufgeschoben werden, nun habe ich daher

---

51 Poincaré, Henri: Leçons professées à la Sorbonne en 1888, 1890 et 1899. Paris
1901; S. 435.
52 Röntgen an Helmholtz aus Gießen am 19. Febr. 1885. BBAW Nl. Helmholtz
Nr. 382.

wieder einen kurzen Bericht über die elektrische Wirkung [unlesbar] Dielektrica erstellt, den ich Ihnen hiermit übersende«[53], gestand er am 1. März 1888 in einem Brief an Heinrich Hertz, der als Physikprofessor in Karlsruhe tätig war und – deshalb das Schreiben Röntgens – 1887/88 durch seine Untersuchung über die Ausbreitung elektromagnetischer Wellen Maxwells Voraussagen endgültig bestätigt hatte.

Erst Ende 1888 schloß Röntgen seine diesbezüglichen Forschungen ab, und von Helmholtz legte auf seine Bitte hin der Berliner Akademie den Abschlußbericht vor.[54] Zuletzt war an diesen Untersuchungen als Assistent Ludwig Zehnder beteiligt. Röntgen und er hatten sich im Urlaub in Pontresina kennengelernt. Zehnder war gebürtiger Zürcher, neun Jahre jünger als der Professor und hatte nach einer Lehre als Maschinenschlosser und nach Privatunterricht in Mathematik die gleiche Ausbildung am Polytechnikum absolviert. 1886 hatte er mit einem Physik- und Chemiestudium in Berlin begonnen, doch die Promotion wurde ihm hier verwehrt, weil er kein Abitur vorzuweisen hatte.[55] Röntgen hatte ihm zum Ende des Sommersemesters 1887 ermöglicht, in Gießen zu promovieren. Noch im gleichen Jahr hatte er bei Zehnder angefragt, ob er nicht Schneiders Assistentenstelle einnehmen wolle.[56]

Zehnder sagte »hocherfreut«[57] zu. Wie er dem Professor gestand, kenne er »einen Theil der in den Übungsstunden zu verwendenden Apparate noch gar nicht« und habe »von den Glasblase- & anderen Künsten des Hr. Dr. Schneider nur sehr wenig los«, doch ansonsten sei er »keiner von denen, welche so leicht von einer Aufgabe zurück-

53 Röntgen an Hertz aus Gießen am 1. März 1888. ADM, Nr. 3024.
54 Röntgen, W.C.: Über die durch Bewegung eines im homogenen elektrischen Felde befindlichen Dielektrikums hervorgerufene elektodynamische Kraft. 1888. Sitzungsberichte der Königlich Preussischen Akademie der Wissenschaften zu Berlin. Jahrgang 1882–1899. B I. S. 23–28. Siehe auch BBAW II-V-123, Bl. 68.
55 Lebenslauf enthalten in ZaR aus Berlin am 21. Febr. 1887.
56 RaZ aus Gießen am 10. Okt. 1887.
57 Zehnder; S. 5.

schrecken«[58], und bekam sogleich die Leitung des physikalischen Praktikums übertragen. Diese Zusammenarbeit war der Beginn einer tiefen, durch Zehnders unglückliche Berufslaufbahn manchmal nicht ungetrübten Freundschaft, die auch die beiden Ehefrauen verband.

»Ich bewunderte, mit welcher Umsicht und Präzision er zu arbeiten gewohnt war, und erkannte, daß er auch von seinen Praktikanten größte Sorgfalt in der Ausführung der Versuche und in der Berechnung der Ergebnisse verlangte«[59], erinnerte sich Zehnder, der in die Gießener Messungen der Röntgenströme involviert war, obwohl er von Röntgen selbst nicht darüber informiert gewesen sein will. Die einsame Arbeitsweise sei eine Marotte seines Vorgesetzten gewesen: »Röntgen arbeitete, wenn er sich ein Problem gestellt hatte, immer in der Stille, ohne irgend jemandem Einblick in seine Arbeits- und Denkweise zu ermöglichen. So wußte ich nichts von den Versuchen, mit denen er noch beschäftigt war. Weil aber dieser Röntgeneffekt derart schwach war, daß man den Magnetometerausschlag nur bei größter Sorgfalt zu sehen vermochte, holte er mich eines Tages und ließ mich ins Fernrohr sehen. Er werde nun einen Versuch machen, von dem ich nichts erblicken konnte; ich sollte ihm dann sagen, ob ich am Fadenkreuz des Fernrohrs etwas sähe. Ich sah in der Tat einen minimalen Ausschlag, etwa um ein paar Zehntel Skalenteile. Beim zweiten Versuch sah ich ungefähr denselben Ausschlag nach rechts. Solche Ablesungen hatte ich mehrere zu machen, ohne daß ich wissen durfte, was Röntgen dabei vor hatte, und ob der Ausschlag nach links oder rechts zu erwarten war. Röntgen wollte von einem unbefangenen Beobachter eine Kontrolle für seine eigenen Ablesungen haben.«[60]
Als die Kontrollen schließlich abgeschlossen und die Entdeckung veröffentlicht werden konnte, war dies der krönende Abschluß der

---

58 ZaR aus Zürich am 12. Okt. 1887.
59 Zehnder. Zitiert bei Lorey (1941, 2); S. 65–66.
60 ebd.

Gießener Forschungen Röntgens: Insgesamt 18 wissenschaftliche
Veröffentlichungen waren das Ergebnis.

Röntgen hatte sich in diesen Jahren von seinem vorherigen For-
schungsgebiet, den thermischen Eigenschaften der Gase ab- und
den mechanischen, thermischen und elektrischen Fragen der kon-
densierten Materie, der Flüssigkeiten und der Kristalle, sowie der
Maxwellschen Theorie des Elektromagnetismus zugewandt. Mit
eigenen Forschungen und Publikationen wollte er nicht zuletzt die
Voraussetzung für eine Berufung an ein größeres, besser ausgestat-
tetes Institut für sich schaffen.

Seit Jahren schon hatte sich hier Hermann von Helmholtz für ihn
starkgemacht: Als 1885 ein Kandidat für das außerordentliche Physikordinariat in Greifswald gesucht worden war, empfahl er Röntgen.
In einem Schreiben an Friedrich Althoff, seit 1882 als Universitäts-
referent im Preußischen Kultusministerium für Berufungsangelegen-
heiten zuständig, hatte er die Meinung vetreten, daß, obwohl er Röntgen nicht persönlich kenne, er doch aus der Literatur den Eindruck
eines »offenbar sehr erfinderischen und in seinen Einfällen originel-
len«[61] Physikers gewonnen habe. Aber das Ministerium entschied
sich für den in Halle tätigen Anton Oberbeck.

1886 hatte sich dann die Universität Jena um den inzwischen 41jähri-
gen Röntgen bemüht. Über den Kandidaten, der auf Platz eins ihrer
Wunschliste stand, hatte die Berufungskommission geschrieben:»Er
ist auf verschiedenen Gebieten der Experimentalphysik mit gutem
Erfolg tätig gewesen, besonders auf dem der Wärme und Elektrizität.
Seine hauptsächlichsten Arbeiten beziehen sich auf die spezifische
Wärme der Gase, die Absorption der Stahlung in Wasserdampf und
Kohlensäure, die elektromagnetische Drehung der Polarisations-

---

61 Helmholtz an Althoff am 21. Juli 1885. Zitiert nach Hoffmann, Dieter: Wissenschaft und Bürokratie. Hermann von Helmholtz und Friedrich Althoff im Spie-
   gel ihres Briefwechsels. In: von Brocke, Bernhard (Hrsg.): Wissenschaftsgeschichte und Wissenschaftspolitik im Industriezeitalter. Das »System Althoff«
   in historischer Perspektive. Hildesheim 1991; S. 245–250. Hier: S. 247.

ebene des Lichtes in Dämpfen und Gasen, das elektrooptische Verhalten des Quarzes in isolierender Flüssigkeit, Volumenänderung elektrischer Dielektrika usw. (...) Neben einer Geschicklichkeit im Experimentieren besitzt er die Gabe klaren und lebhaften Vortrages. Seine Berufung böte besondere Garantie für eine vielseitige, nutzbringende Wirksamkeit des Physikalischen Instituts.«[62]
Röntgen hatte abgelehnt. Ein Umzug hätte ihn von seiner Forschungsarbeit abgehalten, auch wollte er auf bessere Angebote warten. Mit ein Grund für sein »Nein« war sicherlich auch eine Gehaltserhöhung um 500 Mark, für seinen Assistenten eine solche von 300 Mark und ein einmaliger Sondermitteletat in Höhe von 4000 Mark, die ihm die Landesregierung bot.[63]
Röntgen investierte die Sondermittel in eine Dynamomaschine und einen Gasmotor. Letzterer schien ihm besonders wertvoll, und der ehemalige Student Köhler erinnerte sich später, daß der Ordinarius »jede Minute, die er erübrigen konnte, während der Dauer der Montage unten«[64] gewesen sei und die Arbeit beaufsichtigt habe. Der nicht gerade leise Motor bescherte ihm ständige Auseinandersetzungen mit den übrigen Instituten im Universitätshauptgebäude.[65]
Ein Neubau tat not. Röntgen muß sich für einen solchen eingesetzt haben. Ob er den Bau gerne selbst beaufsichtigt und durchgeführt hätte, ist fraglich. Röntgen wollte lieber forschen, obwohl es in Gießen hinsichtlich Institutsneubaus gute Aussichten auf Unterstützung von seiten der hessischen Regierung gab. 1888 schrieb er an Heinrich Hertz: »Aussichtslos ist derselbe durchaus nicht, denn erstens war derselbe in früheren Jahren in Aussicht genommen, zweitens darf man auf die Unterstützung der Collegen, welche in dem Collegiengebäude lesen unbedingt rechnen, da sie häufig durch die

62 Zitiert nach Lorey (1941, 3); S. 354.
63 Zu den Ergebnissen der Bleibeverhandlungen: Universitätsarchiv Giessen PrA Nr. 1545, Nr. 232, 19 und PrA 2529 Nr. 119.
64 Zitiert nach Lorey (1941, 2); S. 68.
65 Vgl.: Wilhelm Conrad Röntgen in Giessen 1879–1888. Katalog zur Ausstellung; S. 14.

Abb. 9   Bertha und Wilhelm Conrad Röntgen, das Professorenehepaar, vom Frankfurter Prominenten-Photographen Hanfstaengl abgelichtet. Die Aufnahme dürfte kurz vor dem gemeinsamen Umzug nach Würzburg entstanden sein.

Arbeiten im phys. Institut (Gasmotor etc.) belästigt werden, und drittens reichen die jetzigen Räume (namentlich der Sammlungsraum
und auch der Hörsaal) nicht aus. Augenblicklich halte ich aber den
Zeitpunkt nicht für günstig um auf einen Neubau zu bestehen, wohl
um die Frage anzuregen.«[66]
Als Heinrich Hertz Ende September diesen Brief erhielt, stand Röntgens Berufung nach Würzburg fest; er war bereits auf der Suche nach
seinem Nachfolger.

Im März 1888 hatte er zunächst das Angebot der Universität Utrecht
erhalten.[67] Doch schon vor den erneuten Bleibeverhandlungen mit
der Darmstädter Regierung müssen auch die Bayern Interesse an ihm
angemeldet haben. August Köhler kann sich an Gerüchte in Gießener
Studentenkreisen erinnern, wonach ein Vertreter aus dem Münchner
Kultusministerium höchstselbst einer Vorlesung Röntgens beige-
wohnt habe, um anschließend mit ihm dessen Berufung zu bespre-
chen.[68]
Das Angebot aus Utrecht war zweitrangig, zumal auch Röntgens Frau
wenig Interesse daran hatte, in die Niederlande umzuziehen: »Wir
hoffen aber sehr, daß wir in Deutschland bleiben«[69], hatte sie an
Charlotte Baur geschrieben, die Tochter des ehemaligen Hohenhei-
mer Kollegen.
In der Gewißheit, einen besseren Vertrag so gut wie in der Tasche zu
haben, lehnte Wilhelm Conrad am 26. Mai ab. Am 31. Juli machte er
Heinrich Hertz die vertrauliche Mitteilung, daß von verschiedenen
Mitgliedern der Gießener Philosophischen Fakultät Erkundigungen
über dessen Lehrbefähigung eingezogen worden seien. Er selbst, so
Röntgen, hoffe weiter, Hertz für Gießen zu gewinnen. Hertz zog es

---

66 Wie Fußnote 41.
67 Briefwechsel zwischen der Utrechter Universität und Röntgen erhalten im RM
     und im Staatsarchiv Utrecht. Zitiert bei van Wylick; S. 43–49.
68 Vgl. Lorey (1941, 2); S. 68–69.
69 Bertha Röntgen an Lotte Baur am 18. Mai 1888. Zitiert nach Dessauer; S. 204.

vor, im Jahr 1889 nach Bonn zu gehen, wo er das Physikalische Institut renovieren, erweitern und reorganisieren durfte.

Röntgen hatte sich in Gießen als Hochschullehrer wohlgefühlt. »Eine Hauptannehmlichkeit oder -unannehmlichkeit wünsche ich im Augenblick nicht anzugeben«, schrieb er 1888 rückblickend über die neun Jahre, in denen er einen Lebensstil gepflegt hatte, der seiner neuen gesellschaftlichen Position angemessen war: Mit seiner Frau hatte er eine 9-Zimmer-Wohnung bewohnt »in schönster Lage und mit einem herrlichen Garten«[70]. Das Leben war »mittel teuer« gewesen, und damit billiger als in Straßburg, so daß der begeisterte Waidmann mit seinem Ordinariatsgehalt erstmals eine eigene Jagd pachten konnte. Unter den Kollegen muß er großes Ansehen genossen haben. Immerhin hatten sie ihn in den engeren Senat der Universität gewählt, dem er von Juli 1881 bis Dezember 1884 angehörte. 1887 war er Dekan der Philosophischen Fakultät.

Er engagierte sich als Mitglied der »Oberhessischen Gesellschaft für Natur- und Heilkunde«, hielt dort mehrfach Vorträge und veröffentlichte in den vereinseigenen Berichten acht seiner wissenschaftlichen Arbeiten.[71] Zwei von ihnen zeigen, wie früh sich der Naturwissenschaftler Röntgen mit Kristallen beschäftigte, deren Untersuchung er sich in den letzten Jahren seines Lebens ausschließlich widmete. Schon im Jahr 1883 erschienen Arbeiten »Über die durch elektrische Kräfte erzeugten Änderungen der Doppelbrechung des Quarzes« sowie »Über die thermo-, aktino- und piezo-elektrischen Eigenschaften des Quarzes«.
Widersprüchlich sind die Fakten in bezug auf Freunde und Kollegen der damaligen Zeit. Zum Kreis, den Röntgens um sich scharten, zählten neben seinen Assistenten Mediziner-Kollegen[72]: der Augenarzt

---

70 Wie Fußnote 41.
71 7 Titel. Zitiert bei Glasser; S. 77–78.
72 Boveri in Glasser; S. 122.

Artur von Hippel, seit 1879 Direktor der Ophthalmologischen Klinik in Gießen und 1890 nach Königsberg berufen, der Gynäkologe Max Hofmeier, der Chirurg Rudolf Ulrich Krönlein, der 1879 die Leitung der Chirurgischen Universitätsklinik in Gießen übernommen hatte, und seit 1888 Georg Theodor August Gaffky, Bakteriologe und Chef der Hygiene, zuvor Mitarbeiter Robert Kochs, mit dem er auch auf Expedition ging.

Waren die Kollegen verheiratet, kamen sie zu den Geselligkeiten selbstverständlich mit ihren Ehefrauen. Insgesamt aber beurteilte Röntgen das Gießener Professorenkollegium im Rückblick sehr kritisch: »(...) ›Freunde‹, wie Sie schreiben, habe ich dort nach dem Weggang Hippels nicht hinterlassen, im Gegenteil eher mir nicht wohlgesinnte Leute.«[73]

Als 1880 seine Mutter in Bad Nauheim, 1884 der Vater in Gießen starb, war Röntgen sehr betroffen. Besonders der Tod der Mutter schmerzte sehr. Jahre später, als er Ludwig Zehnder kondolierte, gestand er: »Auch bei mir war es eine seit frühester Jugend innigst geliebte, hochverehrte und mir fast unentbehrlich vorkommende Mutter, die mir genommen wurde, bevor mein Vater starb. Als sie lebte, habe ich sie geliebt und hoch geschätzt, und sie betrauert, als sie starb; was ich an ihr verlor, habe ich erst später erfahren und gefühlt. Wie häufig denke ich an sie, und wie weit reicht die mütterliche Liebe noch über das Grab hinaus! Und so wird es auch Ihnen gehen, wie ich anzunehmen allen Grund habe. Die Frage: Wie würde in diesem oder jenem mir schwer lösbar erscheinenden Fall deine Mutter gehandelt oder gesprochen haben? hat mich schon oft auf den richtigen Weg geführt. Das mütterliche Herz mit seiner unendlichen Fülle von Liebe und das stets zur Versöhnung geneigte Gemüt zeigen uns noch immer den richtigen Weg, auch dann, wenn die Mutter nicht mehr unter den Lebenden weilt.«[74]

---

73 RaZ aus Sorrent am 22. März 1895.
74 RaZ aus Würzburg am 29. Jan. 1892.

Die Eltern, sie wurden in Gießen bestattet, hinterließen ihrem Sohn ein beträchtliches Vermögen, das Röntgen zunächst bei holländischen Banken deponierte.[75]

Bertha und Wilhelm Conrad Röntgen waren nun allein. Die Liebe zu Kindern, vielleicht auch Straßburger Erinnerungen an die Tage mit Johanna Baur, die dort oft bei ihnen zu Gast war und wenige Jahre später Adelbert Planck, einen Bruder von Max Planck, geheiratet hatte, ließen sie 1887 den Entschluß fassen, ein Kind auf Dauer zu sich zu nehmen. Ihre Wahl fiel auf Josephina Bertha, die am 21. Dezember 1881 in Zürich geborene Tochter von Bertha Röntgens einzigem Bruder. Röntgens sollten sie nach 15 Jahren Pflegschaft adoptieren.

Die Publizistin Margret Boveri, Tochter der Zoologen Marcella und Theodor Boveri, erinnerte sich, daß das Mädchen ebenso wie die Pflegemutter »kränklich« gewesen sei, an Rückenschmerzen und Kopfweh gelitten habe und daher nicht den regelmäßigen Schulunterricht habe besuchen können: »Röntgen, der der Krankheit seiner Frau soviel Sorgfalt, Liebe und Zärtlichkeit entgegenbrachte, war in bezug auf die Kränklichkeit der Nichte etwas ungeduldig und war der Meinung, daß der Gesundheitszustand des heranwachsenden Mädchens durch Verzärtelung – wie er es nannte – nur noch verschlimmert werde.«[76]

Zwischen dem Vater und der angenommenen Tochter scheint es zudem in späteren Jahren die üblichen Auseinandersetzungen über Eigenständigkeit und Autorität gegeben zu haben, denn er zeigte »wenig Verständnis« für »Paradegehen, Schaufensterpromenade, Korpsstudentenbälle«. Der Pflegevater muß mit aller Strenge verlangt haben, »daß Bertha früh aufstehe und ihr Zimmer selbst mache und daß sie irgendeine Sache – sei es Sprachen oder Musik – gründlich erlerne«[77]. Doch nicht nur bei Josephina Bertha, sondern auch

---

75 Zehnder; S. 146.
76 Boveri in Glasser; S. 123.
77 ebd.

bei seiner Frau stieß er da wohl auf Widerstand. »So waren diese Erziehungsfragen vielleicht der einzige Punkt, über den sich die beiden Ehegatten niemals recht einigen konnten«[78], schrieb Margret Boveri.

Bertha, die Röntgens auch Berteli nannten, blieb nicht das einzige Kind, das zeitweise den Röntgenschen Haushalt belebte. Auch die jüngeren Schwestern von Johanna Baur, Charlotte und Liesel, gingen von Zeit zu Zeit mit auf Reisen und leisteten Bertha Röntgen in Gießen, später auch in Würzburg und München, Gesellschaft.
Zum 31. August 1888 wechselte Röntgen offiziell nach Würzburg und nahm Abschied von Gießen, wo er eine ebenso schöne wie beruflich erfolgreiche Zeit verbracht hatte.

WÜRZBURG

»SEHR INTERESSANT IST ES, EINEN AUGUST IN WÜRZBURG ZU ERLEBEN. (...) PONTRESINA IST GEWISS EINE UNIVERSITÄTSSTADT DAGEGEN.«
Als die Röntgens nach Würzburg kamen, war die Stadt zwar eine rege »Baustelle«, dabei aber doch die beschauliche Beamtenstadt geblieben, die Wilhelm Conrad bereits aus seiner Assistentenzeit bei Kundt kannte.[79] Der Bischofs- und der Regierungssitz waren hier, und neben der Universität zeichnete sich das Kulturangebot durch ein Theater, drei Musiksäle, Volksbildungsvereine und viele caritative Stiftungen aus. Industrie gab es kaum, Ausnahmen bildeten die Schnellpressenfabrik von »Koenig & Bauer«, die Waggonfabrik »Noell und Consorten« sowie »Thaler und Söhne«, die Kunstwolle herstellten. Kaum Arbeiter, dafür viele Kaufleute, Handwerker, Privatiers, Pensionäre und Beamte prägten das städtische Leben der sehenswerten Stadt am Main.

---

78 ebd.
79 Dettelbacher (1970); S. 6.

Einen bemerkenswerten Aufschwung hatte die Universität genommen. Die beispiellose Spezialisierung der Fakultäten hatte erst kürzlich auch den Neubau vieler wissenschaftlicher Institute notwendig gemacht. So entstanden 1878 die Pathologie, 1883 die Anatomie, 1887 die Physiologie, und auch Friedrich Kohlrausch, Röntgens Vorgänger auf dem Physiklehrstuhl, setzte 1878 die Errichtung eines Physikalischen Instituts nach eigenem Entwurf durch.[80] Die wachsenden Studentenzahlen lieferten ihm dazu den dringlichsten Grund: Innerhalb von nur zehn Jahren, zwischen 1875 und 1885, war die Zahl der Zuhörer in seiner Vorlesung über Exprimentalphysik von 121 auf 208, also um zwei Drittel gestiegen.[81] Das 1879 vollendete Würzburger Gebäude gibt einen Hinweis auf das sorgfältig durchdachte Vorgehen des Wissenschaftlers Kohlrausch, das ihn auch für weitere verantwortungsvolle Aufgaben qualifizierte. Er wurde nach seinem Scheiden von Würzburg Ordinarius in Straßburg und nur wenige Jahre später mehrfach ausgezeichneter Nachfolger von Helmholtz an der Berliner Physikalisch-Technischen Reichsanstalt. Er galt als Meister der messenden Physik, und sein Nachfolger in Würzburg zu werden, war für Röntgen eine große Ehre und Chance zugleich. Hier konnte er endlich eine mustergültige Ausstattung erwarten: »Das neue Institut war in jeder Hinsicht darauf ausgerichtet, daß man in ihm möglichst störungsfrei Präzisionsmessungen mechanischer, elektrischer, magnetischer, thermischer, optischer und auch astronomischer Art ausführen konnte. (...) Durch besonders sorgfältige Fundamentierung teilweise unter Verwendung der Fundamente der alten Festungswerke ließen sich nahezu erschütterungsfreie Aufstellungsorte für hochempfindliche Meßgeräte (Elektrometer, Galvanometer,

---

80 Näheres über Kohlrausch, seine Posten und Berufungen bei Cahan; S. 196 ff.
81 »Zusammenstellung a. über die Gesamtzahl derjenigen Studierenden, welche auf Experimental-Physik, b. über die Zahl der Nichtmediciner, welche auf das genannte in nachbezeichneten Semestern inscribiert haben«, 23. Okt. 1885. AUW 595 (Kohlrausch).

Magnometer) in dem verkehrsabgewandten hinteren Gebäudeteil
vorsehen. Dem Ausschluß magnetischer Störungen dienten die Ver-
legung einer Warmluftheizung mit gemauerten, eisenfreien Kanälen
und die Verwendung unmagnetischen Materials (Bleirohre) für die
Installation von Wasser- und Gasleitungen. Das Gas wurde einmal für
Beleuchtungszwecke genutzt und trieb andererseits einen Gasmotor
an. In den Lampen spendete noch das Eigenleuchten der Gasflam-
men das benötigte Licht. Denn das Gasglühlicht wurde erst 1892 erfunden. Dafür trieb der Gasmotor eine andere, damals neue Erfindung an, nämlich eine Siemenssche Dynamomaschine. Diese ver-
sorgte die Arbeitsräume und den Hörsaal mit der für Versuche
benötigten elektrischen Energie, lud die Institutsbatterie auf und lieferte den Gleichstrom zum Betrieb von Hilfseinrichtungen wie zum
Beispiel der Verdunklungsvorrichtung des Hörsaals.«[82]
Zweifelsohne war dieses Institut für viele Jahre eines der modernsten
in Deutschland.

Die Röntgens bezogen im Obergeschoß des Gebäudes eine Wohnung
mit Wintergarten und Blick auf den gegenüberliegenden Ringpark.
Charlotte Baur half ihnen beim Umzug, bei der Einrichtung der Wohnung und blieb dann noch einige Wochen in Würzburg, da Bertha
Röntgen »schwer erkrankte und absoluter Ruhe bedurfte«[83]. Als
Lotte im Dezember für kurze Zeit zu ihren Eltern nach München
zurückkehrte, wurde es um Bertha »still und einsam«[84], sie kam
in die »öde Wohnung« zurück, wo sie »erst wie ein kleines Kind
weinte«, wie sie in einem Brief an das Mädchen ehrlich bekannte.

---

82 Teichmann, Horst: Die Entwicklung der »Physik« im 4. Saeculum der Universität Würzburg erläutert an der Geschichte eines Institutsgebäudes. In: Baumgart, Peter (Hrsg.): Vierhundert Jahre Universität Würzburg. Eine Festschrift.
   Neustadt/A. 1982; S. 791 (= Quellen und Beiträge zur Geschichte der Universität Würzburg, Bd. 6).
83 Lotte Baur. Zitiert bei Dessauer; S. 128.
84 Bertha Röntgen an Lotte Baur aus Würzburg am 19. Dez. 1888. Zitiert nach
   Dessauer; S. 204–205.

Abb. 10 Das von Friedrich Kohlrausch geplante und erbaute Physikalische Institut der Universität Würzburg, im Schatten der Allee, die heute nach dem berühmten Strahlen-Entdecker »Röntgenring« benannt ist. Wilhelm Conrad und Bertha Röntgen lebten im Obergeschoß des Gebäudes.

Der Anfang in Würzburg fiel dem Ehepaar nicht leicht. Als gläubige Reformierte – Röntgen soll seiner Frau jeden Sonntagvormittag aus der Bibel vorgelesen haben[85] – fühlten sie sich mitbetroffen von der Stimmung in der streng katholischen Bischofsstadt, die unverhohlen gegen die liberale Personalpolitik der Universität gemacht wurde. So hatte das »Fränkische Volksblatt«, eine der Würzburger Tageszeitungen, kurz zuvor, anläßlich der Neubesetzung der Philosophieprofessur im November 1888, gegen Protestanten und »Nordlichter« gewettert: Der neue Professor Volkelt sei ein »aus der Schweiz herbeigeholter Norddeutscher mit ausgesprochen socialdemocratischen Alluren«[86]. Er sei an der stiftungsgemäß katholischen Universität Würzburg völlig fehl am Platze, und seine Berufung sei »typisch für den Geist, der in unserer stark verliberalisirten und verprotestantisirten Professorenschaft herrscht und der leider auch bei Professoren Besetzungen seinen Einfluß ausübt«[87].

Ein anderes Würzburger Journal mischte bei solcher Stimmungsmache mit, und griff Röntgen gar persönlich an, worauf Bertha ihrer Freundin Ernestine Baur im November 1888 schrieb: »Meinen guten Mann haben sie hier in einer Zeitung ganz jämmerlich schlecht gemacht.«[88]

Unzufrieden stimmten wahrscheinlich auch die Hörerzahlen. Als Röntgen seine Vorlesungen über Experimentalphysik in der Nachfolge des populären Kohlrausch aufnahm, wollten ihn statt – wie bisher – deutlich über 200 im Wintersemester 1888/89 nur 112, im darauffolgenden Sommersemester 119 Studenten hören.

---

85 Boveri, Margret: Wilhelm Conrad Röntgen 1845–1923. In: Heimpel, H., T. Heuss, B. Reifenberg (Hrsg.): Die grossen Deutschen. Deutsche Biographien. 4. Bd. Berlin 1957. S. 156–165. Hier S. 158.
86 Fränkisches Volksblatt Nr. 258 (9. Nov. 1888).
87 Fränkisches Volksblatt Nr. 261 (13. Nov. 1888).
88 Bertha Röntgen an Ernestine Baur am 26. Nov. 1888. Zitiert nach Dessauer; S. 202.

Wenn Röntgen dennoch zwei Jahre nach seinem Umzug seinem früheren Assistenten Schneider die Mitteilung macht, »wir freuen uns immer mehr über den Tausch von Gießen nach Würzburg«[89], so wird das hauptsächlich darauf zurückzuführen sein, daß er – weder Liberaler noch Sozialdemokrat, jedoch »Nordlicht« und ehemaliger Schweizer Student – sich in der »verprotestantisierten Professorenschaft« bald sehr wohl und anerkannt fühlte. Oft wurden er und seine Frau bei Kollegen eingeladen: »(...) bei Hofmeier, wo wir mit Leube's und Schönborn's waren, dann bei Zehnder's ganz allein, dann bei Schönborn's mit Offizieren und Professoren. Dann, am vergangenen Sonntag bei Troeltsch zu einem Tee und gestern Abend bei Fick's, wo ich es, ehrlich gesagt, am gemütlichsten fand. Wir kehrten mit dem glücklichen Gefühl nach Hause zurück, daß wir an Fick's gute, friedliche Nachbarn haben werden«[90], berichtete Bertha an Charlotte Baur nach München.

Die Naturwissenschaftler lebten, anders als die schlecht verdienenden Geisteswissenschaftler, in Institutsnähe, im Pleicherviertel, das gerade neu auf den Trümmern der zerstörten Befestigungswälle entstanden war. Man traf sich zu offiziellen Anlässen oder gesellschaftlichen Ereignissen. Besonders Medizinerdiners wurden üppig gefeiert, stellten doch Ärzte die Hälfte aller Studierenden in Würzburg[91] und genossen dank großer Namen – Rudolf Virchow, Albert von Kölliker, Ernst von Bergmann – das meiste Ansehen.
Am Samstagnachmittag war für alle ein Professorenspaziergang üblich. Margret Boveri, die ab 1900 in Würzburg aufwuchs, schrieb: »(...) man konnte nicht in den dortigen Teil des Glacis gehen, ohne jemand aus der Kollegenschaft zu treffen. Daß es dabei auch aller-

---

89 Röntgen an Schneider aus Würzburg am 26. Jan. 1891. Zitiert nach Lorey (1941, 2); S. 67.
90 Bertha Röntgen an Lotte Baur aus Würzburg am 19. Dez. 1888. Zitiert nach Dessauer; S. 205.
91 1882: 573 der 1091 Studenten. Vgl. Dettelbacher (1970); S. 65.

hand Klatsch und Feindschaft gab, ist selbstverständlich, und Röntgens waren nicht ungeneigt, hie und da einige Bosheiten über die
lieben Nachbarn zu hören.«[92]
Zu diesen »lieben Nachbarn« der Röntgens zählten neben Fick und
seiner Frau der Anatom Philipp Stöhr, die Leubes, Zehnders, die
Kunkels, Köllikers, Sachs und die Mathematiker, Privatdozent Julius
Tafel und Friedrich Emil Prym. Aus Gießen war am 30. November
1888 auch Max Hofmeier nach Würzburg gewechselt und hatte in der
Nachfolge Scanzonis die gynäkologische Klinik übernommen. 1893
stieß der Chemiker Arthur Rudolf Hantzsch aus Zürich zu diesem
Kreis.
Ein besonders herzliches Verhältnis hatten Röntgens von Beginn an
zu Theodor Boveri, dem Molekularbiologen und vergleichenden Zoologen. Was Röntgen und seinen Kollegen verband, brachte letzterer
1910 in einem Brief zum Ausdruck:»Wir stimmen ja, wie ich glaube
sagen zu dürfen, in sehr vielen Anstrengungen überein und haben in
den nun bald 17 Jahren, die wir uns kennen, vieles gemeinsam durch-
lebt. Auch lieben wir beiderseits ein ruhiges Dasein, womöglich in
schöner Natur, mit wenigen vertrauten Menschen, mit denen man je
nach gegenseitigem Bedüfnis redet oder schweigt.«[93]
Freundschaftlich verbunden war man auch mit den Schoenborns,
deren Sohn sich an den Ritus sonntäglicher Treffen in der Wohnung
der Röntgens erinnert, an »[das] sonntägliche Krocketspiel im schönen Institutsgarten am Pleicherring, in dem er als leidenschaftlicher
Natur- und Bergfreund viele alpine Pflanzen angebaut hatte. (...) Die
dann auftretenden Stimmungspausen füllte er wohl mit photographischen Aufnahmen aus (...), wobei er entweder einen kleinen französischen ›Momentapparat‹ benutzte, den er damals – vor Zeiß und

---

92 Boveri in Glasser; S. 123–124.
93 TBaR aus Würzburg am 3. Jan. 1910.

Leitz – für besser hielt als alle deutschen Kameras, oder eine riesige
Stativkamera.«[94]

Lotte Baur war inzwischen auf Wunsch der Familie zum Dauergast in
Würzburg geworden. Vor allem für Bertha Röntgen, die oft krank war
und liegen mußte, war sie eine wertvolle Gesellschafterin. Lotte wußte von vielen Geselligkeiten im Hause Röntgen zu berichten, die ihr
manches Mal zur Last wurden. Sehr angenehm erlebte sie hingegen
den ruhigen Alltag in der Wohnung am Pleicherring: »In der Regel
male ich 6 Stunden im Tage, die auf Vor- und Nachmittage verteilt
sind. Dazwischen wird mit Röntgen fleißig das Photographieren gelernt. Ich finde, daß es uns recht gut gelingt und die Bilder sehr scharf
ausfallen. Um $\frac{1}{2}$6 Uhr machen dann Röntgen und ich, wenn es das
Wetter irgendwie erlaubt, einen Spaziergang bis zum Abendessen.
Das Laufen tut uns beiden recht wohl, und mit Sprechen strengen wir
uns nicht an. Nach dem Abendessen, das um $\frac{1}{2}$8 Uhr ist, sitzen wir bis
zum Dunkelwerden auf der Altane, plaudern und arbeiten, dann
bleibt man noch bis $\frac{1}{2}$11 Uhr entweder im Wohnzimmer, oder, wenn
der Hausherr es erlaubt, im Bibliothekzimmer zusammen, nimmt ein
Buch zur Hand, schreibt oder treibt Italienisch«[95], schrieb sie ihrer
Mutter am 4. Juli 1889. Der Professor ermöglichte der 16jährigen, im
kleinen Hörsaal des physikalischen Instituts Damen in Kunstgeschichte und im Zeichnen zu unterrichten.[96]

Neben der Jagd – Röntgen hatte ein Revier im Gramschatzer Wald
gepachtet – wurden gemeinsame Reisen des Ehepaars zur Lieblings-
beschäftigung und zum gesellschaftlichen Ereignis zugleich. Mehr-

---

94 Schoenborn, Siegfried: Bei Wilhelm Conrad Röntgen daheim und draußen.
   Persönliche Erinnerungen. In: Röntgenblätter Jg. 2 (1949); S. 133–136. Hier:
   S. 134–135.
95 Lotte Baur an Ernestine Baur aus Würzburg am 4. Juli 1889. Zitiert nach
   Dessauer; S. 147.
96 ebd.

mals im Jahr verließen sie die manchmal enge Würzburger Welt: Im
Frühjahr zu Fern- und Bildungsreisen, im Sommer zur Kur, meist in
die Schweiz. Stillte man mit dem einen das Interesse an fremden Kul-
turen, von denen nun in illustrierten Zeitungen viel zu lesen und zu
sehen war, verband man mit dem anderen Wanderungen und kulturelle Ausflüge. Was kanonisches Reiseziel war, darüber informierten
Reiseführer und -berichte, die, wie seine Bekannten übereinstim-
mend bekundeten[97], zu Röntgens liebster Lektüre gehörten.
Einen sehr bildhaften Eindruck vom Ablauf und vom kostspieligen
Luxus einer solchen Reise, die stets mehrere Wochen dauerte, vermittelte Lotte Baur, die im ersten Würzburger Jahr als 15jährige auf
einer Italienreise dabei war: »Der erste Tag sollte uns nach Bozen
bringen, was aber seine Schwierigkeiten hatte, denn, wie wir schon
in Innsbruck erfuhren, war hinter Brixen die Bahnlinie durch einen
Lawinensturz unterbrochen worden. Es konnte aber von Bozen aus
ein Hilfszug nach der verschütteten Stelle befördert werden, so daß
wir doch noch an diesem Tage, wenn auch mit Verspätung unser Ziel
erreichten. Zwei Tage verbrachten wir in Verona, dann hielt uns
Venedig und Padua über eine Woche gefesselt. Wie vieles mußte man
in der kurzen Zeit in sich aufnehmen! Ich hatte mich während des
Winters viel mit den kunstkritischen Studien von Lermolieff-Morelli
über die italienischen Maler des Quattrocento und Cinquecento
beschäftigt, namentlich mit Giorgione, und war bestrebt, von den
wenigen diesem feinen Künstler zugesprochenen Originalen wenigstens einige kennen zu lernen. Freund Röntgen nahm lebhaften Anteil an meinen vergleichenden Kunststudien, er wie ich, hatten uns
ganz Lermolieffs Methode zu sehen angeeignet und stellten mit Be-

---

97 Siehe Boveri in Glasser; S. 166.
Im Röntgen-Museum in Lennep haben sich zwischen den physikalischen
Lehrbüchern, wissenschaftlichen Zeitschriften und klassischer Belletristik aus
seinem Bücherschrank Baedekers Führer über Unteritalien, Unterägypten,
Griechenland, Mittelitalien und Norddeutschland erhalten.

Abb. 11 Im trauten Kreis in Pontresina. Das mit Selbstauslöser von Wilhelm Conrad Röntgen geschossene Urlaubsbild zeigt v.l.n.r. Frau und Herr von Hippel, Beer, Frau Zehnder, Baronin von Haller, Röntgen, Zehnder, Baron von Haller, Bertha Röntgen, Josephina Bertha, die später adoptierte Nichte der Röntgens.

friedigung fest, daß wir gelehrige Schüler waren. (...) Röntgen, vielleicht weil er farbenblind[98] war, hatte viel Sinn für die Form, und es
war mir immer ein Genuß, mit ihm Kunstwerke zu betrachten und
seine Ansicht zu hören. (...) Am Karfreitag 1888 kamen wir in Florenz
an, wo wir $2^{1}/_{2}$ Wochen bleibend den Höhepunkt der Saison miterleb-
ten. (...) Die Spaziergänge, die ich mit Röntgen nach Fiesole, San Mi-
niato etc. machen konnte, waren erfreulicher. Tante Bertha mußte
freilich in Florenz wieder viel liegen, doch erlaubte sie mir nicht, bei
ihr zu bleiben, ich mußte ihren Gatten begleiten, das war ihr eine Be-
ruhigung. (...) Diese Spaziergänge waren das nötige Gegengewicht
für die täglichen Besuche der Galerien und Kirchen. (...) Als wir eines
Abends nach einer längeren Spazierfahrt ins Hotel zurückgekommen
waren, erfuhren wir, daß eine Reisegesellschaft von 130 Personen angekommen sei, die sich Florenz in $1^{1}/_{2}$ Tagen ansehen wolle. Wir kamen zu dem Entschluß, noch am gleichen Abend nach Siena zu flüch-
ten. 12 Uhr nachts kamen wir dort an, todmüde, wie sich denken läßt.
Im Hotel empfingen uns schlaftrunkene Kellner und Zimmermädchen und brachten uns nach den telegraphisch bestellten Zimmern. (...) Ein paar Tage später mußten wir daran denken, nach und
nach der Heimat zuzusteuern. In Spezia wollten wir nach so viel
Kunst noch etwas Natur genießen. Von Pisa ab rückte man der südli-
chen Vegetation immer näher. Längs der Bahn prachtvolle Wälder
von Pinien und immergrünen Eichen, blühender Ginster und in Spezia selbst fruchtbeladene Orangen- und Citronenbäume, Palmen und
Aloe. Unser Hotel lag entzückend, direkt an der Bucht dem offenen
Meer gegenüber, das seitwärts von den Schneebergen Carraras be-
grenzt war. Eine Dampferfahrt nach Portevenere bot uns ungeahnt
Schönes: die weißen Schneeberge, die malerischen Conturen der
vorspringenden dunklen Vorgebirge, das blaue glänzende Meer und
der Himmel, die alten Ruinen, all die vielen Steamer und Segelschiffe

---

98 Röntgen litt tatsächlich von Jugend an an einer Farbenschwäche. Laut Wölfflin
   attestierte man ihm vor allem Deuteranomalie. Vgl. Glasser; S. 67.

und dazu die frische Seeluft frei von lästigem Staub und üblen Gerüchen, das alles zusammen mußte in die glücklichste Stimmung versetzen, und diese hatten wir auch. (...) Die Ferien gingen ihrem Ende zu; über Nervi und Genua ging's nach Mailand, wo wir nur noch drei Tage blieben, die Schätze der Brera und Ambrosiana zu sehen und Leonardos Abendmahl im Refektorium von Maria della Grazie. An Tante Berthas Geburtstag, dem 22. April, gings über den Gotthard, langsam langsam, denn überall stießen wir auf traurige Verwüstungen mächtiger Schneelawinen. Des herrlichen Wetters wegen blieben wir noch zwei Tage in Luzern, befuhren den Vierwaldstätter See, legten uns dem Uristock gegenüber ins frische Gras, hörten Lawinen stürzen, pflückten Blumensträuße und lachten mit der Sonne um die Wette.«[99]

Natur, Klima und die Kunstschätze zogen die Röntgens immer wieder nach Italien, obwohl gerade eine Stadt wie Florenz »unglaublich teuer«[100] war, wie selbst der dann schon sehr wohlhabende Physiker 1902 in einem Brief eingestand.

Im Lauf der Jahrzehnte scharten sie an ihrem Urlaubsort einen festen Kreis um sich, in dem Röntgen die treibende Kraft war; er dachte sich Unternehmungen und ganztägige Ausflüge aus: »Dampferfahrten, Wagenfahrten, Spaziergänge und der Genuß der von ihm besonders geliebten Kirschtörtchen in Bellagio. Die Lieblingsausflüge waren San Martino, das damals noch nicht durch einen bequemen Fußweg dem breiteren Publikum zugänglich war; dann die Villa Arconti bei Lenno, von deren alter Terrasse man einen wundervollen Blick über den See hatte. Bei Tagesausflügen richtete Röntgen es so ein, daß seine Frau per Wagen an das Ziel unserer Wanderung gelangte und auf diese Weise an allem teilnehmen konnte.«[101]

---

99 Aus den Memoiren der Lotte Baur (Manuskript). Zitiert nach Dessauer; S. 121–128.
100 RaZ aus Florenz am 30. März 1902.
101 Boveri in Glasser; S. 135.

Der unumstrittene Lieblingsurlaubsort des Ehepaars Röntgen war jedoch Pontresina in den Schweizer Alpen, der Heimat Berthas. 40 Jahre verbrachten sie hier ihren Sommer- und manchmal auch den Winterurlaub. Sie logierten im Hotel »Weißes Kreuz«, wo sie sich im Lauf der Zeit wie zu Hause fühlten. Die Wirtsleute des »Weißen Kreuzes«, Enderlin und Trippi, durften die Röntgens zu ihren Freunden zählen.

Artur von Hippel mit Frau, Gaffky und Krönlein, die Röntgens noch aus Gießen kannten, dann Lüders, der Zürcher Arzt Emil Ritzmann mit Frau und das Ehepaar Zehnder gehörten zu ihrem festen Graubündener Ferienkreis. Die so verbrachte Zeit in der vertrauten Gruppe – nach Berichten von Margret Boveri war im Sommer kein Berg, im Winter keine Rodelstrecke vor dem Physiker sicher, besonders die abseitigen Routen habe er geliebt[102] – zählte für den mit privaten Verabredungen sonst eher zurückhaltenden Wilhelm Conrad Röntgen zu den schönsten Tagen und Wochen im Jahr. »Ich kann nicht verhehlen, daß es einer meiner liebsten Gedanken ist, wenn ich mir vorstelle, wie die guten Freunde – Sie, v. Hippel, v. Haller und Lüders – sich wieder in Pontresina zusammenfinden«[103], lautet eine ganz typische Äußerung Röntgens in einem Brief an Zehnder. Und konnte einer der Freunde einmal nicht kommen, so schrieb er selbstverständlich einen Brief in die Schweiz, wie Theodor Boveri, der durch die Geburt seiner Tochter 1900 verhindert war: »Sehr interessant ist es, einen August in Würzburg zu verleben. Sie können sich davon kaum einen Begriff machen. Pontresina ist gewiss eine Universitätsstadt dagegen. Das Glacis kam uns wie unser Privatpark vor.«[104]

---

102 »Das Rodeln auf dem vereisten Weg von der Schatzalp herunter machte Röntgen viel Vergnügen; er bremste fast gar nicht, und in seine Augen kam ein übermütiges und unternehmungslustiges Blitzen, das ihm sehr gut stand.« Boveri in Glasser; S. 140.
103 RaZ aus Würzburg am 10. Juli 1895.
104 TBaR aus Würzburg am 27. Sept. 1900.

Die Röntgenschen Reisen waren fast »generalstabsmäßig« vorbereitet und – aus heutiger Sicht – voller Beschwernis, was man jedoch
zu genießen schien. Im Januar 1895 teilte Röntgen Zehnder mit:
»(...) meinen Plan, das Engadin im Winter zu besuchen, habe ich in
folgender Weise durchgeführt: 25. Dezember per Bahn bis Zürich,
26. Dezember per Bahn bis Chur und per Schlitten bis Mühlen, 27. Dezember per Schlitten (und das letzte Stückchen per Wagen) bis Pontresina, 28. Dezember per Schlitten bis Mühlen, 29. Dezember per
Schlitten bis Davos, 30. Dezember per Bahn bis Basel, 31. Dezember
per Bahn bis Würzburg – am Silvesterabend wollte ich zu Hause sein.
Die Tour war in jeder Beziehung äußerst gelungen; nur im Engadin
hätte ich mehr Schnee gewünscht. Jedem Naturfreund kann ich die
Winterreise, auch zu Fuß, auf das wärmste empfehlen. Die Familie
Enderlin, die ich überraschte, war geradezu rührend lieb. Im nächsten Jahr hoffe ich meine Frau mitnehmen zu können.«[105]
Gerade Bertha Röntgen war es jedoch, die im Lauf der Jahre die Ziele und die Art des Reisens durch ihren zunehmend schlechteren Gesundheitszustand erheblich beeinflussen sollte. Ganz weite Touren
gar, wie im März 1891, als Wilhelm Conrad zehn Tage alleine in Kairo
verbrachte – »Ich habe auf dieser Reise sehr viel Interessantes gesehen, und bedaure die Strapazen der Reise nicht. Ich kam so bald
zurück, weil meine Frau nicht gesund war«[106] – oder eine gemeinsame Fahrt mit seiner Frau nach Griechenland, waren nun undenkbar. Bereits im Frühjahr 1889 war es Bertha nicht möglich gewesen,
an der geplanten Dampferfahrt nach Sizilien teilzunehmen, so daß
Wilhelm Conrad alleine fahren mußte und erst nach zwei Wochen seine Frau in der Begleitung von Lotte Baur in Rom traf. Ähnlich
schlecht ging es Bertha vor der Rückreise: Wilhelm Conrad mußte erneut alleine losziehen, Bertha und Lotte folgten erst Tage später.
Auch die Wahl der Unterkunft wurde nun von der Rücksichtnahme

---

105 RaZ aus Würzburg am 7. Jan. 1895.
106 RaZ aus Würzburg am 9. April 1891.

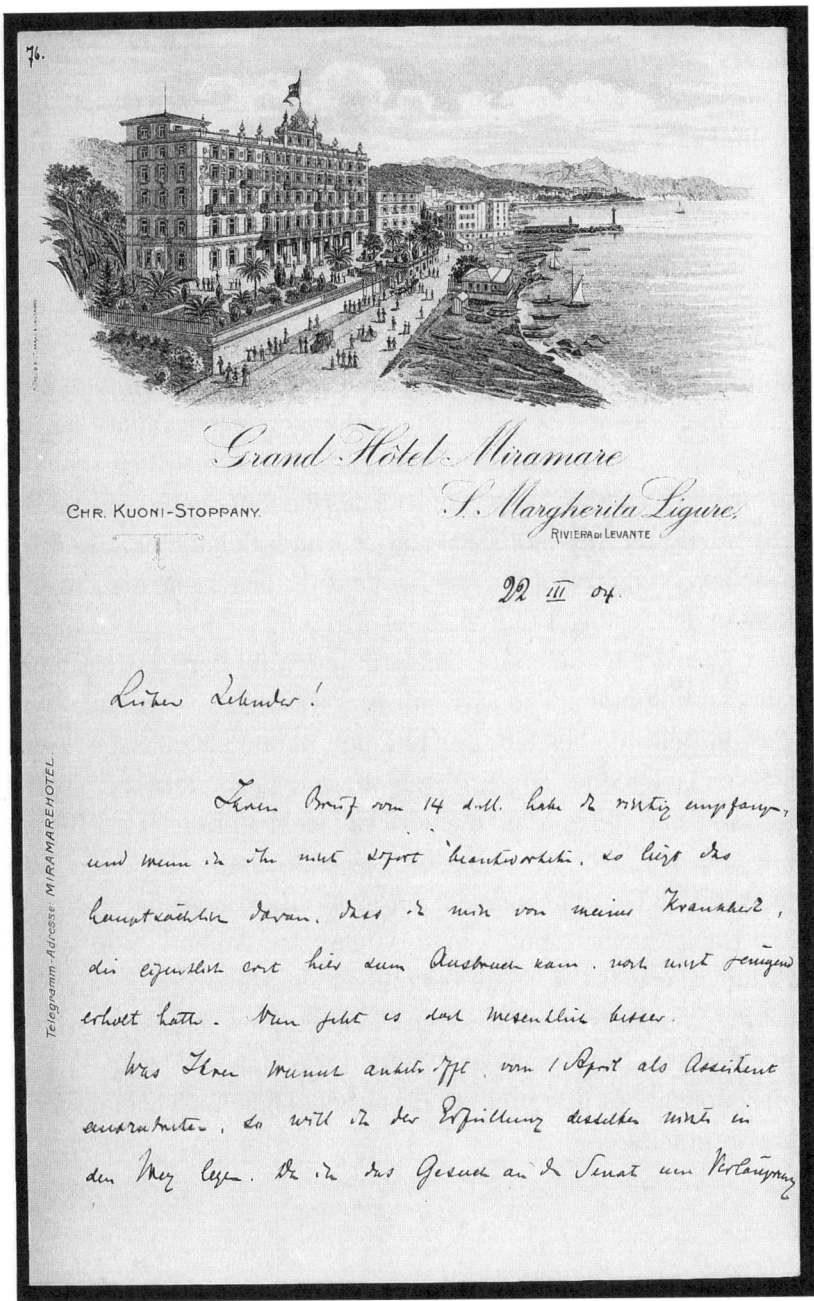

Abb. 12   Krankheit trübte mit den Jahren die Reiselust des Ehepaares Röntgen. 1904 kam man im Frühjahr noch nach Oberitalien, wie dieser Brief Röntgens an seinen ehemaligen Assistenten und Freund Ludwig Zehnder aus Sta. Margherita Ligure deutlich macht. Wenig später zog man es vor, seine freie Zeit im Weilheimer Landhaus zu verbringen.

auf Berthas Krankheit bestimmt: Die Reisen wurden noch teurer, dafür aber kürzer.

Wenige Jahre später kam man im Frühjahr noch bis nach Oberitalien. Wilhelm Conrad bedauerte das sehr, trug Zehnder zu dessen Ferien 1903 folgende Bitte auf: »In Rom bitte ich die Villa Borghese und in Neapel den alten Vesuv von mir zu grüßen!«[107]

Oft richtete man sich nun in Cadenabbia im »Bellevue« ein, einem Luxushotel mit jedem damals erdenklichen Komfort. Smoking und Lackschuhe beim Diner waren hier selbstverständlich. Das Ehepaar Röntgen hatte immer dieselben Zimmer und vom Fürsten von Meiningen einen eigenen Schlüssel zu dessen gepflegter »Villa Charlotta«. So konnte Bertha Röntgen auch außerhalb der Besuchsstunden den Garten des Hauses betreten. Der übrige Teil des Freundeskreises, Krönlein, der Altphilologe Hitzig – ein alter Bekannter aus Zürich – sowie aus Würzburg Stöhr, das Ehepaar Hofmeier und die Boveris, wohnte in dem weniger teuren Hotel »Britannia«.[108]

Bei der Wahl des feudaleren Hotels war das Wohl Berthas ausschlaggebend, wie Röntgen Theodor Boveri versicherte: »Ich habe aber wieder im Bellevue bestellt. Das bitte ich richtig aufzufassen. Keine Freude an Luxus oder an geputzten Menschen, sondern die Überlegung, daß das Hotel speziell meiner Frau viel mehr bietet als Britannia, liegt dem Entschluß zugrunde. Sie kann ebener Erde aus dem Zimmer in den Garten gelangen, der große Balkon gestattet ihr, die viel zu Hause bleiben muß, einen geschützten Aufenthalt in staubfreier Luft; das geliebte Tremezzo mit seinem Hintergrund ist soviel näher; die Dampferstation ist vor der Tür; das ihr sehr beschwerliche Treppensteigen kann vermieden werden, weil Lift im Hause ist usw. Ich darf solange es gestattet ist, diese Bequemlichkeit meiner Frau nicht vorenthalten.«[109]

---

107 RaZ aus München am 16. März 1903.
108 Boveri in Glasser; S. 134.
109 RaTB aus Weilheim am 9. März 1908.

Aus diesem wie aus anderen Gründen schwand mit den Jahren die Lust am Reisen. Pontresina hatte vor der Jahrhundertwende in den Augen Röntgens sein Flair eingebüßt, ihm war – wohl durch die vielen Touristen – »manches verleidet«[110]. In Davos mußte man schließlich darum bangen, Ansprache zu finden: »Denn wenn die dortigen Engländer auch alle nett sind gegen uns, so bildet doch schon die Sprache ein Hindernis«[111], schrieb er 1910.

Als, aufgrund der Krankheit seiner Frau, jede noch so kurze Reise fast unmöglich wurde, erholten sie sich in einem Ferienhaus im oberbayerischen Weilheim, das man im Sommer 1905 bezogen hatte. Wilhelm Conrad nannte es sein »Jagdschloss«[112], weil er dort seinem Hobby frönen konnte. Hier fand seine Frau Ruhe, und fortan verbrachte das Ehepaar die meiste freie Zeit hier.

In Würzburg dürfte Röntgens gesellschaftliches Ansehen, im Gegensatz zu dem, das er, ausweislich der Zuhörerzahlen, vielleicht bei den Studenten genoß, von Anfang an groß gewesen sein. Er profitierte vom ungemein hohen Ruf, den Physiker im Kaiserreich genossen. Dafür steht das leidvolle Lied, das Max Dauthendey zu singen wußte, der Sohn des in Würzburg ansässigen kaiserlich russischen Hofphotographen Carl Albert Dauthendey. Auch Röntgen hatte sich als Dekan der Philosophischen Fakultät einmal von dem Prominentenphotographen ablichten lassen. Max Dauthendey schrieb 1912 in seinen autobiographischen Aufzeichnungen »Der Geist meines Vaters«: »Du willst nicht reiten, du willst nicht auf die Jagd gehen, du willst nicht Schach spielen, du liebst nicht Physik, nicht Chemie, nicht Technik, nicht Mechanik, nicht Erfindungen – du bist nicht mein Sohn!, so hat mein Vater später, als er mich gegen meinen Willen überredet hatte, die Arbeit im Atelier zu übernehmen, öfters zu mir gesagt. Ich konn-

---

110 RaZ aus Pontresina am 22. Aug. 1899.
111 RaZ aus München am 6. Dez. 1910.
112 RaZ aus Sta. Margherita Ligure; Poststempel vom 3. April 1906.

Abb. 13   Im Amtsjahr 1893/94 wurde Wilhelm Conrad Röntgen mit 28 von
31 Stimmen zum Rektor der Würzburger Julius-Maximilians-Universität gewählt.

te ihm darauf nicht antworten. Ich konnte ihm nicht erklären, daß ich Dichter werden wollte, das wußte ich damals selbst noch nicht, ob und wie und daß man das werden könnte. Dichter waren da.«[113]

Naturwissenschaftler und Physiker wie Röntgen galten in den Augen der Öffentlichkeit als Modernisten und dank ihrer Erfindungen und Entdeckungen als Garanten des industriellen Fortschritts. Die Studentenzahlen in den entsprechenden Disziplinen stiegen ständig. In Würzburg waren es vor allem die Mediziner, aber auch Pharmazeuten und Chemiker, die während der Vorlesung in Experimentalphysik für volle Hörsäle sorgten.

Röntgen mußte bald Mängel an der Ausstattung seines Lehrstuhls anmelden. Er verlangte regelmäßig mehr Hilfspersonal und bauliche Verbesserungen.

1888, im Jahr seines Amtsantritts, war die Luitpoldbrücke vollendet worden und hatte die verkehrsreiche Verbindung zwischen Bahnhof und dem Stadtteil Zellerau hergestellt, die seitdem direkt an Röntgens Institut vorbeiführte. Im Februar 1895 unterstützte die Philosophische Fakultät das Ansuchen des Ordinarius um einen ostseitigen, rückwärtigen Anbau des Physikalischen Instituts in Richtung Botanischer Garten, weil die forschende Experimentalphysik – so wie das von Kohlrausch auch vorgesehen war – dringend erschütterungsfreie Versuchsräume benötigte. Auf der Straße längs des Instituts sei »seit der Eröffnung der zweiten Mainbrücke der Verkehr von Fuhrwerken aller Art ein so bedeutender geworden, daß die dadurch bewirkten Erschütterungen sich in den sämtlichen Räumen des Instituts mehr oder weniger fühlbar machen, und dadurch in denselben feinere Messungen zu wissenschaftlichen Zwecken kaum mehr, außer zur Nachtzeit, ausführbar sind«[114], hieß es in der Eingabe. Ironie des Schicksals, daß ausgerechnet diese Straße nur wenige Jahre später,

---

113 Dauthendey, Max: Der Geist meines Vaters. Aufzeichnungen aus einem begrabenen Jahrhundert. München 1912; S. 40.
114 Phil. Fak. der Universität Würzburg an den Akademischen Senat, 18. Febr. 1895. Zitiert nach Speitkamp; S. 135.

nach seiner sensationellen Entdeckung, in Röntgenring umbenannt werden sollte.

Röntgens Ansehen und gesellschaftliche Stellung innerhalb der Universitätskreise wuchs stetig. Er trat der »Physicalisch-medicinischen Gesellschaft« bei, die 1849 von Albert von Kölliker, Rudolf Virchow sowie drei weiteren Kollegen gegründet worden war und die »Hebung der gesammten Medicin und Naturwissenschaft, gegenseitige Förderung in diesen Wissenschaften und naturhistorisch-medicinische Erforschung zunächst von Franken«[115] zum Ziel hatte.

1891 wurde er für zwei Jahre zum Vertreter der naturwissenschaftlichen Fachschaft innerhalb des Senats gewählt. Und auch nach seinem Rektorat konnte er bei den Senatorenwahlen für die Amtsperiode 1894 bis 1896 mit 29 von 34 abgegebenen Stimmen das beste Ergebnis erzielen. Gerade die Wahl zum Rektor der Universität für das Amtsjahr 1893/94 war eindeutiges Zeichen seiner geglückten Integration in das Professorenkollegium Würzburgs.[116]

In seiner Antrittsrede als Rektor erwies er sich als belesener, streitbarer Vertreter seines Standes, aber auch seiner Fakultät. In weiser Absicht hatte er seiner Rede Zitate des Mainzer Erzbischofs Karl Theodor von Dalberg vorangestellt, der sich Anfang des 19. Jahrhunderts mehrfach gegen die Abhängigkeit der Bischöfe von Rom ausgesprochen hatte, um – nach einem Seitenhieb auf das katholische Würzburg – die Münchener Ministerien aufs Korn zu nehmen: »Die Unterhaltung und Förderung der Universität möge vom Fürsten und seinen Berathern als eine Ehrensache aufgefasst und nicht blos danach bemessen werden, wie viel brauchbare Beamte, Aerzte usw. jährlich auf derselben ausgebildet werden. Denn die Universität ist

---

115 Aus den Statuten, Würzburg 1852.
116 Röntgen, der mit 28 von 31 Stimmen eindeutiger Wahlsieger geworden war, schien sich des Abstimmungsverhaltens seiner Kollegen wohl schon vorher sicher gewesen zu sein. Denn zur schriftlich und geheim durchgeführten Wahl fand er sich stark verspätet ein, weshalb er nicht mitwählen durfte. AUW Akte 123.

eine Pflanzschule wissenschaftlicher Forschung und geistiger Bildung, eine Pflegestelle idealer Bestrebungen für die Studierenden sowohl, als für die Lehrer. Ihre Bedeutung als solche steht weit höher als ihr praktischer Nutzen, und aus diesem Grunde möge auch darauf gesehen werden, dass bei Neubesetzung vacanter Stellen Männer gewählt werden, die namentlich als Forscher und Förderer ihrer Wissenschaft und nicht nur als Lehrer sich bewährt haben, indem jeder ächte Forscher, auf welchem Gebiet es auch sei, der es nur Ernst nimmt mit seiner Aufgabe, im Grunde genommen rein ideale Ziele verfolgt und ein Idealist ist im guten Sinne des Wortes.«

Dann fuhr Röntgen mit eigenen Worten fort: »Er hat auch sicher gefordert, dass Lehrer und Studierende der Hochschule es sich zu einer Ehre anrechnen sollten, Angehörige dieser Corporation zu sein. Er hat Standesgefühl gefordert: nicht professoralen Dünkel und Exclusivität oder studentische Anmassung, die alle aus Selbstüberschätzung erwachsen sind, sondern das lebhafte Bewusstsein, einem bevorzugten Stande anzugehören, der manches Recht gibt, aber namentlich auch viele Pflichten auferlegt.«[117]

Zuletzt formulierte Röntgen das eindeutige Bekenntnis zu seinem eigenen Fachbereich: »Erst allmählich drang die Überzeugung durch, daß das Experiment der mächtigste und zuverlässigste Hebel ist, durch den wir der Natur ihre Geheimnisse ablauschen können, und daß dasselbe die höchste Instanz bilden muß für die Entscheidung der Frage, ob eine Hypothese beizubehalten oder zu verwerfen ist. Die fast immer vorhandene Möglichkeit, die Resultate der Gedankenarbeit mit der Wirklichkeit vergleichen zu können, gibt dem experimentierenden Naturforscher die erforderliche Sicherheit. Stimmt das Resultat der Gedankenarbeit nicht mit der Wirklichkeit, so ist dasselbe notwendig falsch, und wenn die Spekulationen, die zu demselben führten, auch noch so geistreich waren.«

---

117 Zur Geschichte der Physik an der Universität Würzburg. Festrede zur Feier des dreihundert und zwölften Stiftungstages der Julius-Maximilians-Universität; gehalten am 2. Jan. 1894 von Dr. W.C. Röntgen. Würzburg 1894; S. 13–14.

Dieses eindeutige Einstehen für die Experimentalphysik als der Basis seines Fachs machte ihn nicht blind für die Notwendigkeit, immer wieder eine Stelle für einen Ordinarius der theoretischen Physik anzumahnen.

Inwieweit Röntgen, der im Juni 1894 bei einem Würzburg-Besuch des Prinzregenten mit dem königlichen Verdienstorden vom Hl. Michael 4. Klasse ausgezeichnet wurde[118], innerhalb dieses einen Rektoratsjahres seine Stellung ausbauen konnte, oder ob er sich durch mangelhafte Diplomatie und eindeutige Sprache wie in dieser Rede nicht vielmehr Gegner geschaffen hat, machen Briefe aus dem Jahr 1895 fragen. Röntgen war damals stellvertretender Rektor und schien sich von Würzburg verabschieden zu wollen.

Nach der Berufung Kohlrauschs zum Präsidenten der Physikalisch-Technischen Reichsanstalt und dem Tod August Kundts waren die mächtigen Physik-Ordinariate in Straßburg und Berlin im Jahr 1894 neu zu besetzen. Um diese ging es dann auch in einigen Briefen Röntgens an seinen ehemaligen Assistenten Ludwig Zehnder, der seit Januar 1894 Extraordinarius in Freiburg war.

»Wie wird nun der Hase in Straßburg laufen? Diese Frage hat für mich persönlich ein viel größeres Interesse als die Besetzung der Berliner Stelle«[119], schrieb er am 7. Januar 1895 an Ludwig Zehnder, stellte aber sofort seine Korrektheit außer Frage, indem er meinte, »wenn ein Ruf nach S. kommt, so soll er kommen, wie die früheren auch, d.h. ohne daß ich einen Finger dazu gerührt hätte«.

Von Zehnder wußte er, daß Emil Warburg, nach anfänglichen Bedenken seiner jüdischen Abstammung wegen, den Ruf nach Berlin erhalten hatte. Röntgen kannte diesen noch von seiner Straßburger Zeit als Assistent Kundts, wo Warburg zwischen 1870 und 1872 Extraordinarius war. Röntgen liebäugelte mit Straßburg, doch als Zehnder ihn auf die freiwerdende Freiburger Stelle ansprach, zeigte sich Rönt-

---

118 Die Anregung hierzu kam aus dem Kultusministerium. BayHStAM, MK 17921, Nr. 7.
119 RaZ aus Würzburg am 7. Jan. 1895.

Abb. 14   Würzburg um 1895. Die Aufnahme, angefertigt von Wilhelm Conrad Röntgen, zeigt den alten Stadtkern vom Main aus: links im Hintergrund Dom und Neumünster, rechts das Rathaus.

gen auch an ihr überraschend interessiert:»Das gesundere Klima, die
schöne Lage Freiburgs, die Nähe der Schweiz und des Südens usw.
sind Faktoren, die anfangen bei mir eine Rolle zu spielen, auch namentlich deshalb, weil es den Anschein hat, als könne meine Frau
ihren langwierigen Husten hier nicht loswerden«[120], schrieb er Zehnder noch im Januar.

Aus fachlicher Sicht hätte eine Berufung nach Baden eher einen Ab-
stieg für den Physiker bedeutet.»Warburg war erstaunt, wollte kaum
glauben, daß Röntgen Würzburg mit Freiburg vertauschen könnte«[121], räumte selbst Zehnder ein, der die Verhandlungen ins Rollen
gebracht hatte. Die badische Regierung gab sich »alle Mühe (...),
mich zu gewinnen«[122], so Röntgen nach einem Gespräch mit einem
Referenten im Februar 1895, dem ein offizielles Berufungsgesuch der
großherzogisch-badischen Regierung vorangegangen war[123], und das
wohl so erfreulich verlief, daß sich Röntgen bereits Informationsma-
terial über Freiburg schicken ließ: ein Personal- und Vorlesungsver-
zeichnis sowie Statuten der Universität, Angaben über die Nebenein-
nahmen von physikalischem Assistent und Diener, über Mädchen-
schulen (für die Adoptivtochter Berteli) und schließlich die Lebens-
mittelpreise.[124]

Im März scheiterten die Gespräche an der in seinen Augen mangel-
haften Ausstattung des Instituts. Aus seinem Urlaubsort Sorrent be-
dankte er sich dennoch für den »Freundschaftsdienst« Zehnders bei
der Vermittlung und erklärte, warum ein nach eigenen Worten »schöner Traum«[125] zerronnen war:»Die badische Regierung hatte mir ein
Gehalt von +/– 7600 M. geboten und erklärt, über diese Summe, wel-

---

120 RaZ aus Würzburg am 16. Jan. 1895.
121 Zehnder; S. 32.
122 RaZ aus Karlsruhe am 11. Febr. 1895.
123 Berufungsgesuch und Mitteilung Röntgens an den Senat der Univ. Würzburg,
    AUW Akte 744.
124 Wie Fußnote 122.
125 RaZ aus Sorrent am 11. März 1895.

che dem höchsten Gehalt in Freiburg entspricht, nicht hinausgehen zu können. (...); allein mein Hauptbedenken gegen die Annahme konnte nicht gehoben werden. Wie Sie wohl wissen, ist die Freiburger Sammlung weniger reichhaltig an Apparaten als die Würzburger, namentlich auch an Vorlesungsapparaten. (...) Ich bat somit die badische Regierung, mir zur Anschaffung von Apparaten einen einmaligen Kredit von ca. 11 000 Mark zu bewilligen. (...) Die Antwort auf diese Frage fiel nur sehr dilatorisch aus, und zwar so sehr, daß ich daraus entnehmen mußte, es bestünde beim Ministerium wenig Geneigtheit, meine Wünsche in vollem Maße zu erfüllen. Wohl wurde mir gesagt, der Minister wäre wohl geneigt, nach Prüfung der andern Universitätsbedürfnisse eine gewisse Summe, deren Höhe er aber nicht bestimmen könne, von der Kammer zu verlangen, aber mit einer solchen Versprechung ist nichts anzufangen.«[126]

Wie wenig Wilhelm Conrad und auch Bertha Röntgen persönliche Gründe am Verlassen Würzburgs gehindert hätten, macht er im selben Schreiben deutlich: »Zwar habe ich mir nachher noch kurze Zeit überlegt, ob die Vorteile des Klimas und des angenehmen geselligen Lebens im Kreise guter Freunde und Bekannten den genannten Nachteilen nicht das Gleichgewicht halten könnten; doch habe ich mir schließlich sagen müssen, daß ich schwerlich in Freiburg hätte zufrieden und befriedigt sein können.«

Zweifelsohne ist aufgrund solcher Aussagen zu vermuten, daß der Physiker in der Zeit vor seiner Entdeckung in Würzburg weder persönlich noch beruflich so glücklich und gut angesehen war, wie das viele behaupten.[127] Insbesondere, wenn man sich ins Gedächtnis ruft, daß Röntgens Habilitation seinerzeit abgelehnt worden war, was in »statusbewußten« Universitätkreisen sicher nicht unbekannt geblieben sein dürfte.

---

126 ebd. Röntgen hatte in Würzburg ein Gehalt von 6360 Mark zuzüglich Kolleggeldern, Promotions- und Prüfungsgebühren, kam also auf ein Einkommen von 10 540 Mark im Jahr. Vgl. van Wylick; S. 51.

127 U.a. Margret Boveri betont, daß Röntgen die Würzburger Zeit immer für die schönste gehalten habe.

Auch sein Einfluß auf das Münchner Ministerium war nach seiner Amtszeit als Dekan reichlich schwach geblieben. Das macht der Verlauf der üblichen Bleibeverhandlungen deutlich: Die Würzburger Philosophische Fakultät hatte empfohlen, »alles aufzubieten«, um den »so ausgezeichneten« Lehrer und Forscher zu halten und seine Wünsche – eine zusätzliche außerordentliche Professur für theoretische Physik, einen Institutsanbau, Erhöhung des Institutsetats und eine Hilfskraft – zu erfüllen.[128] Das bayerische Kultusministerium gewährte zwar diese Hilfkraft sofort, vermied aber eine definitive Aussage über weitere Zugeständnisse, da man das Verhalten des Landtages bei den Etatberatungen noch nicht absehen könne.[129] Röntgens weitere Forderungen wurden nicht erfüllt, obwohl er den Freiburger Ruf ablehnte. Statt dessen »vertröstete« ihn die bayerische Regierung mit dem Königlichen Verdienstorden vom heiligen Michael, nun 3. Klasse.[130]

Verärgert und enttäuscht schrieb Röntgen im Juni 1895 an Ludwig Zehnder: »Wie Sie vielleicht wissen, beantrage ich seit einer Reihe von Jahren beim Ministerium die Kreierung eines Extraordinariats für Physik, das in Bayern mit ca. 3600 M. besoldet wird. Auch diesmal habe ich bei dem Vorausschlag für die nächste zweijährige Budgetperiode meinen Antrag gestellt. (...) Ich nahm mir deshalb vor, persönlich in München die Lage zu sondieren, d.h. mich über die Chancen meines Antrages zu erkundigen. (...) Vorgestern abend kehrte ich zurück. Das Resultat ist ein sehr deprimierendes! Kein Geld, hieß es, und damit ist die Sache wieder auf zwei Jahre, wenn nicht auf länger, begraben!«[131]

Nicht nur die Zusammenarbeit mit dem Ministerium war nach Röntgens Amtszeit als Rektor schlechter geworden. Auch sein Einfluß auf die universitären Gremien schien mit dem Amt geschwunden zu sein.

---

128 BayHStAM, MK 17921, Nr. 9–15. Ebenso AUW Akte 744.
129 BayHStAM, MK 17921, Nr. 16.
130 BayHStAM MK 17921, Nr. 8, Nr. 16, Nr. 18, Nr. 19–26.
131 RaZ aus Würzburg am 10. Juli 1895.

So schrieb Theodor Boveri im März 1895, während der Ferienzeit, dem Freund und Kollegen zwei Briefe.

Im ersten geht es um eine Bebauung des Botanischen Gartens. Der Senat hatte den Plan mit überwältigender Mehrheit befürwortet, obwohl Röntgen, Prym und Boveri bereits zuvor, und ohne Beachtung des ordnungsgemäßen Dienstweges, ihr Mißfallen über dieses Projekt ans Ministerium nach München geschickt hatten. Dort wünschte man nun eine Stellungnahme. Boveri schreibt: »Daß wir uns (als Fakultät) nochmals in der Angelegenheit rühren müssen, scheint mir zweifellos; wann und wie dies geschehen soll, weiß ich nicht, um so weniger, als in Ihrer Abwesenheit niemand da ist, der der Sache ein wirkliches Interesse entgegenbringt. (...) Daß Ihre Postulate so wenig Aussicht auf Bewilligung haben, werden Sie schon wissen (...).«[132]

Thema des zweiten Briefes ist die Machtwahrung der Fakultät innerhalb des Verwaltungsausschusses. Dabei wird deutlich, daß Röntgen selbst, nach Ansicht seines befreundeten Kollegen, keine besonders starke Position innerhalb der Professorenschaft hatte: »Nun könnte man ja sagen, daß man einen andern als Voss wählen könnte, aber ich glaube, daß weder Prym noch sie selbst – gerade nach unserer Gartengeschichte – momentan die nötige Unterstützung finden würden. (So äußerte sich z.B. Schönborn neulich mir gegenüber höchst aufgebracht und förmlich persönlich beleidigt über unser Vorgehen.)«[133]

Röntgens Stellung innerhalb des Kollegiums war umstritten, bis ihm seine Entdeckung gelang, die alles verändern sollte.

---

132 TBaR am 18. März 1895.
133 TBaR am 30. März 1895.

4

DIE ENTDECKUNG DER RÖNTGENSTRAHLEN

»WIR BETONEN AUSDRÜCKLICH, DASS DIE ENTDECKUNG VON ERNSTEN GELEHRTEN ERNST GENOMMEN WIRD.«

Zacharias Lecher, Chefredakteur der Wiener »Presse« und Präsident der Schriftstellervereinigung Concordia, hatte in der Nacht vom 4. auf den 5. Januar 1896 die Exklusivmeldung von Röntgens Entdeckung der Strahlen auf dem Tisch. Sein Sohn Ernst, Physikprofessor an der deutschen Universität in Prag, war direkt von Franz Exner zu seinem Vater gekommen.

Röntgen und Exner waren zwischen 1872 und 1874 Assistenten bei Kundt in Straßburg gewesen. Sie hatten zusammen einige Forschungen durchgeführt, und nun, da Exner in Wien Ordinarius für Experimentalphysik war, schickte Röntgen ihm, wie einigen anderen Kollegen, seine neuesten wissenschaftlichen Arbeiten.[1] Die jüngste war, mitsamt einigen »photographischen Aufnahmen« versehen, kurz nach Neujahr angekommen und im privaten Wissenschaftlerkreis bei Exner vorgestellt worden. Am nächsten Morgen, einem Sonntag, wurden die Leser der »Presse« zwischen den Berichten von Unruhen in der südafrikanischen Republik Transvaal und Aufständen auf Cuba über »Eine sensationelle Entdeckung« aus Würzburg informiert: »In den gelehrten Fachkreisen Wiens macht gegenwärtig die Mittheilung von einer Entdeckung, welche Professor Routgen [!] in Würzburg gemacht haben soll, grosse Sensation. Wenn sich dieselbe bewährt, wenn die hierauf bezüglichen Mittheilungen sich als begründet er-

---

1 Ein Verzeichnis der übrigen Adressaten findet sich in RaZ vom 15. Okt. 1891.

weisen, so hat man es mit einem in seiner Art epochemachenden Ergebnisse der exacten Forschung zu thun, das sowohl auf physikalischem wie auch medicinischem Gebiete ganz merkwürdige Conse-
quenzen bringen dürfte. Wir hören hierüber: Professor Routgen
nimmt eine Crookes'sche Röhre – eine sehr stark ausgepumpte Glasröhre, durch die ein Inductionsstrom geht – und photographirt mit
Hilfe der Strahlen, welche diese Röhre nach außen hin aussendet, auf
gewöhnlichen photographischen Platten. Diese Strahlen nun, von
deren Existenz man bisher keine Ahnung hatte, sind für das Auge
vollständig unsichtbar; sie durchdringen, im Gegensatz zu gewöhnlichen Lichtstrahlen, Holzstoffe, organische Stoffe und derglei-
chen undurchsichtige Körper, Metalle und Knochen hingegen halten
die Strahlen auf. Man kann bei hellem Tageslicht mit »geschlossener
Cassette« photographiren: das heißt, die Lichtstrahlen gehen den gewöhnlichen Weg und durchdringen auch den Holzdeckel, der vor die
lichtempfindlichen Platten geschoben ist und sonst vor dem Photographiren entfernt werden muß. Sie durchdringen auch eine Holz-
hülle vor dem zu photographirenden Object. Professor Routgen photographirt z.B. die Gewichtstücke eines Gewichtsatzes, ohne das
Holzetui zu öffnen, in welchem die Gewichte aufbewahrt sind. Auf
der gewonnenen Photographie sieht man nur die Metallgewichte,
nicht die Cassette. Ebenso kann man Metallgegenstände, die in einem
Holzkasten verwahrt sind, photographiren, ohne den Kasten zu öffnen. Wie die gewöhnlichen Lichtstrahlen durch Glas gehen, so gehen
diese neuentdeckten von den Crookes'schen Röhren ausströmenden
Strahlen durch Holz und auch durch – Weichtheile des menschlichen
Körpers. Am überraschendsten ist nämlich die durch den erwähnten
photographischen Prozeß gewonnene Abbildung von einer menschlichen Hand. Das Bild enthält die Knochen der Hand, um deren Finger die Ringe frei zu schweben schienen. Die Weichtheile der Hand
sind nicht sichtbar.
Einige Proben dieser sensationellen Entdeckung circuliren in Wiener
Gelehrtenkreisen und erregen in denselben berechtigtes Staunen. Soweit die knappen Angaben, welche wir über die Entdeckung des
Würzburger Gelehrten bisher in Erfahrung bringen konnten. Sie klin-

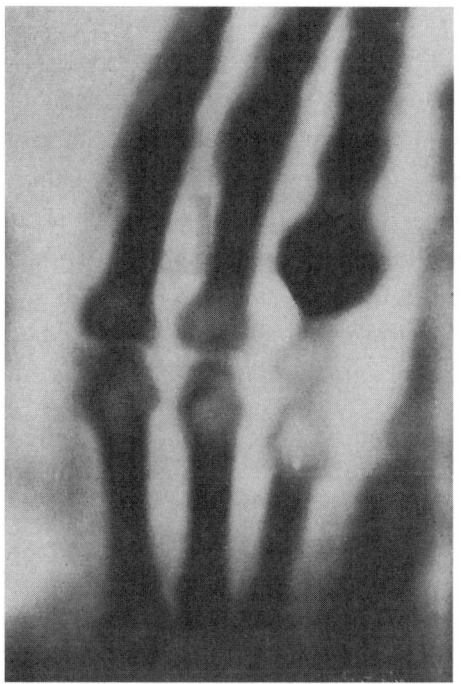

Abb. 15   Bertha Röntgens Hand war eines der ersten »Motive«, das ihr Mann mit seinen Strahlen durchleuchtete. Einer an der Aufnahme angebrachten Notiz zufolge entstand dieses Bild am 22. Dezember 1895. Der Anwendbarkeit der Röntgenstrahlen für medizinische Zwecke wurde mit dieser Aufnahme Bahn gebrochen.

gen wie ein Märchen oder wie ein verwegener Aprilscherz. Wir betonen ausdrücklich noch einmal, daß die Sache von ernsten Gelehrten ernst genommen wird.

Es wird wohl in allernächster Zeit bereits in den Laboratorien die Sache sehr eingehend geprüft und zu einer weiteren Entwicklung gebracht werden. Die Physiker werden ihre Studien über die bisher unbekannte Lichtleitung machen, welche Gegenstände durchdringt, die als undurchdringlich für das Licht gegolten haben und den Lichtstrahlen aus den Crookes'schen Röhren den Durchgang ebenso gestatten, wie eine Glasscheibe dem Sonnenlichte.

Die Pfadfinder auf dem speciellen Gebiete der Photographie werden binnen kurzem der Entdeckung von allen Seiten auf den Leib rücken und Versuche anstellen, wie dieselbe vervollkommnet, wie sie praktisch verwerthet werden können; für diese practische Verwerthung wieder werden sich die Biologen und Ärzte insbesondere zunächst lebhaft interessiren, weil sich hier Ihnen eine Perspective auf einem neuen, sehr werthvollen diagnostischen Behelf zu öffnen scheint. Es ist angesichts einer so sensationellen Entdeckung schwer, phantastische Zunkunftsspeculationen im Style eines Jules Verne von sich abzuweisen. So lebhaft dringen sie auf denjenigen ein, der hier die bestimmte Versicherung hört, es sei ein neuer Lichtträger gefunden, welcher die Beleuchtung hellen Sonnenscheins durch Bretterwände und die Weichtheile eines thierischen Körpers trägt, als ob dieselben von crystallhellem Spiegelglase wären. Die Zweifel müssen sich bescheiden, wenn man vernimmt, dass das photographische Beweismaterial für diese Entdeckung vor den Augen ernster Kritiker bisher Stand zu halten scheint. Vorläufig sei nur darauf hingewiesen, welche Wichtigkeit für die Diagnose von Knochenverletzungen und Knochenkrankheiten es haben würde, wenn es bei einer weiteren, nur rein technischen Entwicklung dieses neuen photographischen Verfahrens gelingt, nicht nur eine menschliche Hand in der Weise zu photographiren, dass auf einem Bilde die Weichtheile nicht erscheinen, wohl aber eine genaue Zeichnung der Knochen. Der Arzt könnte dann zum Beispiel die Eigenart eines complicirten Knochenbruches ganz genau kennenlernen ohne die für den Patienten schmerzliche manuelle Untersuchung; der Wundarzt könnte sich über die Lage eines Fremdkörpers im menschlichen Leibe, einer Kugel, eines Granatensplitters, viel leichter als bisher und ohne die oft so qualvolle Untersuchung mit der Sonde unterrichten. Für Knochenkrankheiten, die auf keine traumatische Ursache zurückzuführen sind, wären solche Photographien, vorausgesetzt, dass die Verfertigung derselben gelingen sollte, ebenso ein werthvoller Behelf für die Diagnose wie bei dem einzuschlagenden Heilverfahren.

Und lässt man der Phantasie weiter die Zügel schiessen, stellt man sich vor, dass es gelingen würde, die neue Methode des photographischen Processes mit Hilfe der Strahlen aus den Crookes'schen Röhren so zu vervollkommnen, dass nur eine Partie der Weichtheile des menschlichen Körpers durchsichtig bleibt, eine tiefer liegende Schicht aber auf der Platte fixiert werden kann, so wäre ein unschätzbarer Behelf für die Diagnose zahlloser anderer Krankheitsgruppen als die der Knochen gewonnen. Eine solche Errungenschaft, ein solcher Fortschritt auf der einmal eröffneten Bahn will ja, die Richtigkeit der ersten Prämisse vorausgesetzt, nicht ausser dem Bereiche aller Möglichkeit erscheinen. Wir gestehen, dass dies Alles überkühne Zukunftsphantasien sind. Aber – wer im Anfange dieses Jahrhunderts gesagt hätte, das Enkelgeschlecht werde von der Kugel im Fluge getreue Bilder fertigen und mit Hilfe eines elektrischen Apparates Zwiegespräche über den grossen Ocean hin und wieder führen können, hätte sich auch dem Verdachte ausgesetzt, dem Irrenhause entgegenzureifen. Wir wollen nur beiläufig andeuten, nach welcher Richtung hin des Würzburger Gelehrten sensationelle Entdeckung neuartige Perspectiven eröffnen kann.«[2]

Weitsichtig und exakt – mit Ausnahme der Schreibweise von Röntgens Namen, die in der übernächsten Nummer des Blattes korrigiert wurde – hatte Zacharias Lecher Versuchsanordnung und Auswirkung der Entdeckung beschrieben. Binnen weniger Tage sollte dieser Pres-

---

2 Die Presse 5, 49. Jg. (5. Jan. 1896); S. 1.

seartikel um den Globus gehen. Teile des Textes, sowie eines weiteren Berichtes aus dem »Daily Chronicle« vom darauffolgenden Tag, fanden sich in der »Frankfurter Zeitung«, im Londoner »Standard«, in der »Vossischen Zeitung«, im New Yorker »Electrical Engineer« wieder.

Die »New York Times« berichtete am 16. Januar, daß »die Männer der Wissenschaft hier in unserer Stadt mit der allergrößten Ungeduld die Ankunft europäischer technischer Zeitschriften erwarten, um alle Einzelheiten der großen Entdeckung von Professor Routgen zu erfahren«[3].

Ein internationales Millionenpublikum war plötzlich über eine physikalische Entdeckung informiert, die einem bis dahin in der Öffentlichkeit so gut wie unbekannten deutschen Professor gelungen war. Ein Beweis der Wirksamkeit der Strahlen war in Form von Aufnahmen vorhanden, die elementare Bedürfnisse zu befriedigen schienen – den Wunsch zu heilen ebenso wie die menschliche Neugierde. Und da Röntgen keine Patente an der Entdeckung anmelden wollte, was allen den Zugang erleichterte, bedienten sich Professoren und Scharlatane, Wissenschaftler und Gaukler der Entdeckung, die ebenso »Zufallsprodukt« wie das Ergebnis konsequenter experimenteller Arbeit war.

RÖNTGENS FORSCHUNGEN BIS ZU DEN STRAHLEN

»*...UND VON DEM SCHÖNEN VERSUCH GANZ BEGEISTERT BIN.*«
Die Schwierigkeiten, die das Würzburger Leben Röntgens anfänglich beeinträchtigten, hatten auf seine wissenschaftlichen Arbeiten kaum Auswirkungen. Er war mit deren Fortgang zufrieden, wie Briefwechsel mit seinen (ehemaligen) Assistenten Schneider und Zehnder bekunden. Schneider, der als Gymnasialprofessor nach Mainz gegangen

---

3 Zitiert nach Caufield; S. 13.

war, wurde von Röntgen bereits kurz nach dessen Umzug zu einem Besuch in den Weihnachtsferien nach Würzburg eingeladen, um hier mit den in Gießen begonnenen Versuchen fortzufahren: »(...), denn ich denke mir, daß während ihrer Anwesenheit in Würzburg von der Zeit, die zum Plaudern, Essen, Trinken und Spazierengehen verwendet wird, noch so viel übrig bleibt, daß die sehr nötig gewordenen Kompressibilitätsbestimmungen mit reinem Schwefelkohlestoff sito Benzol noch gemacht werden können. Alles ist zu diesem Zweck vorbereitet.«[4]

Zehnder war Röntgen zwar zunächst nach Würzburg gefolgt und zweiter Assistent geworden[5], wollte dann aber seine Habilitation als Privatdozent in Basel vorantreiben. Deshalb hatte Röntgen seit April 1890 mit Rudolf Eduard Cohen gearbeitet, der 26 Jahre alt und in Röntgens Augen »sehr tüchtig und brauchbar«[6] war, sowie mit Joseph von Kowalski, 24 Jahre alt, gebürtiger Pole und in Göttingen promoviert, ein »tüchtiger Theoretiker; es fehlt ihm noch die Experimentierkunst«[7].

Die Zusammenarbeit war zufriedenstellend: »Ich weiß nicht, ob ich Ihnen schon mitteilte, daß Cohen und ich die Sarasinschen Versuche mit bestem Erfolg nachgemacht haben. Im Laboratorium arbeiten wir fleißig. Dr. v. Kowalski hat eine Arbeit über den Einfluß des Druckes auf das Leitungsvermögen von Lösungen fertig. Dr. Cohen sitzt noch bei seiner Untersuchung, und ich habe ein paar Resultate über den Einfluß des Druckes auf allerlei Sachen erhalten, die ich nächstens publizieren werde. In diesem Winter hatten wir regelmäßig wöchentlich zwei Stunden Kolloquium: Dr. v. K. trägt uns in einem sich über viele Wochen ausdehnenden Vortrag die neue Behandlungsweise der Theorie der Elektrizität (Heaviside, Pointing, Hertz, Cohn) vor, Dr. Cohen referiert über Lord Rayleighs neueste

---

4 Röntgen an Schneider aus Würzburg am 11. Dez. 1888. Zitiert nach Lorey (1941, 2); S. 67.
5 AUW Akte 3233.
6 RaZ aus Würzburg am 27. Juni 1890.
7 ebd.

Arbeit über Kapillarität und Dr. Geigel über Osmose. Besucht wird
das Kolloquium von Fick, Dr. Haußner, Dr. Geigel, Heydweiller, uns
dreien und einem älteren Praktikanten.«[8]
Auch ein physikalisches Kolloqium hatte Röntgen ins Leben gerufen,
besuchte es aber in späterer Zeit selbst immer nachlässiger.[9]
Die Hinweise auf gemeinsames Arbeiten und Denken können und
sollen nicht darüber hinwegtäuschen, daß sich Röntgen für wissenschaftliche Dispute nicht begeistern konnte. Abgesehen von der Mit-
gliedschaft in naturwissenschaftlichen Gesellschaften – die in seiner
Position wohl obligatorisch verlangt wurde – ging er im Gegensatz zu
den meisten seiner Kollegen nicht auf andere Physiker zu, um Fragen
zu klären oder Gedanken auszutauschen. Briefwechsel über Fach-
probleme sind nicht bekannt. Selbst seine engsten Mitarbeiter bezog
er in seine Überlegungen nicht ein, lediglich die Lektüre regelmäßig
bezogener Fachblätter[10] scheint Einfluß auf seine wissenschaftliche
Arbeit gehabt zu haben.
Zehnder war wohl der einzige, dem Röntgen in regelmäßigen Briefen
Details wie Apparaturprobleme mitteilte. Ausgerechnet Zehnder!
Der hatte, wie bereits angedeutet, Zeit seines Lebens mit Berufungs-
problemen zu kämpfen. Nach Stationen in Basel und Freiburg wurde
er mit 46 Jahren nochmals Assistent bei Röntgen, trat vier Jahre später wegen Differenzen ab und verdingte sich als Physiklehrer am kaiserlichen Telegraphen-Versuchsamt in Berlin. Sein letztes Tätigkeits-
feld fand er nach dem Ersten Weltkrieg in Basel als Privatdozent.
Noch mit 60 Jahren hoffte er auf eine erste ordentliche Professur.
Zehnders spekulative, kosmische, fast esoterisch zu nennende Veröffentlichungen lehnte Röntgen von Anfang an strikt ab.[11] Für ihn

---

8 RaZ aus Würzburg am 29. Dez. 1890.
9 Glasser; S. 73.
10 Im Deutschen Röntgen-Museum ist der Bücherschrank Röntgens mit den
    gesammelten Fachschriften erhalten.
11 Eine seiner Arbeiten, »Die Renaissance der klassischen Physik«, ist bei Zehn-
    der, S. 180–198, abgedruckt.

waren sie »die wahre Ursache Ihres Mißerfolges in der akademischen Karriere«[12]. Er selbst war für seine Genauigkeit beim Arbeiten bekannt. Forschungsergebnisse genügten ihm, das Publizieren war ihm nur eine lästige Pflicht: »Sie wissen, wie es bei mir geht: ist eine Arbeit fertig, so habe ich das eigentliche Interesse daran verloren; an der Publikation ist mir häufig sehr wenig gelegen«[13], gab er einmal deutlich Auskunft. Doch wenn er etwas an die Öffentlichkeit gab, dann sehr genau, ganz im Gegensatz zu Zehnder. Und ausgerechnet dieser Mann war der einzige, mit dem Röntgen regelmäßig einige wissenschaftliche Fakten austauschte – wofür vielleicht die private Vertrautheit mitentscheidend war. Auch Personalfragen waren oft Thema zwischen den beiden.

Zum 1. April 1891 mußte Röntgen v. Kowalski entlassen – »wegen zu geringer Zuverlässigkeit«[14], wie er Zehnder mitteilte, danach war ein geeigneter Nachfolger zunächst nicht zu finden. Im Winter rückte Cohen auf die erste Assistentenstelle auf, mit der auch ein Wohnrecht im Institut verbunden war. Seinen Platz nahm Otto Stern ein. Im Frühjahr 1892 wurde Max Wien[15] Nachfolger Cohens, der 1895 kündigte. Weil kein geeigneter Nachfolger zu finden war, arbeitete Röntgen den Sommer des Jahres über allein mit Otto Stern.

In dieser Zeit interessierte sich Röntgen für Versuche, die im Institut von Heinrich Hertz, inzwischen Ordinarius in Bonn, bezüglich der Natur der Kathodenstrahlen gemacht wurden. Wilhelm Hittorf hatte

---

12 RaZ aus Sta. Margherita Ligure am 23. März 1905.
13 RaZ aus Würzburg am 29. Dez. 1890.
14 RaZ aus Würzburg am 9. April 1891.
    Es lag wohl eine Abmachung mit dem Physiker zugrunde, denn v. Kowalski erklärte in einem Brief an Röntgen, der dem Senat vorgelegt wurde, daß er sich »vorwiegend der theoretischen Physik widmen wollte und deswegen weitere Studien in diese Richtung anstellen wollte«. Kowalski an Röntgen am 10. März 1891. AUW Akte 3233.
15 Max Karl Wien, 1866–1938: später Professor in Aachen, Danzig, Jena. Arbeitsfelder: Elektromagnetismus, Akustik, Elektrolyte, Radiotechnik.

sie 1869 entdeckt[16]: An eine Glasröhre, in die auf beiden Seiten Me-
talldrähte eingeschmolzen sind, die ihrerseits zu je einem Metall-
blech führen, wurde eine Luftpumpe angeschlossen. Um in der Röhre das höchstmögliche Vakuum zu erreichen, mußte sie leergepumpt
werden, was damals an jedem Arbeitstag mehrere Stunden in Anspruch nahm. Dann wurde eine hohe Spannung angelegt, ein Metall-
blech wurde zur Kathode, eines zur Anode. Beim Übergang zu immer
niedrigeren Drucken hörten die farbigen Leuchterscheinungen auf,
es blieb nur ein schwach leuchtender Strahl übrig, der sich von der
negativ elektrischen Kathode zur gegenüberliegenden Wand der Röhre geradlinig ausbreitete, wie Hittorf als erster festgestellt hatte. Wo
der Strahl auftraf, fluoreszierte die Glaswand, und er war durch eine
Metallscheibe ablenkbar. Hittorf schloß aus seinem Versuch, daß dieser Strahl ein elementares Phänomen der Elektrizität sei. Die Bezeichnung Kathodenstrahl formulierte 1876 Eugen Goldstein, Physiker an der Potsdamer Sternwarte, der bei seinen Forschungen einen
positiv geladenen Anteil der Gasentladung, die »Kanalstrahlen« entdeckte.

Größtes Verdienst und Leistung des Physikers und Chemikers
William Crookes, des Präsidenten der Society of Chemical Industry
in London, war es, 1879 die Kathodenstrahlen neu zu präsentieren
und mit seiner Arbeit »Strahlende Materie oder der vierte Aggregat-
zustand« die Aufmerksamkeit der wissenschaftlichen Welt auf sie
zu lenken.[17] Es folgten viele kleinere Forschungsarbeiten, die als
vielleicht wichtigstes Zwischenergebnis ergaben, daß Kathodenstrahlen, statt auf Glas auf Mineralien gerichtet, diese zum Leuchten
bringen.

---

16 Eine sehr ausführliche Vorgeschichte der Experimente auf elektrischem und
    magnetischem Gebiet seit dem 17. Jahrhundert, sowie der mechanischen und
    technischen Fortschritte, die zur Produktion starker Vakuumröhren nötig wa-
    ren, bietet Eisenberg, Kap. 1, S. 3–21. Dort auch weitere Literaturhinweise.
17 Er hat die Kathodenstrahlen nicht unabhängig von den bisherigen Forschungs-
    ergebnissen neu entdeckt, wie das Dessauer beschreibt. Bereits in den »Che-
    mical News« von 1876 hatte Crookes zugegeben, daß er die Forschungsarbei-
    ten der Deutschen kannte. Vgl. Fraunberger.

In Deutschland setzte Heinrich Hertz die Versuche 1892 fort. Vor fluoreszenzfähige Kristalle stellte er Gold-, Silber- und andere äußerst dünne Plättchen und konnte dann beobachten, daß die Kathodenstrahlen von ihnen absorbiert werden, daß sie Aluminiumfolien von 1/100 bis 1/50 mm Dicke dagegen durchlaufen.

Im Sommer 1894 – dem Jahr, das Max Planck später »das schwarze Jahr (...) der deutschen Physik«[18] nannte, weil in kurzer Folge Hertz (1. Januar), Kundt (21. Mai) und Helmholtz (8. September) gestorben waren –, nach einem erfolgreichen Semester, in dem Röntgen besonders zufrieden mit seinen Studenten war, und nach einem Urlaub in Italien[19], nahm auch er in Würzburg die Untersuchungen der Kathodenstrahlen auf, und beschäftigte sich insbesondere mit den Ergebnissen von Philipp Lenard, einem Schüler von Hertz.

Lenard hatte, von seinem Lehrer zu dieser Idee angeregt, bereits 1892 eine Gasentladungsröhre entwickelt, die an einem Ende nur von einer dünnen Aluminiumfolie abgeschlossen wurde. Durch dieses »(Lenard-)Fenster« konnten die Kathodenstrahlen das Vakuum der Röhre verlassen, und Lenard wurde es als erstem Physiker möglich, sie außerhalb des Entladungsraumes, also unabhängig von ihrem Entstehungsort, zu untersuchen. Die Strahlen legten einige Zentimeter in der Luft zurück, und Lenard erkannte die Möglichkeit, auf diesem Wege Neues über den Aufbau der Materie zu erfahren: An den Luftmolekülen, so fand er heraus, werden die Kathodenstrahlen gestreut und absorbiert. Er maß die Intensität der Strahlen als Wirkung auf einer photographischen Platte oder einem Leuchtschirm. Schließlich stellte er fest, daß sich die Strahlen in einem Vakuum besonders gut und geradlinig ausbreiten und ging daher von einem Vor-

---

18 Planck, Max: Physikalische Abhandlungen und Vorträge. Hrsg. vom Verband Deutscher Physikalischer Gesellschaften. Braunschweig 1958. Bd. 3; S. 362.

19 »Mit meinen Zuhörern war ich in diesem Semester ganz besonders zufrieden; die Leute haben viel Fleiß und Aufmerksamkeit gezeigt. Das Laboratorium war von 26 Praktikanten besucht, und außerdem machten zwei Leute selbständige Arbeiten. Also für Würzburg gute Verhältnisse. (...) Wir gehen zuerst nach Bordighera, dann nach Rom und dann – chi lo sa?«. RaZ aus Würzburg am 6. März 1894.

Abb. 16   Philipp Lenard (1862–1947) entwickelte, angeregt von seinem Lehrer Heinrich Hertz, 1892 eine Gasentladungsröhre, die an einem Ende nur von einer dünnen Aluminiumfolie abgeschlossen wurde. Einer solchen »Lenard-Röhre« bediente sich Röntgen, als er mit seinen Untersuchungen über die Kathodenstrahlen begann, die zur Entdeckung der Röntgenstrahlen führten.

gang im »Äther« aus, nicht wie beim Schall, von einem Ausbreitungsvorgang in Materie.[20]

Am 4. Mai 1894 schickte Röntgen einen Brief an Lenard, der zu diesem Zeitpunkt Privatdozent in Bonn war: »Ich möchte gerne Ihren wichtigen Versuch über Kathodenstrahlen in der freien Atmosphäre etc. sehen und habe mir dazu bei Müller-Unkel einen ›bewährten‹ Entladungsapparat bestellt. Für den Bezug der Fensterblättchen fehlt mir aber eine zuverlässige Quelle; vielleicht haben Sie die Freundlichkeit, mir eine solche per Postkarte anzugeben.«[21]

Lenard antwortete dem Kollegen prompt. Am 7. Mai schrieb er zurück: »Die Bezugsquelle für die dünne Aluminiumfolie ist auch für mich immer eine Schwierigkeit gewesen, denn die Fabrikanten geben nicht gern ungewöhnliche Dicken ab, oder verwenden doch wenig Sorgfalt auf kleine Partien, so daß die Blätter löchrig ausfallen. Es mangelt mir gegenwärtig auch an einer guten Bezugsquelle. Ich erlaube mir daher, Ihnen zwei Blätter aus meinem kleinen Vorrat zu übersenden. Die Dicke beträgt etwa 0,005 mm.«[22]

Bereits im Juni stellte Röntgen die Versuchsanordnung Lenards nach[23] und berichtete Ludwig Zehnder, daß »(...) ich mit einem von Müller-Unkel in Braunschweig bezogenen Apparat die Kathodenstrahlen in Luft und in Wasserstoff von normaler Dichte gesehen habe und von dem schönen Versuch ganz begeistert bin«[24].

Im Jahr 1895 erzielte Joseph John Thompson, Leiter des Cavendish-Laboratory in Cambridge, ein wesentliches, neues Ergebnis: Ihm gelang die elektrostatische Ablenkung der Strahlen und damit der Beweis, daß sie von negativ geladenen Körpern abgestoßen, von posi-

---

20 Lenard, Philipp: Ueber die Absorption der Kathodenstrahlen. Ann. d. Phys. u. Chem. 56 (1895) 255–275.
   Zu Lenards Kathodenstrahlforschungen vgl. auch: Neumann, zu Putlitz.
21 Röntgen an Lenard aus Würzburg am 4. Mai 1894. Zitiert nach Glasser; S. 1.
22 Lenard an Röntgen aus Bonn am 7. Mai 1894. Zitiert ebd.
23 Zur exakten Versuchsanordnung Röntgens vgl.: Dessauer, Kap. »Was geschah in der Novembernacht?«, sowie Harder.
24 RaZ aus Würzburg am 21. Juni 1894.

tiv geladenen angezogen werden und folglich selbst negativ geladen sind. Auch Jean Parrin, Physiochemiker in Paris, bestätigte im selben Jahr diese Aussage.

Röntgen, der bereits 18 Monate – mit Unterbrechungen, die seine Amtszeit als Rektor verursachte – an der Erforschung der Kathodenstrahlung arbeitete, modifizierte seine Untersuchungen weiter: Er wollte nun herausfinden ob ein Teil der Kathodenstrahlen nicht nur das »Lenard-Fenster«, sondern auch das Glas der Entladungsröhre durchlaufen könnte. Dazu benutzte er eine Hittorf-Röhre ohne »Fenster« und einen Schirm, der mit fluoreszierendem Bariumplatinzyanür bestrichen wurde, um eventuell austretende Strahlung nachzuweisen. Lenard hatte die Röhre bei seinen Versuchen teilweise mit einem Zinkkasten umhüllt, um wirklich nur die aus dem »Fenster« austretenden Strahlen zu untersuchen. Röntgen ersetzte den Kasten durch ein schwarzes Stück Karton.

Am 8. November 1895 machte er in seinem Labor eine verblüffende Beobachtung, über die er zunächst, als könne er es selbst nicht glauben, schwieg. Sieben weitere Wochen beschäftigte er sich intensiv mit dem, was er entdeckt hatte, um dann schließlich seine Erkenntnisse Ende Dezember unter dem Titel »Ueber eine neue Art von Strahlen« auf den letzten zehn Seiten des Schriftenbandes der Würzburger Physikalisch-Medizinischen Gesellschaft zu veröffentlichen.[25] Er nannte seine Arbeit »Vorläufige Mittheilung«, weil er zu keinen endgültigen Aussagen gekommen war. Aber ihm lag dennoch viel daran, seine ersten Ergebnisse rasch seinen Kollegen zugänglich zu machen: »Läßt man durch eine Hittorfsche Vakuumröhre, oder einen genügend evakuierten Lenardschen, Crookesschen oder ähnlichen Apparat die Entladungen eines größeren Ruhmkorffs gehen und

---

25 Üblicherweise mußten Vorträge in dieser Gesellschaft erst gehalten werden, bevor sie gedruckt erschienen. Da einer der Herausgeber der Schriftenreihe, Karl Bernhard Lehmann, auf die erste Seite neben den Titel des Manuskriptes handschriftlich »an den Schluß vor den Jahresbericht« schrieb, scheint man es also eilig gehabt zu haben mit der Veröffentlichung.

bedeckt die Röhre mit einem ziemlich eng anliegenden Mantel aus dünnem, schwarzem Karton, so sieht man in dem vollständig verdunkelten Zimmer einen in die Nähe des Apparates gebrachten, mit Bariumplatinzyanür angestrichenen Papierschirm bei jeder Entladung hell aufleuchten, fluoreszieren, gleichgültig, ob die angestrichene oder die andere Seite des Schirmes dem Entladungsapparat zugewendet ist. Die Fluoreszenz ist noch in 2 m Entfernung vom Apparat bemerkbar.«[26]

In Punkt zwei fährt er mit seinen Beobachtungen fort: »Das an dieser Erscheinung zunächst Auffallende ist, daß durch die schwarze Kartonhülse, welche keine sichtbaren oder ultravioletten Strahlen des Sonnen- oder des elektrischen Bogenlichtes durchläßt, ein Agens hindurchgeht, das imstande ist, lebhafte Fluoreszenz zu erzeugen, und man wird deshalb wohl zuerst untersuchen, ob auch andere Körper diese Eigenschaft besitzen. Man findet bald, daß alle Körper für dasselbe durchlässig sind, aber in sehr verschiedenem Grade.«[27]

Röntgen führt mehrere Beispiele für den Grad von »Durchlässigkeit« an: Er testete ein 1000 Seiten starkes Buch, ein doppeltes Whistspiel, ein Blatt Stanniol, dicke Holzblöcke, Tannenholzbretter, eine 15 mm dicke Schicht Aluminium, mehrere Zentimeter dicke Hartgummischeiben, ebenso starke Glasplatten, eine Hand (die seiner Frau), verschiedene Flüssigkeiten, Metalle und Salze. Das Ergebnis war, ausgenommen die Durchlässigkeit von Blei in einer Dicke von 1,5 mm, immer positiv.

Röntgen war überzeugt, etwas Neues gefunden zu haben. Mit bekannten Phänomenen, auch mit den Kathodenstrahlen, stimmten seine Beobachtungen nicht überein. Er nannte seine Entdeckung »Strahlung«, auch wenn er keine andere für Strahlung charakteristische Eigenschaft feststellen konnte: Weder Reflexion noch Brechung, Zerstreuung oder Interferenz schienen möglich.

---

26 Röntgen, W.C.: Über eine neue Art von Strahlen. Erste Mittheilung, Sitzungsberichte der Physikalisch-Medizinischen Gesellschaft. Würzburg 1895; S. 137.
27 ebd.

Von all den weiteren Details der Beobachtungen, die Röntgen machen konnte, um der Natur dieses Phänomens auf den Grund zu gehen, war in den Tagen nach der Veröffentlichung seiner »Vorläufigen Mittheilung« nur wenig zu lesen und zu hören. Sie wurden aber zum Ausgangspunkt weiterer physikalischer Forschungen.

Die eigentliche Sensation und Gesprächsthema einer breiten Öffentlichkeit sollte hingegen etwas anderes werden: In Punkt vier seiner Ausführungen deutete Röntgen an, daß er, um das Verhältnis von Durchlässigkeit und Dicke der Gegenstände genau zu untersuchen, »photographische Aufnahmen« gemacht habe, daß er also eine »photometrische Messung« der Durchlässigkeit durchgeführt habe, weil, wie es später hieß, »photographische Trockenplatten sich als empfindlich für die X-Strahlen erwiesen haben«.

Um Täuschungen vorzubeugen, fixierte er »jede wichtigere Beobachtung, die ich mit dem Auge am Fluoreszenzschirm machte, durch eine photographische Aufnahme«[28]. Ausführlicher heißt es unter Punkt 14: »Viele derartige Schattenbilder, deren Erzeugung mitunter einen ganz besonderen Reiz bietet, habe ich beobachtet und teilweise auch photographisch aufgenommen; so besitze ich z.B.: Photographien von den Schatten der Profile einer Türe, welche die Zimmer trennt, in welchen einerseits der Entladungsapparat, andererseits die photographische Platte aufgestellt waren; von den Schatten der Handknochen; von dem Schatten eines auf einer Holzspule versteckt aufgewickelten Drahtes; eines in einem Kästchen eingeschlossenen Gewichtssatzes; einer Bussole, bei welcher die Magnetnadel ganz von Metall eingeschlossen ist; eines Metallstückes, dessen Inhomogenität durch die X-Strahlen bemerkbar wird usw.«

Diese Schattenbilder waren nur eine der Anwendungsmöglichkeiten der Entdeckung, doch erschienen sie den meisten Menschen als das eigentlich Reizvolle. Sie machten die wissenschaftliche Nachricht

---

28 ebd.

zur Sensation, konnte diese doch mit dem ersten »Röntgenbild« einer Hand illustriert werden. Der Blick ins Innere des Menschen war Wirklichkeit geworden.

POPULÄRE ERFORSCHUNG

»DAS EXPERIMENT MIT DEN RÖNTGENSTRAHLEN HAT (...) BIS AUF WEITERES ZU ENTFALLEN.«

Die »Röntgen-Bilder« gelangen auf einfachste Weise. Bereits eine Kathodenstrahlröhre und ein Hochspannungserzeuger genügten – vorausgesetzt, man wußte um die Details und war auf technischem Sektor nicht ganz unbegabt. In Amerika beeilten sich so viele Forscher, das Experiment nachzustellen, daß bereits Ende Februar alle Crookesschen Röhren »in Philadelphia und Chicago ausverkauft waren und Platincyanid-Fabrikanten sich gezwungen sahen, zusätzliche Arbeiter einzustellen, um mit der Nachfrage nach fluoreszierenden Schirmen Schritt halten zu können«[29].

Für die Hersteller von Glühlampen eröffnete sich ein erfolgversprechender, neuer Geschäftszweig. In Wien war es »Lenoir & Forster«, ein Apparatelieferant für chemischen und physikalischen Bedarf, der mit Wünschen nach der Spezialausstattung bestürmt wurde. Man wandte sich an Röntgen, da »wir Ihnen viele aus Österreich an Sie gerichtete Fragen zu beantworten abnehmen könnten, wenn wir nur selbst einigermaßen orientiert wären«[30].

An den Erfinder wurden tatsächlich auch viele Fragen direkt gerichtet, die sich meist auf die Versuchsanordnung bezogen. Röntgen hatte sie in seiner »Vorläufigen Mittheilung« nur sehr pauschal beschrieben. Nichts stand darin über die Spannung, die angelegt werden mußte, bzw. über die Funkenlänge, die (vor der Existenz des Voltmeters)

---

29 Caufield; S. 17.
30 Lenoir & Forster an Röntgen aus Wien am 20. Jan. 1896. RM.

Indikator der Spannung war. Wurde diese zu niedrig oder zu hoch angesetzt, war nichts zu sehen oder die Röhre zerbrach.

Sah man von technischen Details ab – und das taten viele Monate auch Presseorgane mit wissenschaftlichem Anspruch –, schienen die Röntgenstrahlen der Photographie allzu ähnlich, obwohl beide doch eine ganz unterschiedliche Dimension der Wahrnehmung erschlossen: Ermöglichte die Röntgenaufnahme eine Durchdringung der Körper, also eine neue räumliche Perspektive, so war die Photographie »Gerinnungsform der Zeit«, und bot die Möglichkeit, »den Zeitfluß im Bild (...) zu bannen«[31].
Photographie war eben 60 Jahre alt; sie hatte sich aber bereits in allen Schichten der Bevölkerung als Erinnerungsträger durchgesetzt. Zunehmend leichtere Handhabung der Geräte sorgte dafür, daß die Photographie auch außerhalb der Ateliers Fuß zu fassen begann. Jedenfalls dachten zunächst die Photographen, mit Hilfe der Röntgentechnik ihr Berufsfeld erweitern zu können. Das zeigten schon die Umfragen einiger medizinischer Zeitschriften, die im Jahr 1896 um eine Festlegung des Fachbegriffs für die »neue Art von Photographie« bemüht waren: Neben Skiagraphie, Röntgenographie, Radiographie, Kathodographie oder Elektrographie waren unter den am meisten vertretenen Bezeichnungen auch Radiophotographie, Neue Photographie und X-Strahlen-Photographie.[32]
Den Röntgenlaboratorien, die im Jahr 1896 in großer Zahl eröffnet wurden, standen folgerichtig oft Photographen oder Techniker vor. Die in London erscheinende Zeitschrift »Photogram« veröffentlichte im Februar eine Sondernummer unter dem Titel »Das neue Licht«, die fünf Auflagen erlebte.
»Photographic Review« brachte in seiner März-Nummer Röntgenaufnahmen aus der Praxis von Dr. J. Hall-Edwards aus Birmingham.

---

31 Burckhardt; S. 251ff.
32 Ausführliche Liste sowie Dokumentation der Namensfindung bei Glasser; S. 197–199.

In Berlin schloß sich noch im Januar eine neue Gesellschaft für wissenschaftliche Photographie zusammen, deren vorrangiges Interesse der Röntgenschen Photographie galt.[33]

Auch das »British Journal of Photographie« nahm sich der Entdeckung gleich nach ihrem Bekanntwerden an: Hatte man bereits am 10. Januar die »Wunderkamera des Würzburger Professors«[34] gewürdigt, reagierte man ein halbes Jahr später erneut auf die Anfragen der interessierten Leserschaft: »Es ist schon so viel über die neue Wissenschaft geschrieben worden, daß die Photographen beginnen, sich zu fragen: ›Macht sich das bezahlt?‹ (...) Man wird nur von denen Bezahlung verlangen können, die eine chirurgische Diagnose einer Verletzung, Mißbildung oder Krankheit der inneren Organe haben wollen. Zur Zeit gibt es aber nur wenige, die eine Aufnahme mit dem ›neuen Licht‹ gemacht haben wollen.« Es folgt eine Aufstellung der ungefähren Kosten für die Ausstattung eines Röntgenlabors und am Schluß der Rat: »Immerhin aber würde das Unternehmen, selbst wenn es anfangs kein Geld einbringt, eine ausgezeichnete Reklame sein und dadurch indirekt auch eine Einnahmequelle.«[35]

Wenn also viele Photographen, wie es entsprechende Inserate über Laboreröffnungen anzeigten, mit Röntgens Entdeckung arbeiteten, handelte es sich dann um eine Art Photographie »von innen«? – Diesen Eindruck mußte selbst die interessierte Öffentlichkeit gewinnen. Wer aber Hände durchleuchten konnte, was war vor dem noch sicher? Konnte der nicht auch gut verhüllte Körperteile, ja selbst dicke Mauern durchleuchten?

Viele Zeitgenossen fürchteten um ihre Intimsphäre, der Unmoral schienen Tür und Tor geöffnet, was unter anderem zur Folge hatte, daß bereits im März 1896 eine Londoner Firma X-Strahlen-sichere Unterwäsche offerierte.[36] Zwei ältere Damen wollten sich in London

---

33 The Electrician 36 (31. Jan. 1896) 435.
34 Brit. J. Photogr. 43 (1896) 26.
35 ebd.; S. 434.

bei einer öffentlichen Demonstration der Strahlenwirkung zwar gegenseitig, aber nur bis zur Taille durchleuchten lassen.[37] Ähnliche Bedenken müssen im März 1896 die Wiener Polizei dazu bewogen haben, einen öffentlichen Vortrag über die Entdeckung zu verbieten. »Das Experiment mit den Röntgenstrahlen hat, nachdem über dasselbe keine Details hieramts bekannt geworden sind, bis auf weiteres zu entfallen«[38], entschied man, und Röntgen amüsierte sich noch 1921 in einem Brief darüber.

Ein Abgeordneter im amerikanischen Staat New Jersey forderte im Februar 1896 ein Gesetz gegen den Gebrauch von X-Strahlen in Operngläsern[39] – aus aktuellem Anlaß: Einen Monat zuvor hatte ein Kunde sich mit der Bitte um entsprechende »Aufrüstung« an den Physiker Thomas Alva Edison gewandt.[40]

Der Amerikaner war schon viele Jahre als spektakulärer Erfinder bekannt: 1889 hatte er das Telefon durch sein Kohlekörnermikrophon für größere Reichweiten brauchbar gemacht, 1878 ließ er sich den Phonographen, einen Vorläufer des Grammophons, patentieren, im Jahr darauf entwickelt er die Kohlefadenglühlampe, richtete anschließend in New York das erste öffentliche Elektrizitätswerk ein, erfand 1891 den Kinematographen, ein Filmaufnahmegerät, und entwickelte ein Betongießverfahren, das die Herstellung von Häusern im Fertigbau ermöglichte.

Als Edison im Februar 1896 ankündigte, über die Röntgenstrahlen zu forschen, umlagerte sofort die Presse sein Haus in West Orange/New Jersey.[41] Mehr als 20 Zeitungsreporter hielten sich drei Wochen lang in der Nähe des Labors auf, in dem Edison und sein Team Tag und Nacht arbeiteten. Um sie wach zu halten, soll eine Drehorgel einge-

---

36 Elec. World 27 (28. März 1896) 339.
37 Electr. Eng. 22 (25. Nov. 1896) 534.
38 RaFB aus München am 16. April 1921.
39 Electr. Eng. 21 (26. Feb. 1896) 216.
40 Literary Digest 13 (4. Juli 1896) 305.
41 Caufield; S. 14f.

setzt worden sein.[42] Man ließ den Presseleuten ständig Nachrichten über den neuesten Stand der Forschungen zukommen, und die Journalisten hielten ihre Leser auf dem laufenden.

Ziel Edisons war es, einem Wunsch des englischen Großverlegers William W. Hearst nachzukommen, der in einem Telegramm vom 5. Februar gebeten hatte: »Werden Sie als besondere Gefälligkeit für die Zeitung versuchen, eine Kathodographie vom menschlichen Gehirn zu machen? Bitte um Telegramm. Antwort auf unsere Kosten.« Edisons »Ja« kam prompt. Warum erbat sich Hearst gerade eine klärende Durchleuchtung des Kopfes? Der war – für viele immer noch und wohl auch für ihn – Sitz der Seele, und eine Röntgen-Aufnahme würde vielleicht, so durfte er vermuten, Aufschluß über das Funktionieren und Produzieren der Seele geben.

Edison, keinem Geschäft abgeneigt und immer auf Publizität bedacht, konnte diesen Auftrag nicht erfüllen. Dafür gelang ihm der Nachweis, daß von 8000 getesteten Substanzen das Kalziumwolframat die geeignetste sei, eine Fluoreszenz unter der Einwirkung von Röntgenstrahlen zu bewirken. Die Bilder leuchteten sechsmal heller als beispielsweise die mit Bariumplatinzyanür erzielten. Nach einigen anderen Forschern in Italien, England, Deutschland, Amerika und Frankreich setzte er den Stoff zur Konstruktion eines einfachen Apparates ein, von ihm »Fluoroskop« genannt, mit dessen Hilfe die Projektion der Röntgenstrahlen »unmittelbar«, ohne photographische Aufnahme, direkt auf dem Schirm zu beobachten war.[43] Obwohl das Halten des Schirms für den Benutzer extrem gefährlich war, die gelieferten Bilder nur sehr grob und Details kaum auszumachen waren, fand die Fluoroskopie zur medizinischen Diagnose anfangs viele Anhänger.

---

42 Elec. World 27 (28. März 1896) 170.
43 Ausführlichere Beschreibung der Anfänge der Fluoroskopie bei Glasser; S. 199 ff. Bei Mould (1993); S. 66–68 sowie Eisenberg; S. 53–57.

Abb. 17   Den New Yorkern demonstrierte der amerikanische Erfinder Thomas Alva Edison bereits im Mai 1896 öffentlich anläßlich der »Electro Light Exposition« die Wirkung der Röntgenstrahlen. »Jahrmarktvorführungen« wie diese gab es auch in Deutschland. Sie trugen zur technischen Aufklärung der Bevölkerung bei.

Das schien im März 1896 einem Mitarbeiter der englischen »Pall Mall Gazette« nicht geheuer: »Man hört jetzt – wir hoffen zu Unrecht –, daß Herr Edison eine Substanz entdeckt habe mit dem abstoßenden Namen Kalziumwolframat, die auf die neuen Strahlen anspricht. Die Folge davon scheint zu sein, daß man mit bloßem Auge die Knochen der Leute und sogar durch acht Zoll Holz sehen kann. Wir haben nicht nötig, auf die revolutionäre Unmoral in dieser Möglichkeit besonders hinzuweisen«, warnte er, empfahl das Fluoreszenzmittel »der Aufmerksamkeit der Regierung« und forderte »gesetzmäßige Beschränkungen der strengsten Art«.

Mit intimer Überwachung, ganz im Sinne von Zucht und Ordnung, glaubte auch ein Londoner Detektiv sein Geschäft machen zu können, und bot im »Standard« vom 8. August 1896 den kostenlosen Einsatz der »neuen Photographie« in Scheidungsangelegenheiten an.

Auf der Welle der Begeisterung für Röntgenaufnahmen schwammen einige Jahre auch Anhänger paranormaler Phänomene mit, deren kameralose »mediumistische« Photographien nun einen Hauch wahrscheinlicher schienen: Ein gewisser Darget war mit Hilfe der körpereigenen Strahlung des Menschen um solche Aufnahmen bemüht. Während seine Versuche um das »Lebensfluid« nur wenige Zuhörer fanden, profitierte der Franzose Hippolyte Baraduc sehr von dem vagen Zusammenhang mit Röntgens Entdeckung: Er behauptete, Gedanken durch zielgerichtete Willensanstrengung photographieren zu können. »Dann muß das Bewußtsein im Geist mit Kraft und Genauigkeit jenes Bild erfassen, dem es einen fluidischen Körper geben will; unter dem sanften Druck des Willens entweicht dieses Bild über die Hand und prägt sich auf der Platte ein.«[44]

Zwar hatte Baraduc niemals behauptet, mit Röntgenstrahlen gearbeitet zu haben, er benutzte vielmehr ein Magnetometer, ein simples Instrument zur Messung der körpereigenen magnetischen Strahlung

---

44 Dr. Baraduc's discovery. In: Borderland 1897; S. 31. Zitiert nach einer Übersetzung von Krauss; S. 55.

des Menschen. Doch angesichts der Flut von immer neuen Erfolgsmeldungen über Strahlenversuche wollten viele auch hier einen Zusammenhang erkennen. Das deutsche Familienmagazin »Daheim«
berichtete im »Vermischten« darüber: »Zur Photographie des Ge-
dankens bedarf man keines großen Apparates, jedes photographische
Dunkelzimmer ist dazu geeignet. Man tritt in dasselbe, legt seine
Hand auf eine photographische Platte und denkt recht lebhaft und
anhaltend an den Gegenstand, welchen man zu photographieren
wünscht«, schrieb ein Journalist und hielt dieses Verfahren, das angeblich auch über eine Distanz von 300 Kilometern funktioniert
habe[45], für »etwas sehr bedenklich«. Schließlich habe man auf ein
und derselben Aufnahme – es waren 400 der Baraducschen Gedan-
kenbilder auf photographischen Platten in München ausgestellt –
ebenso einen Elephanten wie einen Schmetterling oder Walfisch erkannt.[46]

Hier und in ähnlichen Fällen beflügelten wohl vor allem zwei Dinge
die Phantasie der Forscher und machten entsprechende Entdeckungen zunächst glaubwürdig: Die Telegraphie, die seit 1858 Europa und
den amerikanischen Kontinent verband, sowie das Bekanntwerden
von Sigmund Freuds Erforschung des Unbewußten mit Hilfe von
Hypnose und Suggestion. So wurde sogar die Neuigkeit des New Yorker »College of Physicians and Surgeons« gedruckt, erfolgreich anatomische Zeichnungen mit Hilfe der Röntgenstrahlen in das Gehirn
von Studenten projiziert zu haben; der Lernerfolg sei nachhaltiger
als bei allen anderen Methoden gewesen, verhieß die populäre Zeitschrift »Science« im März 1896.[47] Ebenfalls in New York, an der
Columbia University, wurde ein Röntgenbild von Knochen in das Ge-

---

45 Baraduc erwähnte in seiner Veröffentlichung auch die Versuche zweier Buka-
   rester, die sich 1893 mittels Gedankenübertragung erfolgreich »photographiert« hatten. Krauss; S. 55–56.
46 Schattenbilder durch Blickkontakt wollte angeblich auch der amerikanische
   Physiker Ingeles Rogers hergestellt haben. Vgl. Electricians 36 (1896) 811.
47 Science 3 (3. März 1896) 436.

Abb. 18 »Look pleasant, please« witzelte das Life magazine im Februar 1896. Karikaturisten bedienten sich damals wie heute der Röntgenstrahlen, um das Wesen des Menschen aufs Papier zu bannen.

hirn eines Hundes projiziert. Das Tier sei sofort hungrig geworden, hieß es. An der selben Universität hatte ja auch ein Student beim Experimentieren mit X-Strahlen innerhalb von drei Stunden angeblich ein wertloses Stück Metall zu Gold im Wert von 153 $ gemacht.[48]

Bis 1898 waren solche Kuriosa Themen in vielen Zeitschriften. Waren sie Ausdruck der Ängste einer technisch unaufgeklärten Bevölkerung – oder Wunschtraum derer, die im »Erfinderzeitalter« alles für möglich hielten? Eine Vielzahl von Satirikern und Karikaturisten regten sie jedenfalls an, und ihr Spott richtete sich hauptsächlich gegen die Möglichkeit, intime Details aufdecken zu können: heimliche Gedanken, echte Empfindungen, die Hinfälligkeit und Blöße des Körper. Im »Zeitalter des Etuis«, in dem man möglichst alles einbettete und vor Licht durch Hüllen schützte – Gegenstände und auch sich selbst – war das besonders verständlich.[49] Der Spott über die Fähigkeit, den wahren Kern eines Menschen mittels Röntgenstrahlen betrachten zu können, ist bis heute ein Sujet der Karikaturisten[50] – und durch den »Röntgenblick« auch Substantiv unserer Sprache geblieben.

Erst wenige Monate vor der Jahrhundertwende schien das Interesse an derartigen Sensationen zu erlahmen, zumal auch die Volksaufklärung, die einige Forscher jahrelang mit allgemeinverständlichen Experimentalvorträgen betrieben hatten, in der breiten Öffentlichkeit allmählich Wirkung zu zeigen begann.
Den meisten Menschen genügte es, Röntgens Versuchsanordnung und deren Wirkung vorgetragen zu bekommen. Sie wollten nicht selbst forschen, aber die Neugierde nach der Sensation trieb sie in öf-

---

48 Electr. Eng. 21 (6. Mai 1896) 472.
49 Kohlmaier, von Sartory; S. 39.
50 Zwei Karikaturen, die eine aus der Main-Post 72, 50. Jg. (28. März 1994), die andere aus dem stern 9 (21. Feb. 1994) beweisen den ungebrochenen Unterhaltungswert der Röntgenstrahlen, die im ersten Fall die Seele eines deutschen Antisemiten, im zweiten eines Stasi-Spitzels zu durchleuchten helfen.

fentliche Veranstaltungen, wo – zunächst meist ohne Bildmaterial und eigene Vorführung – die Strahlen erklärt wurden, so weit das eben möglich war. Am 20. Januar 1896 veranstaltete Peter Spies in der Berliner »Urania«, seit 1888 Gesellschaft zur Verbreitung naturwissenschaftlicher Erkenntnisse an interessierte Laien, den vermutlich ersten Vortrag mit Demonstration. Über Monate hinweg blieb der Andrang des Publikums unverändert groß. Ebenfalls in Berlin hielten Friedrich Clausen und Otto von Bronk zusammen solche Vorträge: Von Januar 1896 an – im Sommer auf der Berliner Gewerbeausstellung – und insgesamt etwa 1000mal, bis Clausen bereits 1900 als erstes Opfer an den Auswirkungen ständiger Bestrahlung starb.

In London war »Die größte wissenschaftliche Entdeckung des Jahrhunderts« schon 1896 im Londoner »Kristallpalast« zu sehen.

Thomas A. Edison und seine Crew veranstalteten im Mai 1896 anläßlich der New Yorker »Electro Light Exposition« eine Sonderausstellung über die Röntgenstrahlen. Sein Fluoroskop wurde vorgestellt, eine Vorführung der Röntgenstrahlen schloß sich an – die erste öffentliche in ganz Amerika: Tausende von Menschen standen Schlange, um ihre Hand, ihre Beine oder ihren Kopf auf einem fluoreszierenden Bildschirm durchstrahlt zu sehen. Die ganze Vorführung erinnerte stark an ein Jahrmarktspektakel und wurde in einem mit schwarzen Stoff ausgeschlagenen Raum zelebriert, der ungefähr 100 Leuten Platz bot: »Der Besucher trat auf einem Umweg in die ägyptische Finsternis ein, nachdem er verschiedene mysteriöse Plakate gelesen hatte, die ihn aufforderten, eine Münze oder einen Schlüssel in seinen Handschuh zu stecken. – Nur zwei blutrote Glühlampen erleuchteten den Raum, und die roten Strahlen derselben wurden von dem Fluoroskop durch einen schwarzen Wandschirm abgehalten. Sobald sich die Besucher dem Fluoroskop näherten, wurde ihnen mit leiser Stimme gesagt, die Hand unter den Halter zu stecken und gegen den Schirm zu pressen, die Handfläche gegen die Augen gewendet, und die Finger eng zusammenzuhalten. (...) Viele der Besucher zögerten, als sie vor den Leuchtschirm kamen, und weigerten sich, weder auf ihre eigenen noch auf irgendeines anderen Knochen zu sehen. Einige bekreuzigten sich ehrfürchtig nach einem furchtsamen Blick, aber die große Mehrzahl ging lachend aus dem Zimmer heraus.«[51] So beschrieb es ein Korrespondent des »Electrical Engineer«.

Doch die Furcht, die einige Besucher hier noch beim Betrachten ihrer eigenen Hände befiel, legte sich bald – ebenso wie die Röntgenstrahlen-Euphorie der ersten drei Jahre.

Im Frühjahr 1899 bilanzierte Dr. Bernhard Dessau, der für Physik zuständige Mitarbeiter der »Umschau«, befriedigt: »Die Zahl der Untersuchungen, welche die Röntgenstrahlen oder mit diesen verwandte Erscheinungen in physikalischer Richtung zum Gegenstande haben, ist im verflossenen Jahre, wie nicht anders zu erwarten stand, erheblich geringer gewesen, als in den beiden vorhergegangenen. Gar manchem Sucher auf dem von Röntgen erschlossenen Gebiete hatte sich ja die Hoffnung, hier weiter reiche wissenschaftliche Ernte halten zu können, als trügerisch erwiesen und so fiel denn die Bearbeitung des Feldes wieder mehr den berufenen Forschern anheim.«[52]

MEDIZINISCHE ANWENDUNG

»DER GROSSE ERFOLG DER RÖNTGENSCHEN ENTDECKUNG IN DER MEDIZIN IST SO AUGENSCHEINLICH...«

Röntgen hatte mit den Aufnahmen, die ihm zum Beweis der Wirksamkeit des unbekannten Agens dienten, selbst den Anstoß für die ersten medizinischen Anwendungen gegeben[53]: durch das Bild der Hand seiner Frau. Überzeugend waren die Ergebnisse, die schon im Januar 1896 aus dem Bereich der medizinischen Röntgendiagnostik gemeldet wurden.

---

51 Electr. Eng. 21 (3. Juni 1896) 600.
52 Die Umschau 9, 3 (25. Febr. 1899) 9.
53 Die Ideen für eine medizinische Anwendung soll Röntgen von seinem Freund und Nachbarn, dem Physiologen Adolf Fick, erhalten haben. Vgl. Goerke; in: Berichte der Physikalisch-Medizinischen Gesellschaft zu Würzburg 79 (1971) 59.
    Beweise hierfür haben sich nirgends finden lassen.

Für die Medizin war die Entdeckung der Röntgenstrahlen ein weiterer Schritt in eine bereits festgelegte Richtung[54].

Physikalische Untersuchungsapparaturen bestimmten seit Mitte des 19. Jahrhunderts zunehmend die Abläufe von Diagnose und Therapie: Nach dem Kymographen, der seit 1846 Organbewegungen aufzuzeichnen und zu analysieren half, dem Blutdruckmeßgerät, 1867 noch »Stromuhr« genannt, dem UV-Bestrahlungsapparat zu therapeutischen Zwecken, nun auch die Röntgenröhre. Ihr war sofort der größte Zuspruch beschieden.

Der erste Fachvortrag fand bereits am 6. Januar 1896 anläßlich der montäglichen Sitzung des Berliner »Vereins für innere Medicin« durch den Internisten und Psychiater Moritz Jastrowitz statt.[55] Jastrowitz lag das Durchleuchtungsbild einer Hand vor, an dessen Beispiel er weitere Prognosen für die Zukunft traf: »Für die Medicin ist die Sache augenscheinlich wichtig. Die Chirurgie dürfte daraus jedenfalls Vorteile durch Knochenphotographien am Lebenden ziehen. Fracturen, Luxationen, Auftreibungen, Fremdkörper wird man gut erkennen; ich mache auch auf die scharfen Umrisse der in dem Photogramm hellen Fingergelenke aufmerksam, man wird in die Gelenke hineinsehen können. Es ist auch möglich, daß wir im Inneren des Körpers, in den Leibeshöhlen, falls die Strahlen deren Decken passieren, manche Veränderungen erkennen werden, vielleicht dichtere Tumoren, welche für die X-Strahlen weniger durchlässig sind, zum Beispiel bei Darmverschluß die Kotstauungen, wodurch die Stelle des Verschlusses dem Auge deutlich würde.«[56]

---

54 Zur Entwicklung der Apparate-Medizin im 19. und 20. Jahrhundert siehe Eckert.

55 Jastrowitz wiederum war von Eugen Goldstein unterrichtet worden, einem Teilnehmer bei der Jubiläumsfeier der Berliner Physikalischen Gesellschaft. Vgl. Kap. »Physikalische Forschung«.

56 Jastrowitz, Moritz: Die Roentgen'schen Experimente mit Kathodenstrahlen und ihre diagnostische Verwerthung. Abdruck des Vortrages, gehalten im Verein für innere Medicin am 6. Jan. 1896. In: Dtsch. med. Wschr. 5 (30. Jan. 1896) 65–67; hier S. 65.

Nur eine Woche später pries die Berliner Klinische Wochenschrift die Entdeckung, »die mit ihren weiteren Folgen zu den epochema-chendsten unserer Zeit gehören dürfte«[57], und am 6. März schrieb ein Arzt der Universität Pennsylvania: »Der große Erfolg der Röntgen-schen Entdeckung in der Medizin ist so augenscheinlich, daß es jetzt schon fraglich scheint, ob ein Chirurg moralisch berechtigt ist, ge-wisse Operationen auszuführen, ehe er mit den neuen Strahlen sein Arbeitsfeld untersucht hat.«[58]

Hermann Gocht, einer der Pioniere der Röntgenologie, erinnerte sich an die ersten Tage des Jahres 1896, in denen er als Aufnahmevolontär in der Chirurgischen Abteilung des Eppendorfer Krankenhauses ar-beitete: »Ein Mitassistent besuchte mich und erzählte mir mit einer gewissen Erregung von den eigenartigen Versuchen Röntgens; seine Kenntnisse stammten aus irgendeiner Tageszeitung. Ich hörte mit Kopfschütteln, man könne Gegenstände photographieren, ohne daß die photographische Kassette überhaupt geöffnet zu werden brauch-te; die Tragweite der Zeitungsnotiz war dem jungen Medizinmann nicht im entferntesten klar geworden. Ich scherzte – er wurde ärger-lich –, schließlich gingen wir zusammen zum Ärztekasino, es war Abendbrotzeit. Hier war schon eine größere Zahl der Assistenzärzte versammelt; einzelne lasen aus den verschiedenen Tagesblättern vor, andere debattierten laut und lachend, die ganze Unterhaltung drehte sich um die X-Strahlen von Röntgen. Nun las auch ich in aller Ruhe die diesbezügliche Notiz und war sprachlos. Am nächsten Morgen vor und bei der Visite in den Aufnahmepavillons erörterten unser Chef und Oberarzt Kümmell die Röntgensche Entdeckung mit uns. Er hatte sich die ganze Nacht, wachend und träumend, wie er uns sagte, mit dem Problem der X-Strahlen beschäftigt, und schließlich schloß er impulsiv und uns alle überraschend: ›Solchen Apparat müssen wir haben.‹ Wir nahmen diesen Entschluß zunächst nicht einmal ganz

---

57 Berl. klin. Wschr. (13. Jan. 1896) 47.
58 Boston med. J. 114 (30. April 1896) 447.

ernst. Für mich hatte die Angelegenheit eine ganz besondere Bedeutung. Kümmell hatte mir, da ich damals gern und viel photographierte, die photographischen Arbeiten seiner Chirurgischen Abteilung übertragen. So kam es, daß Kümmell in den folgenden Tagen und Wochen die Beschaffung des Röntgenapparates immer wieder mit mir, seinem photographischen Assistenten, besprach. Es war sehr schwierig, einen großen Induktionsapparat zu beschaffen. Die Nachfrage war verhältnismäßig groß, der Vorrat bei den elektrotechnischen Fabriken gleich Null. Sie vertrösteten die Besteller. So erhielt Kümmell die Nachricht, daß wir vor Mitte März nicht auf die Lieferung des Ruhmkorffschen Apparates rechnen dürften. Eines Tages im Februar teilte mir Kümmell mit, daß in Hamburg (Bremer Straße 14) ein Herr Müller wohne, der Besitzer einer elektrischen Zentrale und einer Fabrik für elektrische Glühlampen sei, der sich auch mit der Herstellung von Geißlerröhren, von Hittorfschen und von Röntgenröhren beschäftige und bereits Röntgenaufnahmen angefertigt habe; es wäre am besten, wenn wir einmal zu ihm gingen, alles besichtigten und uns so schon vorbereiteten. So pilgerten wir, Opitz und ich, am nächsten freien Spätnachmittag zu C.H.F. Müller, und was wir da erlebten, ging weit über unsere Erwartungen.«[59]
Die ersten Erfolgsmeldungen konnten andere freilich bereits im Januar 1896 der neugierigen Öffentlichkeit mitteilen: Zunächst boten sich Röntgenbilder des Skeletts an. Nadeln, Splitter, Kugeln oder sonstige Fremdkörper wurden vor allem aus Händen entfernt. Schon im März forschte man in Berlin auch mit der Anwendung von Kontrastmitteln. Zunächst in den leicht zugänglichen Hohlräumen des Körpers, im Magen- und Darmkanal, in den Harn- und Gallenwegen. Frisch getöteten Meerschweinchen wurde eine Salzlösung in Magen und Darm verabreicht. Ab April wurden menschliche Mägen mit Luft gefüllt. Dieser Versuch gelang auch in Baltimore. Dank komplizierteren Techniken war es bald auch möglich, die Mittel in den Rücken-

---

59 Erinnerung Professor H. Gochts, aus: Fehr; S. 13.

markskanal, die Hirnventrikel, in die Blut- und Lymphbahnen zu injizieren.

Es zeigte sich immer mehr, daß medizinische Kenntnisse für die diagnostische Anwendung der Röntgenstrahlen unerläßlich waren. Bei einer Befragung ihrer Mitglieder fand die »American Roentgen Ray Society« (ARRS) 1910 heraus, daß die meisten der nicht-medizinischen Anwender – Ingenieure, Techniker, Physiker – eine zusätzliche medizinische Schulung auf sich nahmen, um sich auf die speziellen Bedürfnisse einzustellen, die an die Geräte gestellt wurden.[60] Nur in der Verbindung von Praxiserfahrung und Fachwissen wurden in den nächsten Jahren die enormen apparativen Fortschritte erzielt, die die Röhren, das Filmmaterial, die Entwicklung, die Konstruktion von Hilfsapparaten wie Blenden, Filtern, Gittern, Kassetten und Stativen betrafen.

Die Entdeckungen der Möglichkeiten auf medizinischem Sektor überschlugen sich, so daß es bereits 1896 angemessen schien, eigene Zeitschriften für die Röntgenforschung ins Leben zu rufen. Im Mai erschien in London die erste Nummer der »Archives of Clinical Skiagraphy«, die im folgenden Jahr erweitert wurde und nun unter dem Namen »Archives of Röntgen Ray« florierte. Ebenfalls 1897 gründete Heinrich Albers-Schönberg[61] die in Deutschland verlegten »Fortschritte auf dem Gebiet der Röntgenstrahlen«, und in Amerika erschien die Monatsschrift »American X-Ray Journal«.

Welche Ausmaße die Anwendung der Röntgenstrahlen in der klinischen Praxis innerhalb kürzester Zeit annehmen sollte, das belegen zwei Zahlenbeispiele: Wolfram Fuchs, ein in Chicago arbeitender Elektroingenieur, hatte Ende 1896 mehr als 1400 Röntgenaufnahmen

---

60 Eisenberg; S. 61.
61 1865–1921; Röntgenologe, verbesserte die Röntgentechnik und entdeckte insbesondere 1903 den schädlichen Einfluß der Röntgenstrahlen auf die Keimdrüsen.

ausgeführt, größtenteils wohl im Auftrag von Ärzten.[62] Und im Auftrag der Charité und der anderen Berliner Universitätsinstitute wurden ein Jahr später, zwischen April 1897 und April 1898, insgesamt 4154 Fälle mit Röntgenstrahlen untersucht. Die meisten entfielen auf die Polikliniken (1500) und auf Fälle, die zu Lehrzwecken dienten (1050). Im Jahr 1905 gab man in Berlin den Versuch auf, alle Durchleuchtungen an einer zentralen Stelle abzuwickeln. Nach der chirurgischen und der medizinischen Klinik bekamen auch die meisten anderen Institute eigene Röntgenapparate zur Verfügung gestellt.

Am 18. März 1898 wurde nach dem Vorbild der Londoner »Roentgen Society«, deren Mitglied Röntgen seit 1897 war, die Röntgen-Vereinigung in Berlin gegründet. Anläßlich der ersten Versammlung schickte man dem Entdecker der Strahlen ein Telegramm: »Die heute zum ersten Male in gemeinsamer, wissenschaftlicher Arbeit versammelte Röntgen-Vereinigung entbietet dem genialen Forscher und dem geistigen Urheber ihrer Bestrebung ehrerbietigsten Gruß.«[63] Röntgen-Gesellschaften sollten in den nächsten Jahren überall auf der Welt entstehen.

Der Physiker selbst konnte in Würzburg die Fortschritte verfolgen, die seine Medizinerkollegen binnen kürzester Zeit präsentierten. Im Rahmen der Physio-medica-Treffen stellten Ärzte und Techniker die Ergebnisse vor.[64] Albert Hoffa, Orthopäde mit Privatklinik und zum Zeitpunkt der sensationellen Entdeckung 36 Jahre alt, zeigte am 12. November 1896 die ersten gelungenen Röntgenaufnahmen aus seiner Praxis. Hermann Gocht wechselte im Oktober 1897 zu Hoffa

---

62 Brecher, R. u. E.: The Rays – a history of radiology in the U.S. and Canada; S. 64. Baltimore 1969.
63 GStA PK, Rep.76-Vc, Bestand Kultus-Ministerium. Sekt. 1 Tit.11, Teil 1.
64 Vgl. Arnholdt, Robert: Aus der Frühzeit der Röntgendiagnostik in Würzburg. Bay. Ärzteblatt 3 (1978) 294–296.

und war zusammen mit einigen anderen Klinikkollegen häufig zu
Gast in Röntgens Institut. Dank vieler Gespräche und intensiver Praxiserfahrung entstand ein »Lehrbuch der Röntgen-Untersuchung
zum Gebrauche für Mediciner«[65], das bereits 1898 erschien und als
Standardwerk der ersten Jahre der Radiologie gelten darf.

Nicht vergessen werden darf, daß gerade die Pioniere der ersten Tage auf widersprüchliche Aussagen bezüglich der Durchführung der
Durchstrahlungen stießen. Die Versuchsanordnung war dem Gefühl
der Anwender überlassen. Standards waren erst mit häufiger Benutzung zu erwarten. Friedrich Dessauer, Ingenieur und Gründer einer
Aschaffenburger Spezialfirma für Röntgenapparate, machte 1902 einen Vorstoß in diese Richtung: Gemeinsam mit dem Aschaffenburger
Arzt Bernhard Wiesner führte er die ersten Röntgenkurse für Wissenschaftler und Praktiker durch. Er selbst hatte seine ersten Pra-
xisversuche als Student auf heute abenteuerlich anmutende Weise
absolviert: »Es dauerte nicht sehr lange, da hatte ich mir meinen
Röntgenapparat gebaut, der kurz nach meinem Absolutorium auch
für mich Schicksalsbedeutung bekam. Man rief mich von München,
wo ich studierte, an das Bett eines meiner Brüder, der schwer an einer nicht sicher diagnostizierten Krankheit in Würzburg darnieder-
lag. Ich reiste mit meinem selbstgebauten, transportablen Apparat
dorthin, machte die Durchleuchtung im Krankenbett, und die Ärzte
diagnostizierten eine tödliche Krankheit.«[66]
Gerade in der Anfangszeit stellten sich immer wieder die Entla-
dungsröhren als Schwachpunkte heraus. Die Bestrahlungsdauer lag,
je nach Aufnahme, zwischen 10 und 120 (!) Minuten. Schon im Februar 1896 wurden daher die ersten Verbrennungsfälle in der Presse
notiert, ohne daß daraus jedoch Konsequenzen gezogen worden

---

65 Gocht, Hermann: Lehrbuch der Röntgen-Untersuchung zum Gebrauche für
   Mediciner. Stuttgart 1898. Ab 1903 erschienen unter dem Titel: »Handbuch der
   Röntgenlehre«.
66 Dessauer; S. 164.

wären. Im Gegenteil: Einige Ärzte und Geschäftsleute glaubten, auf diese Weise ein ebenso wirkungsvolles wie schmerzfreies Enthaarungsmittel für Damen gefunden zu haben.

Der Anspruch, die erste (Oberflächen-)Strahlen-Therapie durchgeführt zu haben, kommt dem Wiener Arzt Leopold Freund zu: Er konnte im Dezember 1896 den stark behaarten Leberfleck eines 5jährigen Mädchens erfolgreich behandeln – ein Versuch, der wegen der Zweifelhaftigkeit der Methode nicht im Krankenhaus, sondern in der staatlichen Lehr- und Versuchsanstalt für Photographie durchgeführt werden mußte. 16 Tage lang wurde das Mädchen je zwei Stunden bestrahlt. Nach zwölf Tagen begann die Behaarung auszufallen, doch die Entzündung am Rücken war entsprechend groß.[67]
Beobachtungen, daß sich die Strahlen bei bösartigen Geschwülsten günstig auswirkten, erschlossen auch Möglichkeiten zur Tiefentherapie mit Röntgenstrahlen. Friedrich Dessauer schuf ab 1905 dafür die physikalischen und technischen Voraussetzungen. Doch zur allgemein anwendbaren technischen Lösung war es ein weiter Weg, auf dem man erst spät erkannte, daß nur große Bestrahlungsdosen zum Erfolg führten, und daß diese Dosen nahe der Grenze lagen, jenseits der die Bestrahlung zu schweren Gewebezerstörungen führte, die sich meist als irreparabel erwiesen.

Daß die Strahlenbehandlung, die versuchsweise gegen viele Erkrankungen eingesetzt wurde, gegen Hautkrankheiten ebenso wie gegen Krebs, Tuberkulose, Migräne oder Epilepsie[68], eine Gratwanderung war, wurde indes nicht erkannt: Für Schlagzeilen sorgte Ende 1896 der amerikanische Physiker Elihu Thompson, der sich in einem Selbstversuch extremer Strahleneinwirkung aussetzte. Seinen kleinen Finger der linken Hand, auf den er glaubte am leichtesten ver-

---

67 Schadewaldt, Hans: Anfänge der Röntgentherapie. Remscheid 1983 (= Schriftenreihe Deutsches Röntgen-Museum Nr. 5).
68 Vgl.: Kassabian, M.K.: Röntgen rays and electro-therapeutics with chapters on radium and phototherapy. Philadelphia 1907.

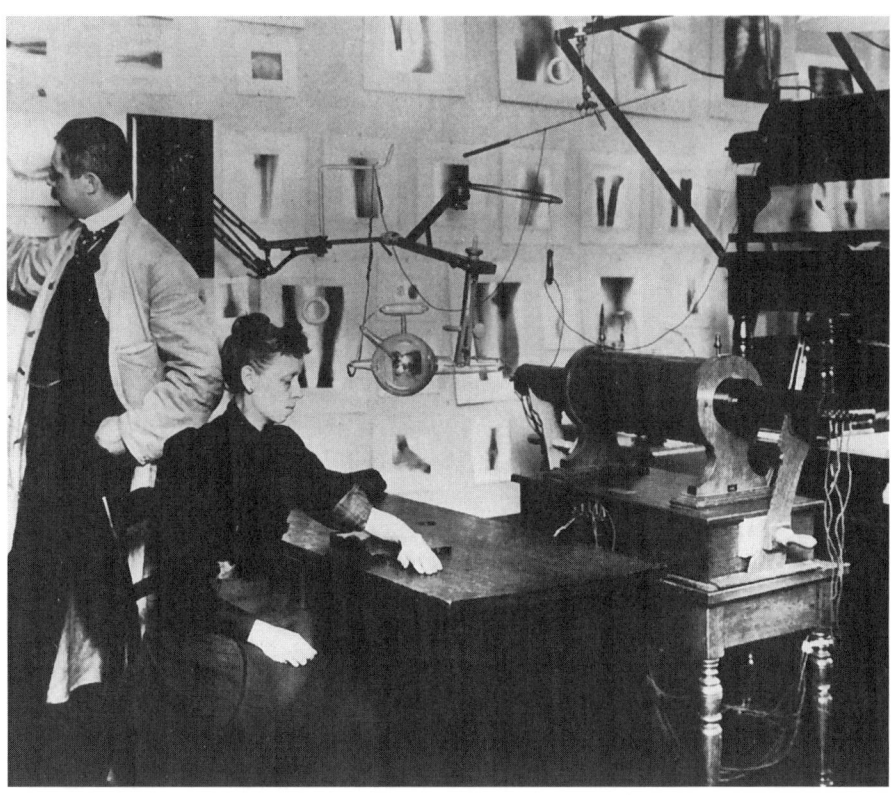

Abb. 19   Heinrich Ernst Albers-Schönberg (1865–1921), einer der ersten deutschen Röntgenologen, röngt den Unterarm einer Frau. Wie deutlich zu erkennen ist,
weist die Untersuchungsvorrichtung in seinem Behandlungszimmer im Hamburger
Allgemeinen Krankenhaus St. Georg noch keinerlei Schutzvorrichtungen für Arzt
oder Patientin auf. Diese Aufnahme entstand im Jahr 1903, in dem Albers-
Schönberg die schädigende Wirkung der Strahlung auf die Keimdrüsen nachweisen
konnte.

zichten zu können, hielt er in kurzer Distanz vor eine Röntgenröhre. Nach einer Woche begann sich das Glied zu röten, anzuschwellen und zu schmerzen. Einige Wochen später mußte Thompson einem Kollegen gestehen, daß inzwischen die Epidermis an seinem Finger abgefallen sei, das Gewebe sich weiß gefärbt, und die Wunde sich über die ganze bestrahlte Oberfläche der Hand ausgebreitet habe.[69] Obwohl im Januar 1897 ein Arzt des Johns Hopkins Hospitals 23 schwere Verletzungsfälle nach Strahlenbehandlung gesammelt und präsentiert hatte[70], obwohl bis Mai desselben Jahres im »American X-ray-Journal« 69 solcher Berichte erschienen[71] – zumeist waren Ärzte und Röhrenhersteller die Betroffenen –, wurde mit einer systematischen Untersuchung schädlicher Wirkungen nur zögerlich begonnen: Im April 1898 beauftragte die britische Röntgen Society ein Komitee damit, Daten und Fakten über solche Verletzungen zu sammeln. Doch zu einer systematischen, ernsthaften Aufarbeitung des Problems kam es nicht. Niederschmetternd war das Referat von Charles Allan Porters, der beim Jahrestreffen der ARRS (American Roentgen Ray Society) 1908 mehr als 50 Fälle von »Strahlenvergiftung« auflistete.[72] Einschneidende Verbesserungen blieben trotzdem aus. Erste Schutzvorrichtungen, wie Bleiabschirmungen, Filter und Blenden, waren primitiv. Vor allem nach dem Ersten Weltkrieg, als Röntgeneinrichtungen zur Verfügung standen, die nun große Dosen in verhältnismäßig kurzer Zeit verabreichen konnten, wuchs die Gefahr der Überdosierung. In den 20er und 30er Jahren kam es zur zweiten, größten Todeswelle unter den »Radiologen der ersten Stunde«.[73] Abgesehen von den vielen nichtsahnenden Patienten waren Ärzte, Techniker, Laboranten, Krankenschwestern und Forscher der Pionierjahre die Opfer.

---

69 Brown, Percy: American Martyrs to Science through the Roentgen Rays; S. 11. Springfield/Illinois 1993.
70 Gilchrist, T.C.: A case of dermatitis due to the X-rays. Bulletin Johns Hopkins Hospital 7 (1897) 71.
71 Siehe Scott, N.S.: X-ray injuries. Amer. X-ray Journal 1 (1897) 57.
72 Brecher; S. 165.
73 Vgl. Molineus, Holthusen, Meyer.

Die wissenschaftlichen Grundlagen der Schädigungen wurden endgültig erst durch die Physik der Röntgenquanten aufgeklärt. Heute weiß man, daß Röntgenstrahlen energiereiche elektromagnetische Wellen sind, die von ihnen getroffene Elektronen ionisieren können, und daß im lebenden Gewebe die Ionisierung eine Kette von physikalischen, chemischen und biologischen Veränderungen hervorruft, die zu Erkrankungen, genetischen Schädigungen und zum Tod führen kann.

PHYSIKALISCHE FORSCHUNG

»...NOCH NICHT RECHT SICHER, OB ICH ETWA NOCH TRÄUMTE...«
Eigentlich hatte Röntgen die ersten Mitteilungen über seine Entdeckung ja nur für seine Physikerkollegen und nicht für die breite Öffentlichkeit bestimmt. Rechnete er doch damit, »daß die Leute, wenn sie es erfahren, sagen würden: ›Der Röntgen ist wohl verrückt geworden‹[74]. Seine Sonderdrucke waren jedoch in der Neujahrsstimmung vor allem bei den Kollegen untergegangen; an Gasentladungsphänomenen hatten sich zudem viele andere versucht, und Röntgen war wohl nicht der Kollege, von dem man Sensationelles erwartete.

Obwohl einige Röntgenaufnahmen, vom Entdecker selbst angefertigt und an Emil Warburg geschickt[75], schon am 4. Januar 1896 in der Berliner Physikalischen Gesellschaft ausgestellt waren, als man deren 50jähriges Bestehen und zugleich die »25. Wiederkehr des Tages der ruhmvollen Aufrichtung des Deutschen Reiches«[76] feierte, fielen sie nur wenigen Fachvertretern auf. Warburg hatte als Hausherr des

---

74 RaZ aus Würzburg, Samstag abend. Vermutlich am 15. Jan. 1896 geschrieben. Zur Datierung vgl.: Hakansson; S. 117.

75 Warburg stand bereits 1891 auf der Empfängerliste von Röntgens wissenschaftlichen Arbeiten. Vgl.: RaZ aus Würzburg am 15. Okt. 1891.

Instituts in seinem »Überblick über die vorbereiteten Demonstrationen« die Erwähnung der Aufnahmen vergessen, nicht anders als Wilhelm von Bezold, der Vorsitzende der Physikalischen Gesellschaft, in seinem Festvortrag beim abendlichen Bankett[77] ; obwohl das Protokoll über den Rundgang durch die Räume des Instituts an erster Position der ausgestellten Demonstrationsobjekte nennt: »Eine Reihe von Photographien, welche Hr. Röntgen in Würzburg vermittels der jüngst von ihm entdeckten X-Strahlen aufgenommen hatte.«
Folgende Erinnerung Max Plancks, die er 1935 zum 90jährigen Jubiläum der Gesellschaft zum Besten gab, fällt wohl unter das Kapitel »rühmendes Andenken an den berühmten Verstorbenen und die Berliner Institution«: »Es war ein schönes, eindrucksvolles, allen Teilnehmern unvergeßliches Fest. Und der Clou des Festes, ein glückverheißender Wegweiser in den neu beginnenden Abschnitt unserer Gesellschaft, waren die ersten Röntgenbilder, die gerade von Würzburg angekommen waren, einige Tage bevor Röntgen seinen berühmten Vortrag dort in der Physikalisch-Medizinischen Gesellschaft hielt, und die begreiflicherweise allgemeines Staunen erregten.«[78]
Von Bezold holte das Versäumte übrigens in der Druckfassung seiner Festrede in einer Fußnote nach, wo er sein Bedauern darüber äußerte, daß die Photographien »an einer weniger auffallenden und durch zahlreiche Besucher verdeckten Stelle« aufgestellt gewesen seien, sonst hätte er in seiner Rede natürlich der »seltenen Weihe« gedacht.[79] Ebenso peinlich muß seine Unaufmerksamkeit dem briti-

---

76 Vortrag von Max Planck, gehalten am 25. Jan. 1935 auf der Festsitzung zur Feier des 90jährigen Bestehens der Deutschen Physikalischen Gesellschaft. In: Verhandl. Dt. Physik. Ges. 16 (1935) 11.
Werner Schüttmann, dem ich für die Bereitstellung eines noch unveröffentlichten Manuskripts über die erste Aufnahme der Entdeckung danke, kam hier zu einem anderen Ergebnis.
77 Feier des 50jährigen Stiftungsfestes der Physikalischen Gesellschaft zu Berlin vom 4. Januar 1896. Berlin 1896. In: Verhandlungen der Physikalischen Gesellschaft zu Berlin 15, H. 1.
78 Vgl. Fußnote 76.

schen Physiker Lord Kelvin gewesen sein, der auch einer der Emp-
fänger des Sonderdrucks von Röntgen gewesen war. Höflich be-
dankte er sich im Januar 1896 zunächst für Photos und zugeschickte
Arbeit – ohne sie gelesen zu haben. Am 17. des Monats beeilte er sich
daher, in einem neuerlichen Brief ausführlich die Entdeckung zu wür-
digen.[80]

In den folgenden zwei Wochen trudelten in Würzburg dann die Glück-
wünsche vieler Kollegen ein. Auch die »Großen« der Physik melde-
ten sich: Boltzmann, Warburg, Stokes, Poincaré und viele andere.[81]
Friedrich Kohlrausch gratulierte ihm – »und nicht am wenigsten«,
wie Röntgen betonte, sich der Ehre bewußt. Kohlrausch hatte auf die
Ordensverleihung durch den Kaiser in Berlin reagiert, und es war
nach eigenem Bekunden »das erste Mal, daß ich zu einem solchen Ereignis gratuliere«, wenngleich er es lieber mündlich und zwar »zur
Hauptsache«, der Entdeckung, getan hätte. Ein wenig von der Überraschung, die wie alle Menschen auch das Ehepaar Kohlrausch anläßlich der Nachricht traf, ist dann auch in dem Brief dieses einflußreichen Physikers zu spüren, der seit 1895 Präsident der Physikalisch-Technischen Reichsanstalt war, und laut Max Planck sowie
einiger anderer Naturwissenschaftler »unter den deutschen Physikern gegenwärtig an der ersten Stelle«[82] stand: »Meine Frau sagte, als
ich ihr, vor Staunen voll, Ihre fabelhafte Beschreibung zum Früh-
stückskaffee erläuterte, noch nicht recht sicher, ob ich etwa noch
träumte, nach einiger Zeit: ›Du hast wenigstens die Ehre, das Haus

---

79 Vgl. Fußnote 77.
80 Lord Kelvin an Röntgen aus Glasgow am 17. Jan. 1896. RM.
81 RaZ aus Würzburg, Samstagabend. Vgl. Fußnote 74.
82 Wahlvorschlag für Friedrich Kohlrausch (1840–1910) zum O[rdentlichen]
    M[itglied]; in: Kirsten, Christa, Hans-Günther Körber (Hrsg.): Physiker über
    Physiker: Wahlvorschläge zur Aufnahme von Physikern in die Berliner Aka-
    demie 1870 bis 1929 von Hermann von Helmholtz bis Erwin Schrödinger.
    Berlin 1975; S. 98.

gebaut zu haben‹, worauf ich antwortete: ›Das rechne ich mir in diesem Fall in der That zur Ehre an.‹«[83]

Zeugnisse dieser Art gibt es viele. Am liebsten wollten alle die Demonstration der Strahlenwirkung sofort und mit eigenen Augen sehen. Kohlrausch bedauerte: »Leider bin ich nicht mehr Physiker in Besitz eines Induktoriums und Geißlerscher Röhre, so daß ich den Anblick der fin de siècle-Strahlen von der Gefälligkeit anderer abhängig machen muß.«[84]

Trotz vieler Spekulationen, die in den folgenden Monaten und Jahren darüber angestellt wurden, und die die Röntgenstrahlen mal für ungeladene Teilchen, mal für Wellen unterschiedlichster Art hielten, mußten noch 16 Jahre vergehen, bis sie als neuer Wellenbereich des elektromagnetischen Spektrums erkannt wurden.[85] In dieser Zeit dienten die Strahlen den physikalischen »Ermittlungsarbeiten« auf anderen Gebieten: auf dem Feld der Elektronenphysik, ihrer kleinen Wellenlänge wegen zur Klärung des Atomaufbaus, dank ihrer hohen Frequenz zur Konsolidierung der Quantentheorie und – der erste und schnellste Erfolg – als Initialzündung für einen völlig neuen Forschungsbereich, der in Paris seinen Ausgang nehmen sollte.

Am 20. Januar 1896 hörte Henri Becquerel in einer Sitzung der dortigen Akademie der Wissenschaften erstmals von den neuen Strahlen. Zwei Ärzte zeigten Aufnahmen einer menschlichen Hand. Becquerel hatte die Idee, daß die Röntgenstrahlen von jener Stelle des Glases einer Entladungsröhre emittiert werden, die durch den Aufprall der Kathodenstrahlen fluoresziert. Er vermutete einen Zusammenhang zwischen dieser Lichtfluoreszenz und den X-Strahlen. Becquerel

---

83 Kohlrausch an Röntgen aus Charlottenburg am 13. Jan. 1896. RM.
84 ebd.
85 Zur Entwicklung und den Protagonisten der unterschiedlichen Theorien vgl. den ausführlichen Aufsatz mit weiteren Literaturhinweisen von Wheaton, Bruce R.: Impulse x-rays and radiant intensity: The double edge of analogy. In: Historical Studies in the Physical Sciences 11: 2 (1981) 367–390.

arbeitete über die Fluoreszenz von Uransalzen, hervorgerufen durch Bestrahlung mit Sonnenlicht. Er prüfte, ob auch die grün fluoreszierenden Salze die neue Strahlung emittierten.

Am 24. Januar berichtete er der Pariser Akademie, daß dem Sonnenlicht ausgesetzte Kristalle Photoplatten schwärzen können. Nach einem Vierteljahr waren seine Forschungen noch weiter gediehen: Auch ohne Fluoreszenzerregung, so hatte er inzwischen herausgefunden, strahlten die Salze, ja alle uranhaltigen Körper sandten die durchdringende Strahlung aus.

Diese zunächst wenig sensationelle Erkenntnis war für die weitere Geschichte der Erforschung der Radioaktivität von größter Bedeutung. Ende 1898 begann – ebenfalls in Paris – die Chemikerin Marie Curie mit ihren Erforschungen der »Becquerelschen« Strahlung. Nach zwei Jahren hatte sie eine mehr oder weniger durchdringende Strahlung auch bei Uran und Thorium entdeckt und war auf zwei neue chemische Elemente gestoßen. Sie und ihr Mann Pierre nannten sie Polonium (nach ihrer Heimat Polen) und Radium.

Die zunächst falsche Vorstellung von dem neuen Phänomen hatte zur Entdeckung einer ebenfalls geheimnisvollen Erscheinung geführt: Strahlen, den Röntgenstrahlen irgendwie ähnlich, werden von chemischen Elementen unserer Erde spontan emittiert. Um den Erhaltungssatz der Energie zu retten, hatte man zu folgender Vorstellung gegriffen: Genau wie ein ultraviolettes, unsichtbares Licht viele Substanzen zur Fluoreszenz in sichtbarer Strahlung erregt, könnte eine unbekannte, kosmische Strahlung gewisse Elemente, wie eben das Uran, Radium, Polonium, Thorium, zur Aussendung der noch unbekannten Strahlung aktivieren.

Frau Curie taufte die Erscheinung »radioactivité«.

Daß Forschungsergebnisse in der Physik nur selten die Leistung einer einzelnen Persönlichkeit sind, war und ist selbstverständlich. Doch gerade im Fall Röntgens, der über Nacht unglaubliche Publizität und Ehre erlangt hatte, waren Neider besonders häufig. Nicht er, sondern ein anderer habe die Entdeckung gemacht, hieß es nach wenigen Wochen. Teilweise wurde dem Institutsdiener Marstaller die

Entdeckung zugeschrieben, während andere Philipp Lenard als den eigentlichen Entdecker hochstilisierten. So berichtete der »Würzburger General-Anzeiger« schon am 16. Januar 1896, daß Lenard Prioritätsansprüche an die Entdeckung angemeldet habe, wogegen Röntgen »energisch protestierte«.[86]

Lenard hatte tatsächlich zunächst keinen Neid gegen den Geehrten gehegt, der sich seiner Versuchsanordnung bedient hatte, wie ein Briefwechsel dokumentiert. Im April 1897 muß Lenard sogar versucht haben, Röntgen in Würzburg zu besuchen. Der war jedoch auf Reisen. »Ich hätte so gerne Ihre persönliche Bekanntschaft gemacht und verschiedenes Gemeinsame in unseren Arbeiten mit Ihnen besprochen. Hoffentlich bietet sich doch bald eine andere Gelegenheit«, antwortete ihm Röntgen enttäuscht und fügte hinzu:»Seien Sie überzeugt, daß ich mich herzlich darüber freue, daß auch Ihre, von mir hochgeschätzte[n] Arbeiten eine sobaldige Anerkennung gefunden haben.«
Lenard antwortete ihm am 21. Mai 1897 aus Heidelberg, »hocherfreut« über Röntgens Schreiben, wie er sagte: »Ich freue mich ganz außerordentlich, nun sicher zu wissen, was ich selber freilich nie Grund fand zu bezweifeln, daß Sie mir freundlich gesinnt sind.«
Lenard spielte damit auf die Verleumdungen gegen Röntgen an und erklärte sich »völlig unschuldig an den Äußerungen, welche Solches hätten bewirken können; ich habe an keinerlei Polemik auch nur im mindesten mitgewirkt. (...) Daß Ihre große Entdeckung so rasch die Aufmerksamkeit der weitesten Kreise auch auf meine bescheidenen Arbeiten gelenkt hat, war ein besonderes Glück für mich und ich kann mich durch Ihre freundliche Antheilnahme daran jetzt doppelt darüber freuen«, fügte Lenard hinzu und versicherte Röntgen seiner »größten Hochschätzung«.[87]

---

86 Vgl. Budapester Zeitung (11. Jan. 1896). Hinweise darauf und Reaktion Röntgens im Würzburger General-Anzeiger 14. Jg. Nr. 12; (16. Jan. 1896).
87 Briefwechsel zitiert nach Glasser; S. 68–69.

Zweimal wurde die Forschung Lenards und die Forschung und Entdeckung Röntgens in so engem Zusammenhang gesehen, daß man ihnen gemeinsam Preise zusprach: Die Wiener Akademie der Wissenschaften ehrte beide 1896 mit ihrem Baumgärtner-Preis, und auch den Preis Lacaze der Academie des Sciences in Paris teilten sie sich. Aber den ersten Physik-Nobelpreis der Geschichte sprach man Röntgen alleine zu. Das sollte das bislang distanziert-freundliche Verhältnis zwischen beiden Naturwissenschaftlern grundlegend ändern.

RÖNTGEN BEIM KAISER

»MAN MUSS AUF KAISERGLÜCK BEI DEM VERSUCH RECHNEN...«

Die höchste Ehre, die einem deutschen Bürger seiner Zeit zuteil werden konnte, hatte Wilhelm Conrad Röntgen gleich zu Beginn des Jahres 1896 erfahren. In einem Telegramm gratulierte ihm Kaiser Wilhelm II., Herrscher von Gottes Gnaden, persönlich zu seinem Fund: »Wenn sich der Bericht bewahrheitet, so gratuliere ich Ihnen aus vollem Herzen und preise Gott, daß unserem deutschen Vaterlande der neue Triumph der Wissenschaft beschert ist, welcher hoffentlich von reichem Segen für die Menschheit sein wird. Sobald Sie Zeit haben, wäre ich Ihnen dankbar, wenn Sie mir einen Vortrag über Ihre Erfindung halten könnten.«[88]

Die Tatsache, daß die Entdeckung einem Deutschen gelungen war, freute den Kaiser in Zeiten des verschärften wissenschaftlich-technischen Wettbewerbs mit England und Frankreich besonders. Es war vor allem die deutsche Menschheit, für die er sich Segen erhoffte, wie der Besuch Röntgens in Berlin zeigen sollte.

Bereits am Tag nach dem Eintreffen des Telegramms dämpfte der Physiker ängstlich die hohen Erwartungen des Regenten: »Leider

---

88 Telegramm des Kaisers an Röntgen vom 9. Jan. 1896. RM.

sind in einer großen Anzahl von Zeitungsberichten Folgerungen aus
der Sache gezogen worden, welche zur Zeit mindestens als durchaus
unbegründet bezeichnet werden müssen. Was an der Sache wahr ist,
bin ich jederzeit gern bereit, Euer Majestät zu demonstrieren. Euer
Majestät wollen hochgeneigtest befehlen, wann ich kommen soll.«[89]
Röntgen reiste tags darauf mit Assistent Otto Stern in Berlin an, wo
ihm ins Hotel Kaiserhof ein weiteres Telegramm nachgeschickt wurde, das zunächst versehentlich in Würzburg gelandet war: »seine ma-
jestaet wollen den vortrag euer hochwohlgeboren morgen sonntag 5
uhr im sternsaal des hiesigen schlosses entgegennehmen = von arnim
fluegeladjutant vom dienst «.[90]
Bereits um 8 Uhr morgens begannen Röntgen und Stern im Physikalischen Institut der Universität mit der Zusammenstellung der Apparate für die Demonstration des Versuchs. Bei den Vorbereitungen halfen auch Hausherr Emil Warburg und der Chemiker Emil Fischer, die
das Kultusministerium persönlich angehalten hatte, den Besuch ent-
gegenkommend zu behandeln.[91]
»Man muß auf Kaiserglück bei dem Versuch rechnen, denn die
Röhren sind sehr empfindlich und werden oft schon bei dem ersten
Versuch zerstört«[92], soll Röntgen gesagt haben.
Am 13. Januar 1896 informierte die »Vossische Zeitung«, das Berliner
Hofnachrichten-Blatt, seine Leser: »Nachmittags unternahmen der
Kaiser und die Kaiserin eine gemeinsame Spazierfahrt und hörten so-
dann um 5 Uhr im Sternensaal des königlichen Schlosses einen Vor-
trag des Prof. Röntgen aus Würzburg über das von ihm neu entdeck-

---

89 Telegramm Röntgens an den Kaiser vom 10. Jan. 1896. Zitiert nach Wendel, in:
    Strube, Wussing (Hrsg.); S. 137.
90 Telegramm vom 11. Jan. 1896 aus dem Berliner Schloß an Röntgen, von Würz-
    burg nach Berlin, Hotel Kaiserhof, nachgesandt. Zitiert nach Schüttmann;
    S. 12.
91 Friedrich Althoff an Warburg und Fischer am 10. Jan. 1896. GStA PK, I. HA
    Rep. 76-Va. Bestand Kultusministerium, Tit. 10, Sekt. 2.
92 Kieler Neueste Nachrichten (4. Febr. 1896).

te Licht; Prof. Röntgen erläuterte durch Experimente und Vorlage
von Photographien seine Entdeckung. Außer dem Kaiserpaar mit Ge-
folge wohnte Kaiserin Friedrich dem Vortrage bei, zu dem außerdem
der Kultusminister Dr. Bosse, der Geheime Kabinettsrath Dr. v. Lu-
canus, sowie der Generalarzt Prof. Dr. Leuthold geladen waren. Die
letztgenannten Herren wurden ebenso wie Professor Röntgen mit einer Einladung zur Abendtafel beehrt. Der Kaiser überreichte dem
Prof. Röntgen nach seinem Vortrage persönlich den königlichen Kro-
nenorden II. Klasse.«[93]
Der Bericht deutete schon an, in welchem Kontext der Kaiser die Entdeckung sah. Denn in derselben Nachricht wurde auch davon berichtet, daß der Kaiser am Sonntagvormittag zunächst einige »Mari-
ne-Vorträge« gehört hatte. Deutschland sollte auch zur See und bei
den Landstreitkräften Weltspitze werden. In bezug auf die Röntgenstrahlen interessierte ihn deshalb vor allem die Frage, wie sie mi-
litärisch zu nutzen seien. Bei der Abendtafel hatte er wohl aus gutem
Grund dem Würzburger Gast seinen Flügeladjutanten Moltke als
Tischnachbarn zugewiesen, der 1903 Vertreter des preußischen Ge-
neralstabs wurde.
Auch Otto Stern, Röntgens Assistent, wurde in Berlin stark umwor-
ben. Keiner, außer Röntgen, wußte wohl in den Augen der begeisterten Wissenschaftler und Staatsvertreter besser, wie die Entdeckung
passiert und was aus der Versuchsanordnung noch zu machen war.
Nur so ist es zu erklären, daß Stern »von verschiedenen Seiten An-
träge bezüglich seiner Übersiedelung nach Berlin gemacht wurden«[94], wie Röntgen später im Zusammenhang mit einer Bitte um
Lohnverbesserung für seinen Assistenten bemerkte, der 1898 zu einer Optikfirma nach Paris ging.[95]

---

93 Bericht über den Tagesablauf des kaiserlichen Hofes vom Vortag; in: Vossische
    Zeitung (13. Jan. 1896).
94 Röntgen an Senat am 20. Febr. 1896. AUW Akte 3233.
95 RaZ aus Würzburg am 4. Nov. 1898.

Vor der Abreise verpflichtete Kaiser Wilhelm II. den Physiker, über jede Erweiterung seiner Kenntnisse von den neuen Strahlen Bericht zu geben.[96] Röntgen sandte im April 1896 seine 2. Mitteilung nach Berlin[97], um genau ein Jahr nach seinem Besuch von weiteren erfolgreichen Forschungen zu berichten, wobei er der Vorliebe seiner Majestät fürs Militärische Rechnung trug: »Allerdurchlauchtigster Großmächtigster Kaiser. Allergnädigster Kaiser, König und Herr! Heute vor einem Jahr wurde mir die hohe Ehre zu Theil, Eurer Kaiserlichen Majestät über die neu entdeckten Strahlen Vortrag halten zu dürfen. Dem damals von Eurer Majestät mir allergnädigst ertheilten Befehl entsprechend, gestatte ich mir, Eurer Majestät die neuesten von mir dargestellten Photographien zu überreichen, bevor dieselben Jemanden [!] gezeigt werden. Es ist mir gelungen, so viel ich weiß zum ersten Mal, mit hoch evacuierten Röhren unter Anwendung sehr starker Ströme, Strahlen zu erhalten, welche so wenig absorbirt werden, daß eiserne Platten von 40 mm Dicke noch merkliche Mengen dieser Strahlen hindurch lassen. Als Proben für die Leistungsfähigkeit dieser Strahlen habe ich die beiliegenden Photographien gemacht. No. Ia und Ib sind ohne jede Retouche erhaltene Abdrücke von derselben Aufnahme eines Lefaucheux-Doppellaufes mit eingesetzten Patronen. Deutlich bemerkbar sind: die Kugel mit dem nicht genügend abgeschnittenen Gußansatz, die über und nebeneinander gelagerten Röller, die Zündstifte, die in jedem Lauf vorhandene Verschiedenheit der Bohrweite und die an dem einen Rohr angebrachte Vertiefung. (...) In einigen Wochen hoffe ich der königl. preuß. Akademie der Wissenschaften über meine übrigen, im Laufe der letzten Zeit ausgeführten Versuche, die sich auf das Verhalten der neuen Strahlen beziehen, berichten zu können. Ich bitte Eure Majestät ganz gehorsamst, die Ergebnisse meiner Arbeit gnädigst entgegen nehmen zu wollen.«[98]

---

96 Wendel, in: Strube, Wussing (Hrsg.); S. 138.
97 Brief zitiert ebd.; S. 139.
98 Röntgen an den Kaiser am 12. Jan. 1897. Zitiert ebd.; S. 139.

Beim Kaiser war die Entdeckung Röntgens in der Zwischenzeit keineswegs in Vergessenheit geraten. Kurz nach dessen Abreise im Januar 1896 hatte er Berliner Physiker auf die Entdeckung »angesetzt«. Schon am 1. Februar 1896 hatte er ein zweites Mal die Professoren Bezold, Ordinarius für Meteorologie der Friedrich-Wilhelms-Universität und Vorsitzenden der Berliner Physikalischen Gesellschaft, Emil Warburg, Ordinarius für Physik und ebenfalls an der Universität, und Adolf Slaby von der Physikalisch-Technischen Reichsanstalt zu sich eingeladen, um die Würzburger Entdeckung zu erörtern. Die »Vossische Zeitung« meldete: »Der Kaiser betonte namentlich, daß das Ergebnis dieser Forschungen der Kriegschirurgie wesentliche Dienste leisten könnte und sprach den Wunsch aus, daß im Schlosse ein Vortrag über die Kathoden-Strahlen stattfinden möge«.[99] Auch hier wurden die Röntgenstrahlen wieder einmal mit den Kathodenstrahlen Lenards verwechselt.

Auf die Mitteilung Röntgens, die die erfolgreiche, verletzungsfreie Prüfung von Gußstahl mit Hilfe von Röntgenstrahlen bewies, reagierte der Kaiser ebenfalls sofort und nachhaltig. Er setzte die Berliner Physikalisch-Technische Reichsanstalt über die mögliche Nutzung für die Rüstungsindustrie in Kenntniss. Slaby zeigte sich begeistert: »Der jüngste Erfolg des Professors Röntgen (...) ist ein neuer Beweis für die erstaunliche Geisteskraft jenes Mannes, der nicht nur ein völlig neues Gebiet der Wissenschaft erschlossen, sondern auch nunmehr zum zweiten Mal durch entscheidende That die nutzbringende Verwendung seiner großen Entdeckung zum Wohle der Menschheit kehrt. Tausende von Mitarbeitern in allen Theilen der civilisirten Welt können von Neuem nur seinen Spuren begeistert folgen.«[100]

Rund 40 Jahre sollte es schließlich noch dauern, bis die Materialprüfung mittels Röntgenstrahlen sich als zerstörungsfreie Grobstruktur-

---

99 Zitiert nach Schüttmann; S. 16.
100 Zitiert nach Wendel, in: Strube, Wussing (Hrsg.); S. 141.

analyse im nicht-medizinischen Bereich durchgesetzt hatte. Waren einzelne Anwendungsgebiete, beispielsweise zur Edelsteinprüfung, schneller entwickelt, sollte die Möglichkeit zur Materialprüfung technischer Objekte erst um 1905 in größerem Stil gegeben sein. Anfangs waren die Röhren zu wenig belastbar, Hochspannungsanlagen nicht transportabel. Die wichtigsten Probleme konnten erst durch die Entwicklung einer neuen Vakuumtechnik durch Wolfgang Gaede gelöst werden, die es mit Ablauf der 20er Jahre unseres Jahrhunderts möglich machte, die benötigten hohen Spannungen an die Röhren anzulegen.[101]

Schneller und erfolgreich war die Nutzung der Röntgenstrahlen für Kriegszwecke: Bereits 1896 war die Reichsanstalt beauftragt worden, den Einsatz der Strahlen für kriegschirurgische Zwecke zu ermöglichen, und schon Ende Januar desselben Jahres konnte der Reichs-Anzeiger über erste Erfolge auf diesem Gebiet berichten: »Das Kriegsministerium hat Veranlassung genommen, in Verbindung mit der Physikalisch technischen Reichs-Anstalt Versuche darüber anzustellen, ob die Röntgen'sche Erfindung für kriegschirurgische Zwecke dienstbar zu machen und zum Nutzen kranker und verwundeter Soldaten zu verwerthen sein wird. Infolgedessen ist eine Reihe photographischer Aufnahmen von anatomischen und kriegschirurgischen Präparaten gemacht, in denen Geschosse und Geschoßtheile in den Weichtheilen stecken. Die Photogramme gaben ein deutliches Bild der stattgehabten Knochenverletzungen und ließen den Sitz des steckengebliebenen Projektils mit Sicherheit erkennen. Die Versuche werden in größerem Maßstabe fortgesetzt und wir hoffen bald darüber Näheres berichten zu können.«[102]

---

101 Vgl.: Krankenhagen, Gernot, Horst Laube: Werkstoffprüfung. Von Explosionen, Brüchen und Prüfungen. Reinbek 1983; S. 78.

102 Deutscher Reichs-Anzeiger Nr. 27, Abendausgabe (30. Jan. 1896); S. 2. Näheres wird dann im April von Oberstabsarzt Schjerning und Stabsarzt Kranzfelder mitgeteilt: Ueber die von der Medicinalabtheilung des Kriegsministeriums angestellten Versuche zur Feststellung der Verwerthbarkeit Röntgen'scher Strahlen für medicinisch-chirurgische Zwecke. In: Dtsch. med. Wschr. Nr. 14 (2. April 1896) 211–213.

Abb. 20   Im Zeitalter des Imperialismus und Kolonialismus zeigten sich die Regie-
renden vor allem am Einsatz der Röntgenstrahlen für die Kriegsmedizin interessiert. Hier ist eine »Röntgenstation« der englischen Truppen während deren Nil-
expedition 1896 zu sehen.

Diese Forschungen, die in den Händen der Physiker Ferdinand Kurl-
baum und Wilhelm Wien, sowie der Ärzte Schjerning und Kranzfelder
lagen, wurden vom Ausland kritisch beurteilt: Unter der Überschrift
»Medical Applications of Röntgen's Discovery« kam die angesehene
Wissenschaftszeitschrift »Nature« zwar zu dem Urteil: »als Hilfe bei
der Diagnose von undeutlichen Brüchen und inneren Verletzungen
wird die neue Photographie hauptsächlich von großem Wert sein«.
Zuvor bemerkte sie jedoch spitz: »Die neue Photographie hat die offizielle Anerkennung gefunden, die üblicherweise wissenschaftlicher
Forschung in Deutschland zuteil wird. Röntgen wurde vom Kaiser geehrt und der Preussische Kriegsminister hat Versuche in Auftrag gegeben, um herauszufinden, ob die Methode erfolgreich in der Kriegsmedizin angewandt werden kann.«[103]
Freilich wurde auch in England, wie überall in der Welt, daran gearbeitet, die X-Strahlen Röntgens auf Kriegstauglichkeit zu prüfen.

---

103 Nature 53 (2. Febr. 1896) 324.

5

1896-1912

MACHTENTFALTUNG

»...ES IST KEINE KLEINIGKEIT, EIN BERÜHMTER MANN ZU WERDEN...«
Der Empfang bei Hofe und das persönliche Interesse des Kaisers an
den neuen Strahlen trugen in der obrigkeitsgläubigen Gesellschaft
des wilhelminischen Reiches wesentlich dazu bei, daß Röntgen als
deutscher Wissenschaftler nun eine Ausnahmestellung einnahm.
Doch für seinen unaufhaltsamen Weg zu weltweitem Ruhm dürfte die
Huld des Kaisers nur eine geringe Rolle gespielt haben. Die neuen
Strahlen und ihre möglichen und unmöglichen Nutzungen waren *die*
Sensation und Röntgen *der* Held. Während überall dort, wo die entsprechenden Gerätschaften zur Verfügung standen, die weitere Erforschung auf Hochtouren lief und bereits die ersten, meist windigen
Theorien publiziert wurden, war Röntgen immer häufiger damit be-
schäftigt, sich der Öffentlichkeit zu stellen. Stadt und Land lagen im
»Röntgen-Fieber«, das von Erfolgsmeldungen aus aller Welt ange-
heizt wurde. Der Jubel wollte kein Ende nehmen.

In Würzburg kannte ihn spätestens seit seiner Rückkehr aus Berlin –
nach der er einem Reporter des »Würzburger General-Anzeigers« gegenüber die »leutselige und zuvorkommende Art«[1] des Kaisers zu

---

1 Würzburger General-Anzeiger 14. Jg., Nr. 12 (16. Jan. 1896).

rühmen wußte – jedes Kind. Anläßlich seiner ersten Physikvorlesung nach dem Berlinbesuch hatten ihm die Studenten einen begeisterten Empfang bereitet, über den ein Lokalreporter meldete, daß der Wissenschaftler ihn »mit einem allseitig begeistert aufgenommenen Hoch auf den Kaiser«[2] beschlossen habe.

Am 12. Februar 1896 sammelte man sich zu einem »Fackelzug, der Tausende von Neugierigen auf die Beine gebracht« hatte, wie am nächsten Tag im Würzburger General-Anzeiger zu lesen war. Vor allem Angehörige der studentischen Corps, Landsmannschaften und Burschenschaften marschierten, in Begleitung mehrerer Musikzüge, Richtung Pleicherring und nahmen vor dem Physikalischen Institut »Aufstellung«. Die Chargierten machten Röntgen ihre Aufwartung, und der »dankte vom Salonfenster aus der Studentenschaft in tief empfundenen Worten, indem er betonte, daß seine Freude eine große sei«[3].

Bereits am 23. Januar hatten ihn Würzburger Professoren, Generäle, Offiziere, »Studenten und sonstige Zuhörer« in der Physikalisch-Medizinischen Gesellschaft hochleben lassen, wo er den noch ausstehenden öffentlichen Vortrag über die Entdeckung nachholte, der sein einziger bleiben sollte. Nachdem er Papier, Blech, Holz und Blei mit den X-Strahlen durchleuchtet hatte, demonstrierte er die Strahlenwirkung auch an einer seiner sowie einer der Hände von seiner Exzellenz Geheimrat Anatomie-Professor Rudolf Albert von Kölliker. Der hochdekorierte 78jährige, führende Histologe und Nestor der Würzburger Professorenschaft, machte spontan den Vorschlag, die neue Entdeckung künftighin »Röntgen-Strahlen« zu nennen. »Stürmischer Beifall« notierte der Würzburger Reporter, und auch die Mitglieder der Pariser Akademie der Wissenschaften segneten diese Bezeichnung vier Tage später unter Applaus in einer Sitzung ab.[4]

---

2 Zitiert nach Schüttmann; S. 15.
3 Würzburger General-Anzeiger 14. Jg., Nr. 36 (13. Febr. 1896).
4 Vgl. Brit. J. Photogr. 43 (7. Febr. 1896) 82.

Abb. 21   Eine der vielen Porträtaufnahmen, die von Wilhelm Conrad Röntgen 1896, kurz nach seiner sensationellen Entdeckung, gemacht wurden. Der zurückhaltende Physiker wurde Medienstar.

Röntgen selbst gab sich beim Vortrag und der anschließenden Dis-
kussion bescheiden. Er wies darauf hin, daß es »nöthig« sei, weitere
Versuche zu machen, betonte auch die Bedeutung der Vorarbeit von
Lenard und Hertz, und bezeichnete seine Entdeckung schließlich als
»eine Gabe des Zufalls«[5].

Zu solcher Zurückhaltung glaubte Röntgen allen Grund zu haben. Er
war weder über den Auftritt in Berlin noch über Ehrungen und den
allgemeinen Wirbel, der um ihn veranstaltet wurde, sonderlich glücklich: »(...) ich bin schon ganz ausgequetscht, was Höflichkeiten und
Dankesbezeugungen anbetrifft, und möchte es gern einmal mit Grob-
heiten zur Abwechslung probieren«[6], protestierte er – zumindest auf
dem Papier.

Täglich trafen nun Briefe und Anfragen ein. Seinem Kollegen und Vertrauten Ludwig Zehnder antwortete er in einem längeren Schreiben
als erstem: »Die Wiener Presse blies zuerst in die Reklametrompete,
und die andern folgten. Mir war nach einigen Tagen die Sache ver-
ekelt; ich kannte aus den Berichten meine eigene Arbeit nicht wieder.
Das Photographieren war mir Mittel zum Zweck, und nun wurde daraus die Hauptsache gemacht. Allmählich habe ich mich an den Rum-
mel gewöhnt; aber Zeit hat der Sturm gekostet: gerade vier volle Wochen bin ich nicht zu einem Versuch gekommen. Andere Leute konnten arbeiten, nur ich nicht.«[7]

Walter König, dem Direktor des Physikalischen Vereins in Frankfurt
am Main, teilte er mit: »Sie wissen kaum, wie sehr mich der Kaiser-
vortrag und hiesige Verpflichtungen herausgerissen haben, und doch
will und muß ich arbeiten; ich bin deshalb gezwungen, alle Anfragen,
die augenblicklich auf mich einstürmen, abzuweisen! Ultra posse

---

5 Würzburger General-Anzeiger 14. Jg., Nr. 19 (24. Jan. 1896).
   Weitere Berichte über den Verlauf der Versammlung, in: Münch. med. Wschr.
   43. Jg. (18. Jan. 1896) 88 und (4. Febr. 1896) 114.
6 RaZ aus Würzburg am 21. Febr. 1896.
7 RaZ aus Würzburg o. Datum, vermutlich jedoch 15. Jan. 1896. Vgl. Kap. IV,
   Fußnote 74.

nemo obligatur.«[8] Nur durch so eindeutige Absagen – beispielsweise
auf Einladungen zu Vorträgen vor dem deutschen Reichstag oder der
Stuttgarter Tagung der Bunsengesellschaft[9] – war es ihm möglich, an
den Labortisch zurückzukehren. Denn noch waren viele Fragen
offen.

»Welcher Natur die Strahlen sind, ist mir völlig unklar, und ob es
wirklich longitudinale Lichtstrahlen sind, kommt für mich erst in
zweiter Linie in Betracht. Die Tatsachen sind die Hauptsachen«, ließ
er Zehnder wissen und begann Mitte Februar wieder mit der Arbeit,
»namentlich auf Drängen der Mediziner«. Die Aufregung der vergangenen Wochen hatten seiner Arbeit geschadet: »Fast alles ging nicht,
die Apparate sprangen, und ich kam nicht weiter. Jetzt tut es wieder
einen Ruck«[10], stellte er am 21. Februar fest.

Daß ihn der Trubel um seine Person nervös machte, spürte auch seine Frau: »Willy weiß vor Arbeit nicht, wo er bleiben soll«, schrieb sie
der Cousine nach Indianapolis und fuhr fort: »Ja, liebe Louise, es ist
keine Kleinigkeit ein berühmter Mann zu werden, und die wenigsten
haben einen Begriff, welche Arbeit und Unruhe so etwas mit sich
führt. (...) Jeden Tag muß ich staunen über die enorme Arbeitsfähig-
keit meines Mannes, daß er neben den tausend Kleinigkeiten, die ihm
zugemutet werden, noch die vollen Gedanken bei seiner Arbeit
behält.«[11]

»Willy« hielt bis zur vorlesungsfreien Zeit durch. Seit Januar ver-
sorgte ihn Zehnder mit den Röhren eines Freiburger Glasbläsers[12],
mit denen er sehr zufrieden war, da »man so lange mit Ihnen arbeiten
kann, ohne dass sie versagen, wie so viele andere«[13]. Außerdem ließ

---

8 Röntgen an Walter König am 17. Jan. 1896. Zitiert nach Lossen; S. 16.
9 Glasser; S. 86.
10 RaZ aus Würzburg am 21. Febr. 1896.
11 Bertha Röntgen an Louise Röntgen, verheiratete Grauel, aus Würzburg am
  4. März 1896. Zitiert nach Dessauer; S. 109.
12 RaZ aus Würzburg am 11. Jan. 1896 und 21. Febr. 1896.
13 RaZ aus Würzburg am 11. Jan. 1896.

er sich einen Zinkkasten mit rund 210 cm Höhe und einer Grundfläche von 120 auf 120 cm bauen[14], der wie eine »tragbare Dunkel-
kammer«[15] funktionierte. An einer Seitenwand war eine 1 mm dicke
Aluminiumschicht angebracht, die die Röntgenstrahlen, die von einer außerhalb stehenden Vakuumröhre produziert wurden, durchdringen konnten. So war es dem Physiker möglich, das Phänomen in
der Kiste zu untersuchen, ohne weiterhin das gesamte Labor ver-
dunkeln zu müssen.

Nach wenigen Wochen, am 9. März 1896, konnte er der Physikalisch-
Medizinischen Gesellschaft das Ergebnis seiner Arbeit vorlegen.
Unter dem Titel »Über eine neue Art von Strahlen. (Fortsetzung)«
veröffentlichte er noch einige wesentliche Ergänzungen zu seiner
ersten Schrift.[16] Von größter Bedeutung war die Entdeckung, daß die
X-Strahlen elektrische Teilchen in der Luft entladen können (Ionisa-
tion). Zudem hatte Röntgen herausgefunden, daß alle Körper, nicht
nur Glas und Aluminium, beim Auftreffen von Kathodenstrahlen
X-Strahlen aussenden.
Einen Tag später, am 10. März, brachen er und Bertha zu einigen Ur-
laubstagen auf, in denen man »Ehrbezeigungen, Lorbeeren, X-Strahlen usw. zu Hause lassen und in Italien Ruhe geniessen«[17] wollte. Seine Frau benötige die Erholung besonders dringend, meinte Wilhelm
Conrad, sie hatte wirklich harte Wochen hinter sich: »(...) denn ich
habe in dieser schrecklich unruhigen Zeit nicht einmal ein Mädchen
zur Verfügung gehabt und ich habe ganze 14 Tage die Küche und mit
Hilfe der B. die Zimmer besorgt. Doch das war des Guten zu viel und
ich wurde krank und mußte 8 Tage zu Bett liegen. Dann kamen frem-
de Leute und machten die Haushaltung, brauchten viel und kochten

---

14 Von dieser Kiste berichtet H.J.W. Dam in seinem Interview mit Röntgen.
   McClure's Magazine 6. Jg., No. 5 (April 1896) 403.
15 ebd.
16 Röntgen, W.C.: Eine neue Art von Strahlen. 2. Mittheilung. Sitzungsber. Phys.-
   Med. Ges. Würzburg (1896) 137–147.
17 RaZ aus Würzburg am 21. Febr. 1896.

schlecht. (...) Jetzt habe ich eine 60jährige Aushilfe, eine treue, ehrliche Seele, die aber nur hier bleibt, bis ich aus den Ferien komme.«[18] Die Hoffnungen beider, wenigstens im Urlaub Ruhe zu haben, erfüllten sich nicht. Auch in Italien wurde der weltweit bekannte Mann erkannt und gefeiert.

Nach einigen Tagen Aufenthalt in Venedig fuhr das Ehepaar weiter nach Florenz: »Als wir am ersten Morgen aus dem Pitti einen Augenblick nach Hause fuhren, erwartete uns eine Überraschung, daß Willy von einer großen Zahl Studenten mit Hochrufen empfangen wurde. Er verbeugte sich und entschuldigte sich, daß er nicht Italienisch könne, um seinen Dank zu sagen und eilte auf sein Zimmer. Doch das half ihm nichts, denn als wir abends beim Mittagessen saßen, hörten wir ein verstärktes Hochrufen und er wurde gebeten, einen Augenblick Gehör zu schenken. So wurde er denn von einem Studenten in deutscher Sprache angesprochen, im Beisein von einigen hundert Studenten. Er erwiderte dann in italienischer Sprache, worauf die Begeisterung kein Ende nahm. Die ganze Sache, die ja nur eine ganz kurze Zeit in Anspruch nahm, war so nett, daß wir uns doch sehr darüber freuten, um so mehr, als es Willy geglückt ist, allen anderen lästigen Besuchen aus dem Weg zu gehen. Hier in Rom sind wir am 19. nachts angekommen, haben gestern den ganzen Tag geschwärmt und Schönes gesehen und wollen auch den heutigen Tag noch ausnützen. (...) Morgen fahren wir über Neapel nach Sorrento, wo wir uns etwas häuslich einrichten wollen. Übrigens reisen wir jetzt sehr flott, denn der berühmte Mann erhält überall die besten Zimmer und wir sind nicht numeriert. Es scheint, daß wir heute nicht so unbelästigt bleiben wie gestern, denn soeben hat sich ein Direktor von einer illustrierten Zeitung angemeldet, der gute Mann aber wurde abgewimmelt.«[19]

---

18 Bertha Röntgen an Lotte Baur am 25. Febr. 1896. Zitiert nach Dessauer; S. 206.
19 Bertha Röntgen an Lotte Baur aus Rom am 21. März 1896. Zitiert nach Dessauer; S. 207–208.

Erst im April kehrten Röntgens aus dem ereignisreichen Urlaub
zurück. Die dem Physiker inzwischen so verhaßte Medienpräsenz
sollte andauern und ihn von kontinuierlicher Arbeit weiterhin oft genug abhalten. So kam aus England ein Journalist, H.J.W. Dam, ange-
reist, um ein Gespräch mit dem Entdecker zu führen. Er muß sich viele Wochen um einen Termin bemüht haben, und selbst eine schriftliche Empfehlung des »Royal Institute of Great Britain« vom 24. Januar 1896 schien den Physiker nicht umstimmen zu können, worauf ihm
Dam aus seinem Hotel in Würzburg einen ziemlich erbosten Brief
schrieb: »Sehr geehrter Herr Professor Röntgen, Ich hoffe, Sie erlauben mir die Feststellung, daß Sie im Umgang ein sehr schwieriger
Herr sind, schwieriger noch als Berthelot, Pasteur, Dewar und all die
anderen Wissenschaftler, über deren Entdeckung ich schon geschrieben habe. Meine Hochachtung vor Ihrer Person und Ihrer Entdeckung ist jedoch so groß, und meine Absichten sind so sehr vom
guten Willen geleitet, daß es mir unglücklich erschiene, wenn Sie mir
nicht die geringste Gelegenheit geben wollten, mit Ihnen über Art
und Zukunft der neuen Strahlen zu sprechen.«[20]
Dam bat um eine halbe Stunde für sich und seinen Photographen –
und bekam sie nun bewilligt. In diesem einzigen längeren Interview,
das Röntgen gegeben hat, gelang Dam eine lebendige Momentauf-
nahme aus dem Frühjahr 1896, in dem sich Röntgen vor allem durch
Unmut und Ungeduld ausgezeichnet haben muß: »Er ist groß,
schlank und sehr beweglich, und aus seiner ganzen Erscheinung
spricht Begeisterung und Energie. Er trug einen dunkelblauen Anzug
und sein langes dunkles Haar stand aufrecht auf seiner Stirn, so als
ob es dauernd durch seine eigene Begeisterung elektrisiert wäre. Er
hat eine volle, tiefe Stimme, spricht schnell und gibt im allgemeinen
den Eindruck eines Mannes, der mit unermüdlichem Eifer einer geheimnisvollen Erscheinung nachgehen wird, sobald er nur auf deren
Spur ist. Seine Augen sind gütig, schnell und durchdringend, und
zweifellos zieht er Crookessche Röhren seinem Besucher vor, da zur

---

20 Dam an Röntgen, o. Dat. RM.

Zeit die Besucher ihm viel seiner kostbaren Zeit rauben. Da jedoch unser Zusammentreffen verabredet war, war sein Gruß freundlich und herzlich. ›Nun‹, sagte er lächelnd und mit einiger Ungeduld, als einige persönliche Fragen, die ihm unangenehm waren, erledigt waren, ›Sie sind gekommen, um die unsichtbaren Strahlen zu sehen.‹«[21] Besonders deutlich wurde Röntgen während des Gesprächs, als ihn Dam auf die – verleideten – Photographien ansprach: »›Wie machten Sie die erste Photographie einer Hand?‹ Der Professor ging nach einem Schaft in der Nähe des Fensters, auf dem eine Reihe von vorbereiteten Glasplatten lagen, die dicht in schwarzes Papier eingepackt waren. Er befestigte eine Crookessche Röhre unter dem Tisch, so daß sie nur wenige Zoll von der unteren Tischseite entfernt war. Daraufhin legte er seine Hand flach auf den Tisch und legte eine Platte lose auf seine Hand. ›So müßten Sie eigentlich gemalt werden‹, sagte ich. ›Ach Unsinn‹, sagte er und lachte. ›Oder photographiert.‹ Dieser Vorschlag wurde mit einer gewissen heimlichen Absicht gemacht. Die Strahlen von Röntgens Augen jedoch durchdrangen unmittelbar diese Absicht. ›Nein, nein‹, sagte er, ›ich kann Ihnen nicht erlauben, von mir Aufnahmen zu machen; ich habe keine Zeit dazu.‹«
Das Ende seiner Bereitschaft zum Gespräch war unmißverständlich: »›Es gibt noch viel zu tun und ich bin sehr beschäftigt.‹ Er reichte mir zum Abschied die Hand; aber seine Augen wanderten schon zurück zu seiner Arbeit in das Innere des Laboratoriums.«[22]

In gebührendem Abstand von den Berliner Auszeichnungen, der Einladung des Kaisers und der Verleihung des Kronenordens 2. Klasse, ehrte nun auch der bayerische Prinzregent den Forscher. Zu seinem Geburtstag, am 10. März, wurde ihm das Ritterkreuz des königlichen Verdienstordens der bayerischen Krone zugesprochen, keine allzu

---

21 McClure's Magazine 6. Jg., No. 5 (April 1896) 403. Zitiert nach der Übersetzung von Glasser.
22 ebd.

bedeutende Ehrung, denn dieser Orden wurde bayerischen Univer-
sitätsprofessoren in aller Regel nach 10jähriger Lehrtätigkeit verliehen; doch zwei Monate später folgte eine persönliche Einladung. Am
17. Mai war der Physiker zu Gast bei Prinzregent Luitpold, der ihn,
wie seinerzeit Kaiser Wilhelm II., an eine Tafel mit Vertretern des Mi-
litärs setzte. Die Kriegschirurgie schien auch ihm das löblichste Feld,
auf dem Röntgens Entdeckung angewandt werden konnte. Max Vogl
und Veit Solbreig, beide Oberstabsärzte, Carl Seydel, Oberstabsarzt
und Dozent am Operationskurs für Militärärzte, Ferdinand Klauss-
ner, Universitätsprofessor und Oberstabsarzt des Sanitätscorps, waren seine Tischnachbarn.

Diese und die vielen noch folgenden Auszeichnungen nahm Röntgen
gelassen hin. Die Erhebung in den Adelsstand, die sich mit dem Kro-
nenorden verband (und entsprechend Ziel vieler zeitgenössischer In-
dustrieller und Unternehmer war[23]), lehnte er allerdings strikt ab. Als
ein Lenneper Beamter einen Brief an »Herrn Prof. Dr. *von* Röntgen«
adressierte, antwortete er am 13. Juni 1896: »Bezüglich des von Euer
Hochwohlgeboren in Ihrem Schreiben vom 4. Juni meinem Namen
beigefügten Prädikates ›von‹ erlaube ich mir folgendes zu erwähnen.
Der betreffende Paragraph der Satzungen des Kgl. bayr. Kronenordens lautet: Die Erteilung des Verdienstordens der bayrischen
Krone an Inländer schließt die Verleihung des persönlichen Adels in
sich. Die Rechte des Adels, worunter insbesondere die Führung eines
adeligen Prädikates, können indessen erst nach erlangter Immatri-
kulation ausgeübt werden. Die Unterlassung eines Immatrikulati-
onsgesuches schließt einen Verzicht auf die Ausübung der Adels-
rechte in sich. Da ich bis jetzt kein bezügliches Gesuch eingereicht
habe und auch nicht gesonnen bin, ein solches einzureichen, kommt
mir die Führung des Prädikates ›von‹ nicht zu.«[24]

Mit dieser rigorosen Ablehnung wollte Röntgen wohl auch zum Ausdruck bringen, daß er die Entdeckung der Strahlen lediglich als

---

23 Vgl. Speitkamp; S. 145.
24 Röntgen am 13. Juni 1896. Zitiert nach Glasser; S. 88.

pflichtbewußte Erfüllung seiner Arbeit als Forscher sah. Seinen Studenten hatte er dies bereits in der Nacht des Fackelzuges in einer Ansprache deutlich zu machen versucht: Die schönste Erinnerung sei
die an die »Freude über das Gelingen einer Arbeit und über den ge-
machten Fortschritt. Diese Freude können Sie alle im Leben genießen, dieses Ziel können und müssen Sie alle erreichen. Das hängt
hauptsächlich von Ihnen ab«[25].

Wenig Verständnis fand er in den folgenden Monaten für Studenten,
die nur aus Neugierde auf den berühmten Mann in seinem Institut arbeiten wollten[26]. Auch Max Levy, Vertreter der Firma AEG, der Röntgen die Patentrechte für seine Entdeckung abkaufen wollte, erhielt
einen ablehnenden Bescheid. Der Tradition deutscher Professoren
entsprechend habe Röntgen reagiert und damit auf finanzielle Vorteile verzichtet, erinnerte er sich später.[27]

Ähnlich dürfte Röntgen auch mit Anfragen nach Patenten und nach
den Rechten photographischer Nutzung der Entdeckung verfahren
sein, die aus St. Petersburg, Barcelona, London, Kopenhagen, Lea-
venworth (Mass., USA), Rio de Janeiro, Triest und Paris eintrafen.[28]

Manchmal muß es Röntgen schwergefallen sein, seinen Grundsatz,
auf persönliche Vorteile zu verzichten, zu befolgen, – und wenn es nur
wieder der Forschung wegen war. Denn im Institut waren die Ar-
beitsbedingungen ja die gleichen wie vor der Entdeckung, weil die
für Verbesserungen notwendigen finanziellen Mittel fehlten, weshalb
er weiterhin sparsam wirtschaften mußte.

Noch gegen Ende des Jahres 1896 hatte Röntgen Probleme mit den
empfindlichen Röhren. Zu häufig zerbrachen sie. Im November
wandte sich der Institutsvorstand deshalb mit Blick auf seinen Etat
an einen Ingenieur der Firma »Reiniger-Gebbert & Schall«, damals

---

25 Zitiert nach Glasser; S. 86.
26 Vgl. Brendler, Wolfgang: Persönliche Erinnerungen an Wilhelm Conrad Rönt-
    gen. In: Röntgen-Blätter 1 (1948) 1–7. Hier: S. 2, 5.
27 Vgl. Glasser; S. 276–277.
28 Anfragen im RM.

einer der größten Hersteller für Glas-Röhren: »Ihre Röhren sind in der Tat sehr gut, aber für meine Verhältnisse zu teuer (...). Ich möchte mir deshalb die Frage erlauben, ob Sie mir die Röhren nicht zu M. 20.-, statt zu M. 30.- liefern könnten; nach meinen anderwertigen Erfahrungen dürfte dieser Vorschlag wohl akzeptabel sein, da es sich doch um einen Ausnahmefall handelt und Ihnen vielleicht weitere Bestellungen von meiner Seite angenehm sein könnten.«[29] Auch die 20 Mark waren Röntgen eigentlich noch zu viel, wie er Zehnder gestand: »Hätte ich doch hier einen ordentlichen Glasbläser und einen Mechaniker, der mir die Sachen sofort machte; es ist ein wahrer Jammer, und in dieser Beziehung arbeite ich unter den denkbar ungünstigsten Umständen. (...) Nun arbeite ich mit Erlanger Röhren (Reiniger, Gebbert & Schall), die recht gut sind, die aber 20 M. pro Stück kosten (Vorzugspreis, sonst 30 M.), und da ich meinen Kopf darauf gesetzt hatte, ein gewisses Ziel zu erreichen, das allerdings die Röhren sehr gefährdet, so habe ich im Laufe von ca. 8 Tagen fünf Röhren verbraucht. Das ist ein teurer Spaß. (...) Eine soll noch versucht werden; geht auch diese zugrunde, so muß ich es anderen, die mit größeren Mitteln arbeiten, überlassen.«[30]

Die Röhre hielt offensichtlich, denn nach einem »stille[n], aber glückliche[n] Weihnachten«, zu dem Bertha einen Schreibtisch und Wilhelm Conrad Stühle und einen Jagdhund geschenkt bekam, saß der Physiker »auch während der Feiertage immerfort in seinem Laboratorium«[31], wie Bertha unzufrieden bemerkte.

Erfolgreich waren die Versuche zudem. Der Kaiser erhielt bald die Mitteilung, daß selbst eiserne Platten Mengen der Strahlen durchlassen[32], und im März 1897 veröffentlichte Röntgen dann die dritte und

---

29 Röntgen aus Würzburg an Reiniger-Gebbert & Schall am 27. Nov. 1896. Zitiert nach Glasser; S. 92.
30 RaZ aus Würzburg am 25. Dez. 1896.
31 Bertha Röntgen an Lotte Baur aus Würzburg am 28. Dez. 1896. Zitiert nach Dessauer; S. 209.
32 Röntgen am 12. Januar 1897 in einem Brief an den Kaiser. Zitiert nach: Wendel, in: Strube, Wussing (Hrsg.); S. 139.

letzte Mitteilung mit dem Titel »Weitere Beobachtungen über die Eigenschaften der X-Strahlen«[33]. Er hatte nun nachweisen können, daß die Luft die X-Strahlen zerstreut und die von der Röhre kommende Strahlung ein Gemisch ist, das in seinen Eigenschaften wesentlich von der angelegten Spannung abhängt – ein Vorgriff auf das Röntgenstrahlen-Spektrum.

Das Wesentliche schien ihm nun gesagt. »Hier geht alles seinen gewohnten Gang, epochemachende Entdeckungen werden nicht gemacht«[34], teilte er Zehnder am 21. November mit. Der Universitätsalltag hatte den Forscher wieder. In Würzburg ging man mit ihm nun zwar pfleglicher um, aber die Bedingungen für seine Forschungen waren immer noch unbefriedigend. Der bereits im April 1895 projektierte Anbau des Instituts nach der Gartenseite hin und ein vergrößerter Neubau des Physikhörsaals gingen nur schleppend voran. Für den Anbau war im August 1896 ein Staatszuschuß gewährt worden. Doch als die Medizinische Fakultät beim Senat Einspruch gegen die Vergrößerung des Hörsaals einlegte, weil man eine starke Beeinträchtigung der Lichtverhältnisse für ein Vorbereitungszimmer des physiologischen Instituts befürchtete, schrieb Röntgen – durchaus erbost und spöttisch gegenüber den besorgten Kollegen, die ihm wenige Wochen zuvor erst ehrenhalber den Doktortitel verliehen hatten – an den Verwaltungsausschuß des Senats: Angesichts der Tatsache, daß »fast die Hälfte der für die Vorlesung in Experimentalphysik eingeschriebenen Zuhörer keinen genügenden Sitzplatz erhalten kann«[35], halte er die Einwendungen der Mediziner für Kinkerlitzchen, wisse er doch selbst den Physiologen Fick auf seiner Seite.

Ein größerer Hörsaal war wirklich notwendig geworden. Nach dem Bekanntwerden der Entdeckung war die Zahl seiner Zuhörer sprunghaft angestiegen: von 171, noch im Wintersemester 1895/96, auf 212

---

33 Röntgen, W.C.: Weitere Beobachtungen über die Eigenschaften der X-Strahlen. Sitzungsber. Preuß. Akad. Wiss., phys.-math. Klasse (1897) 576–592.
34 RaZ aus Würzburg am 21. Nov. 1897.
35 Brief Röntgens an Verwaltungsausschuß vom 6. Juni 1896. AUW Akte 3235.

im darauffolgenden Sommer und 203 im Winter 1896. Vor allem mehr Mediziner wollten die Vorlesungen Röntgens hören.[36]

Als man sein Bauanliegen 18 Monate später immer noch anzweifelte, da die Größe des Hörsaals nach älteren Berechnungen ausreichend sein müsse, schickte der Physiker eine Petition, unterschrieben von 165 Zuhörern, an den Senat. »Die Studierenden müssen in einem viel zu kleinen Raum bei recht schlechter Luft zusammengepfercht werden, sie müssen zum Theil stehen oder auf Böcken sitzen, was zur schlimmen Folge hat, dass viele – nicht mit Unrecht – solche Verhältnisse unerträglich finden und wegbleiben.«[37]

Am 25. Juli 1898 teilt das Ministerium mit, daß das Bauprojekt im Staatsbudget keine Aufnahme gefunden habe.[38] Am 4. November beklagte sich Röntgen darüber bei Zehnder: »Hier geht alles im alten Geleise. Nach vieler Mühe habe ich endlich den Anfang mit dem Neubau machen können; aber alles andere, wie Extraordinarius, Vergrößerung des Hörsaals usw. ist mir nicht bewilligt worden. Bayerns Kultusminister ist ein stumpfsinniger Bureaumensch, und an höherer Stelle ist überhaupt kein Verständnis oder Interesse für wissenschaftliche Entwicklung vorhanden.«[39]

Erst als Röntgen das Physikordinariat der Universität Leipzig angeboten wurde, reagierte man.

Leipzig war hinter Berlin und München auf Platz drei in der Rangliste der deutschen Universitäten zu finden. Im Auftrag des Sächsischen Kultusministeriums und der Leipziger Philosophischen Fakultät wurde am 17. November 1898 Röntgens früherer Würzburger Kollege, der Chemiker Wislicenus, abgesandt, um dem Gelehrten die Nachfolge Gustav Wiedemanns anzutragen, der im Sterben lag. Röntgen war der einzige Kandidat; die Verhandlungen wurden zunächst mündlich und

---

36 Zusammenstellung der Zuhörerzahlen von Röntgens Experimentalphysikvorlesung zwischen 1888 und 1898. AUW Akte 3235.

37 Röntgen an Senat am 19. Nov. 1897. AUW Akte 3235.

38 Bayr. Staatsministerium des Inneren an den Senat am 25. Juli 1898. AUW Akte 3235.

39 RaZ aus Würzburg am 4. Nov. 1898.

daher »streng vertraulich« geführt, als Röntgen Zehnder anvertraute:
»Die Nachricht regt uns sehr auf, und wir sind augenblicklich nicht
im geringsten in der Lage, sagen zu können, ob wir gehen oder
nicht.«[40]

Am 19. November folgte dem mündlichen das offizielle Angebot des
preußischen Staatsministeriums für Kultus und öffentlichen Unterricht. Röntgen wurde ein Gehalt von 9000 Mark angeboten.[41] Die Reaktion der Würzburger Philosophischen Fakultät erfolgte prompt:
»Den weltberühmten Gelehrten« wollte man natürlich unbedingt in
Würzburg halten und versicherte, er sei »ein Meister akademischen
Unterrichts«, genieße auch als Kollege »höchste persönliche Wertschätzung«, verfüge über ein klares Urteil und setze sich für die Belange der Universität ein – alles Eigenschaften, die die Fakultät vor
der Entdeckung, anläßlich des Rufs nach Jena, nicht erwähnt hatte.
Mit dem Bescheid der Fakultät reiste Theodor Boveri nach München
zum Ministerium. Über den Verlauf der Verhandlungen berichtete er
Röntgen in einem Brief vom 28. November 1898: »Ich ging um $1/_2$ 5 zu
Bumm, dem ich unsern Fakultätsbericht vorlas, um im Anschluß daran auszuführen, was nach meiner Ansicht zu tun sei. Er stimmte allem zu und sagte, daß das Ministerium den größten Wunsch auf Ihr
Bleiben lege. Als ich sagte, daß das Ministerium leider gar nichts tue,
um Ihnen das auch zu zeigen, war er etwas in Verlegenheit. Er sagte,
es sei ein Schreiben dieses Inhalts an den Senat ergangen, das Ihnen
wohl müsse mitgeteilt worden sein. Es ergab sich aber dann, daß dieses Schreiben erst am Freitag Vormittag in die Hände des Rektors gelangt sein kann. Eine persönliche Verhandlung führe der Minister in
solchen Angelegenheiten höchst ungern und habe es nie getan; als
ich ihm aber sagte, daß gerade dies einer der wichtigsten Punkte sei,
und daß ich dies beim Minister speziell anregen wolle, versprach er
im gleichen Sinne auf ihn einzuwirken. Dies tat er auch sofort, indem
er nähmlich, ehe ich empfangen wurde, mindesten $1/_4$ Stunde mit

---

40 RaZ aus Würzburg am 18. Nov. 1898.
41 BayHStAM MK 17921 Nr. 70, 71.

Landmann konferiert. (...) Er [der Minister] sagte mir direkt, es sei ihm nicht angenehm, ohne Mittelsperson zu verhandeln, man käme leicht in Verlegenheit. Er würde es offenbar vorziehen, daß Sie erst Bumm genau über Ihre Wünsche instruieren und dieser darüber Vortrag hält, ehe Sie selber empfangen werden. Ich denke wohl, daß Sie jedenfalls zuerst zu Bumm gehen. – Offenbar hat der Minister etwas Angst vor Ihnen; er sagte: ›Es soll schwer mit Röntgen zu verhandeln sein.‹ Ich beruhigte ihn darüber. Als ich ihm sagte, Sie hätten das Gefühl, man lege in Bayern keinen Wert auf Sie, und daß ich nach der ganzen Art, wie das Ministerium sich verhalten hätte, diese Stimmung Ihrerseits sehr wohl begreife, brachte er die Geschichte mit dem ›von‹ vor; dies habe ihn geärgert; andere, wie Burckhardt, hätten mit höchstem Vergnügen dieses Wörtchen ihrem Namen hinzugefügt. (...) man lege jetzt doch wieder viel größeren Wert auf den Adel als z.B. im Jahr 48 (...).«[42]

Drei Wochen nach dem Besuch des Leipziger Unterhändlers konnte Röntgen Zehnder mitteilen:»Höchst wahrscheinlich bewilligt mir die Kammer in der nächsten Periode den lang verlangten außerordentlichen Professor für theoretische Physik.«[43]

Der Senat hatte seine Wünsche unterstützt[44], und das Ministerium genehmigte tatsächlich binnen einer Woche sowohl die Mittel zur Erweiterung des Hörsaals wie zur Errichtung der außerordentlichen Professur für theoretische Physik. Als Röntgen daraufhin den Ruf nach Leipzig offiziell ablehnte – obwohl die dort in Aussicht gestellten Hilfen es ihm ermöglicht hätten,»nach wenigen Jahren in Leipzig einen Wirkungskreis [zu] schaffen, der den Würzburg's bei Weitem an Ausdehnung und Bedeutung übertreffen könnte«[45], wie er nicht vergaß zu betonen –, wurde sein Grundgehalt von vorher 6720 auf nunmehr 9000 Mark jährlich aufgestockt und ihm obendrein der Titel »Geheimer Rat« verliehen.

---

42 TBaR aus Würzburg am 28. Nov. 1898.
43 RaZ aus Würzburg am 8. Dez. 1898.
44 BayHStAM MK 17921, Nr. 75, 76.
45 BayHStAM MK 17921, Nr. 78, 79.

Dennoch stellte sich die Frage, ob die Universität Würzburg und das Münchner Ministerium nicht weiterhin fürchten mußten, »ihren Strahlenkönig« zu verlieren. Denn das Verhältnis zu seiner ministeriellen Dienststelle – Röntgen hatte das in seinen Briefen häufig genug betont – war nie das beste gewesen. Bereits im Anschluß an seinen Besuch bei dem Kaiser hatte der »Würzburger General-Anzeiger« gewarnt: »(...) wenn der deutsche Kaiser mit solch' leuchtendem Beispiel voranschreitet, dann darf Bayern, in dessen Gebiet der Entdecker als Professor wirkt, nicht zurückstehen, sondern muß ihm bereitwillig und schnell die Mittel zur Verfügung stellen, um die Erfindung zinsbringend für die Wissenschaft, für die Menschheit zu gestalten. Da gibts kein Zuwarten, bis irgend ein Ruf den gelehrten Mann uns entführt, bis die Universität Würzburg, wie das so oft schon geschehen, sich daran erinnert, daß ein berühmter Mann mehr ihr auf immer Valet gesagt hat. Mit allen Mitteln muß man gerade jetzt darauf bedacht sein, Herrn Dr. Roentgen unserer Universität zu erhalten. Unsere Regierung kann viele, viele Sünden speziell gegen die Universität Würzburg wett machen, wenn Sie Alles aufbietet, die Kraft eines Roentgen unserer Alma Julia zu bewahren. (...) Wenn wir einmal melden können, daß Dr. Roentgen in Berlin oder Wien mit offenen Armen empfangen wurde, dann beklagt die Stadt Würzburg zu spät, daß ihr dieser Mann entgangen.«[46]
Nun, nach dem Leipziger Angebot, warnten erneut bayerische Presseorgane, wie die Augsburger Abendzeitung und der Nürnberger Anzeiger, vor einem Verlust an die Preußen.[47] In Würzburg konnte die Öffentlichkeit Röntgen ihren Dank erweisen, indem die »kunstvoll ausgestaltete Dankesadresse der Würzburger Studentenschaft von Franz Scheiner's Kunstanstalt«[48] für einige Tage in der Gewerbehalle des polytechnischen Vereins zu bewundern war.

---

46 General-Anzeiger 14. Jg., Nr. 11 (15. Jan. 1896).
47 Augsburger Abendzeitung Nr. 321 (22. Nov. 1898). Nürnberger Anzeiger Nr. 334 (24. Nov. 1898).
48 Fränk. Volksblatt Nr. 54 (7. März 1899).

Doch würde Röntgen einem zweiten Ruf Preußens, gar nach Berlin, widerstehen können? Zur Hauptstadt hatte Röntgen nach seiner Entdeckung gute Beziehungen hergestellt: Bereits am 20. Februar 1896 war er von der mathematisch-physikalischen Klasse einstimmig zum korrespondierenden Mitglied der Berliner Akademie der Wissenschaften gewählt worden.[49] 1897 hatte ihn die Physikalisch-Technische Reichsanstalt zum Kurator berufen.[50] Nach dem Tod Gustav Wiedemanns war ihm auch ein Platz im Beirat für die Herausgabe der »Annalen der Physik« angeboten worden. Paul Drude hatte die Herausgeberschaft dieser von Wiedemann gegründeten, neben der »Physikalischen Zeitschrift« und den »Verhandlungen der physikalischen Gesellschaft« wichtigsten deutschen Fachpublikation übernommen. Seit 1899 hatte Röntgen nun zusammen mit Kohlrausch, Quincke und Warburg bei der Auswahl der Artikel ein gewichtiges Wort mitzureden.

Dies war auch in München registriert worden, und auf besonderes Drängen des Ministeriums erging von der Philosophischen Fakultät an Röntgen der Ruf, neuer Ordinarius für Physik an der Universität München zu werden. Im Sommer 1899 wurden die Gespräche aufgenommen. Röntgen stand nach dem Österreicher Ludwig Boltzmann, der bereits von 1890 bis 1894 theoretische Physik an der Ludwig-Maximilians-Universität gelehrt hatte, zusammen mit Hendrik Antoon Lorentz, dem Nestor der theoretischen Physik in Holland, »der gleichfalls auf allen Gebieten der Physik, als Theoretiker und als Experimentalphysiker, hervorragendes leistete«[51], auf Platz zwei der Münchner Wunschliste und war der einzige der Kandidaten, der nicht experimentell und theoretisch gleichermaßen beschlagen war. Doch man wollte sich in seinem Glanz sonnen, wie Dekan Lindemann in seinem Gutachten vom 19. Juli 1899 wohl nicht ohne Ironie bemerk-

---

49 BBAW II-III-127, Nr. 18–19, 24 und II-V-125, Bl. 76.
50 Gesuch des Kaisers vom 29. Nov. 1897. BayHStAM MK 17921.
51 Dekan Lindemann an den akadem. Senat der LMU betreff Wiederbesetzung der ord. Professur am 19. Juli 1899. UAM E II 663.

te: »Jedenfalls würde seine Berufung den Erfolg haben, einen glänzenden Namen dem Lehrkörper unserer Universität einzuverleiben.«[52]

Röntgen war sich seiner starken Position bewußt. Nach einem Ministeriumsbesuch schrieb er am 5. August an Ludwig Zehnder: »Die Frage, ob ich annehme oder nicht, ist noch unentschieden und soll erst im Oktober bei Gelegenheit meiner Anwesenheit zum Examen in München erledigt werden. Der Hauptgrund, weshalb ich noch unentschieden bin, ist der Zustand der physikalischen Sammlung resp. des Instituts. Da muß gründlich geholfen werden, bevor ich annehme.«[53] Einen Wechsel bereits zum Wintersemester wies Röntgen im selben Brief weit von sich; »wenn überhaupt, dann erst im Frühjahr«, schrieb er, und so sollte es dann auch geschehen.

Die Familie Röntgen ließ sich bis zum April 1900 mit dem Umzug Zeit, obwohl München offensichtlich an einer raschen Arbeitsaufnahme gelegen war. Die Stadtchronik verzeichnete bereits am 7. Dezember 1899: »Seine Königliche Hoheit Prinz Luitpold, des Königreichs Minister, haben sich allergnädigst bewogen gefunden, unterm heutigen nach Maßgabe des Titels II § 18 der Verfassungsurkunde den ordentlichen Professor an der Universität Würzburg Geheimen Rath Dr. Wilhelm Konrad Röntgen zum ordentlichen Professor der Experimentalphysik und Vorstand des Physikalischen Instituts in der philosophischen Fakultät der k. Universität München, sowie zum Conservator des physikalisch-mathematischen Instituts des Staates derselbst zu ernennen.«[54]

Die Trennung von Würzburg fiel dem Ehepaar Röntgen nach elf Jahren schwer: »Wie wohltuend ist es mir, zu wissen, daß Ihr Euch so auf unser Kommen freut, es erleichtert hier den Abschied«[55], schrieb

52 ebd.
53 RaZ aus Lindau am 5. Aug. 1899.
54 Stadtchronik München (7. Dezember 1899); Stadtarchiv München. Sowie: BayHStAM MK 17921.

Bertha am 15. März des neuen Jahres an Lotte, die seit ihrer Heirat mit einem Industriellen – Wilhelm Conrad Röntgen und Max Plancks Vater Wilhelm waren Trauzeugen gewesen[56] – Schulz hieß und in München lebte. Lotte hatte für die ersten Wochen ihre Hilfe angeboten, was Bertha Röntgen gerne annahm. Geholfen hat natürlich auch das Hausmädchen Kätchen Fuchs, das 1898 mit 17 Jahren in den Dienst der Röntgens getreten war.

Wilhelm Conrad hingegen war ständig unterwegs, obwohl der Umzug direkt bevor stand: »Mein Mann ist am Dienstag nach Berlin gereist und ich weiß nichts von ihm, als daß er gut angekommen ist, worüber ich froh bin. Ich weiß nicht, wann er zurückkehrt, ich hoffe bald, denn es wartet seiner hier noch viel Arbeit. Ich nütze die paar Tage seiner Abwesenheit dazu aus, um in allen Winkeln herumzukramen und vorzurichten zum Packen. Die Packer werden am 22–23sten hier sein und dann geht es flott.«[57]

MÜNCHEN

»DIE MÜNCHNER LUFT IST SO STAGNANT«

Wilhelm Conrad Röntgen war 55 Jahre alt und hatte eine sehr kranke Frau. Mit diesem wohl letzten Ordinariat, das damals (wie heute) Gradmesser für die wissenschaftliche Reputation eines Hochschullehrers in der Fachwelt war, konnte er durchaus zufrieden sein: Die Bayern hatten 1893 und 1894 430 000 Mark in ein neues Institut investiert. Eugen Lommel, Röntgens verstorbener Vorgänger, hatte den Bau veranlaßt.

Das Ehepaar und Kätchen Fuchs bezogen das obere Stockwerk eines Hauses in der Äußeren Prinzregentenstraße 1, wo gegenüber seit

---

55 Bertha Röntgen an Lotte Baur aus Würzburg am 15. März 1900. Zitiert nach Dessauer; S. 210.
56 Dessauer; S. 119.
57 Wie Fußnote 55.

Abb. 22   Bertha Röntgen und ihre Nichte Josephina Bertha. Im Alter von 21 Jahren wurde das Kind von dem Physikerehepaar adoptiert. Die Aufnahme in der Gartenlaube entstand noch vor dem Umzug der Familie nach München.

1898 Franz Stuck an seiner neoklassizistischen, mit aktuellen Jugendstilelementen geschmückten Villa baute und wenige Meter stadtauswärts gerade das Prinzregententheater nach Vorbild des Bayreuther Festspielhauses entstand. Eine teure Gegend – aber Bertha Röntgen vermißte dort einen Garten wie in Würzburg. Das gestand sie Marcella Boveri, die ebenso wie deren Mann künftig zu den regelmäßigen Briefpartnern der Röntgens gehören sollten. Den in Unterfranken verbliebenen Bekannten klagte Röntgen selbst sein Leid:»Die Münchner Luft ist so stagnant: Sie haben keine Vorstellung davon!«[58] schrieb der Physiker am 11. August 1902, und seine Frau äußerte sich gegenüber ihrer Freundin unzufrieden:»Ach, wenn doch mein inniger Wunsch in Erfüllung ginge und wir wieder an ein und demselben Ort wohnen könnten. (...) Hier läßt mich noch so ziemlich alles kalt; ich beklage mich nicht, denn so lange man nicht überzeugt ist, daß man sich versteht, hat man auch nichts verloren.«[59] München war um ein Vielfaches größer und anonymer als Würzburg. Eine halbe Million Einwohner zählte die Residenzstadt mittlerweile und prosperierte weiter. Unter den Berühmtheiten, die hier wohnten und den Ton in der Gesellschaft angaben, war Röntgen einer von vielen, zumal auch das Interesse der Öffentlichkeit am »Strahlenkönig« ein wenig abgeflaut war. Natürlich war er hoch angesehen – aber so leicht und rasch wie in Würzburg waren in der großen Stadt keine neuen Freunde und Bekannten zu gewinnen, da ja Röntgen auch die hier üblichen Empfänge und Gesellschaften nicht besonders schätzte.

Schon 1901 rückte die Nachricht über eine erneute Ehrung ihn wieder weltweit ins Licht der Öffentlichkeit: Wilhelm Conrad Röntgen war vom Komitee der Königlich-Schwedischen Akademie der Wissenschaften in Stockholm für den ersten Physik-Nobelpreis vorge-

---

58 RaTB aus Flims am 11. Aug. 1902.
59 Bertha Röntgen an Marcella Boveri aus München am 27. Dez. 1902. Zitiert nach Glasser; S. 127.

schlagen worden, mit dem man einen Wissenschaftler ehren wollte, dessen Entdeckung epochemachend war.

1901
DER NOBELPREIS

»EIN MÄRCHEN IST ZUR WIRKLICHKEIT GEWORDEN!«

In seinem Testament hatte der 1896 verstorbene schwedische Ingenieur und Industrielle Alfred Nobel bestimmt, daß seine Hinterlassenschaft an diejenigen verteilt werden sollte, »die im Laufe des verflossenen Jahres der Menschheit den größten Dienst erwiesen haben«[60]. Die geschätztesten, nutzbringendsten, wichtigsten, humanitärsten Leistungen wurden von der Schwedischen Akademie erstmals im Jahr 1901 gesucht und auszeichnet.

Die größten Leistungen waren nach Meinung der Juroren auf dem europäischen Kontinent erzielt worden, wenn auch keine im Jahr 1900. Der Pariser Schriftsteller Sully Prudhomme beispielsweise (eigentlich René Francois Armand Prudhomme) hatte seit den 60er Jahren des 19. Jahrhunderts seinen lyrischen Stil entwickelt. »l'art pour l'art« war sein, war das Motto des Literatenkreises, dem kurze Zeit auch Mallarmé und Baudelaire angehörten.

Jean Henry Dunant, der inzwischen 73jährige Schweizer, hatte 1862 in seiner Schrift »Un souvenir de Solférino« das Leiden Kriegsverletzter geschildert und 1863, bei einer internationalen Konferenz in Genf, die Initiative zur Gründung des Roten Kreuzes ergriffen.

Die wichtigsten Errungenschaften der Wissenschaft repräsentierten nach Meinung des Komitees zum einen der niederländische Chemiker Jacobus Henricus van't Hoff, der schon 1885 herausgefunden hatte, daß für in verdünnter Lösung vorliegende Stoffe die Gasgesetze gelten. Auch seine Untersuchung der elektrolytischen Dissoziation

---

60 Schimank; S. 5.

hielt man für preiswürdig. Die Auszeichnung für herausragendes medizinisches Können ging an den Serologen Emil Adolph von Behring: Der ehemalige Assistent Robert Kochs hatte 1890 das Diphtherie- und Tetanusantitoxin entdeckt und mit der Erforschung des Heilserums gegen Diphtherie[61] die moderne passive Serotherapie begründet. Wer nun im Jahr 1901 erstmals mit dem Preis für »die wichtigste Entdeckung oder Erfindung in der Physik« geehrt werden sollte, beriet ebenfalls ein Komitee – bestehend aus fünf führenden schwedischen Physikern[62] – auf der Basis von Vorschlägen, um die man Physiker aus aller Welt gebeten hatte. Von 29 Vorschlägen entfielen 11 auf Röntgen, einer auf Philipp Lenard. Die deutschen Physiker hatten geschlossen für Röntgen gestimmt, nur Röntgen selbst votierte für Lord Kelvin.[63]

Die Entscheidung fiel bei der Plenarversammlung. Obwohl das physikalische Komitee einstimmig Lenards Arbeit gleichermaßen für würdig befunden und die Teilung zwischen Lenard und Röntgen vorgeschlagen hatte, ging Lenard leer aus. Anders als bei den Röntgenstrahlen war bei Lenards Forschungen kein unmittelbarer »Dienst für die Menschheit«, also eine Nützlichkeit auf humanitärem Gebiet, auszumachen.[64] Und auf eben diese Nützlichkeit auf humanitärem Gebiet war es Nobel angekommen, sollten die von ihm gestifteten Preise doch auch eine Art Wiedergutmachung für die Zerstörungen sein, die mit seiner Erfindung des Dynamits möglich geworden waren.

Auf die zunächst vertrauliche Nachricht seines schwedischen Kollegen, des Mitglieds des Stockholmer Preiskomitees, Svante Arrhenius, hatte Röntgen enthusiastisch reagiert. »Ein Märchen ist zur Wirk-

---

61 Die Darstellung erfolgte in Zusammenarbeit mit S. Kitasato.
62 1901 gehörten dem Komitee an: Knut Ångström, Svante Arrhenius, Bernhard Hasselberg, Hugo Hildebrandsson und Robert Thalén.
63 Crawford, Heilbron, Ullrich; S. 20–21.
64 Zur Preisvergabe: Crawford (1984); S.164–165. Sowie: Weber und Knutsson (1969) und (1974).

lichkeit geworden!«[65], bekannte er in seinem Antwortschreiben vom 16. November 1901 und erklärte sich, aufgeschlossen wie selten und entgegen seiner Gewohnheit, sofort bereit, persönlich zu erscheinen: »Dass ich bei einer *solchen* Gelegenheit gern alles thun möchte, um allen Anforderungen und Wünschen gerecht zu werden, ist ja selbstverständlich und so würde ich auch gerne zur Preisvertheilung persönlich erscheinen, wenn ich es möglich machen könnte. Ich brauchte dazu Urlaub, der mir wahrscheinlich wohl nicht verweigert werden würde, weil ich noch niemals um einen solchen ersucht habe. Ob ich, wie Sie meinen, einen Vortrag bald nach der Preisvertheilung halten würde, kann ich noch nicht sagen.«[66]

Noch im November trafen dann gleich zwei Telegramme aus Stockholm im Physikalischen Institut ein, die offizielle Benachrichtigung vom Sekretär der Akademie, Christopher Aurivillius[67], und eine weitere Nachricht von Arrhenius[68]: Van't Hoff und von Behring hätten ihr Kommen zugesagt, schrieb er. Röntgens Urlaubsgesuch an das Ministerium ist auf den 6. Dezember datiert. »Unterthänigst« schreibt der Professor: »Die Königlich-schwedische Akademie legt besonderen Wert darauf, daß die Preisgekrönten am Verleihungstag (10. Dez. dieses Jahres) die Preise persönlich in Stockholm in Empfang nehmen. Da diese Preise einen ausnahmsweise hohen Wert haben und besonders ehrenvoll sind, so glaubt der ehrerbietigst, gehorsamst Unterzeichnete dem Wunsch der Königlich-Schwedischen Akademie, wenn auch nicht leichten Herzens, nachkommen zu müssen, und bittet er deshalb, ihm für die Dauer der nächsten Woche Urlaub gewähren zu wollen.«[69]

---

65 Röntgen an Arrhenius aus München am 16. Nov. 1901. RSAoS.
　　Zu dem Briefwechsel mit Arrhenius siehe auch: Knutsson (1969).
66 Röntgen an Arrhenius aus München am 24. Nov. 1901. RSAoS.
67 Aurivillius an Röntgen aus Stockholm am 17. Nov. 1901. RM.
68 Arrhenius an Röntgen aus Stockholm am 21. Nov. 1901. RM.
69 Urlaubsgesuch vom 6. Dez. 1901. BayHStAM MK 17921.

Röntgen fuhr also nach Schweden. Die Reise führte ihn über Berlin nach Rügen, dort nahm er die Fähre nach Malmö und reiste per Eisenbahn weiter nach Stockholm. Die Schiffspassage war schrecklich, wie er seiner Frau nach der Ankunft mitteilte:»Von Berlin an immer und immer Regen mit starkem Südwind. Das Schiff in Saßnitz ist zwar gut, aber nicht besonders groß, so daß es förmlich wie eine Nußschale hin und her geschleudert wurde.«[70] Über Schweden und seine Hauptstadt Stockholm meinte er:»Schweden liegt ganz im Schnee, und wenn auch keine Sonne scheint, so regnet oder schneit es doch nicht. Es muß im Sommer schön sein. Stockholm ist ganz eigenartig«[71], und kündigte an, daß er die Einladungen von Physikern, die sich dem Festbankett anschlössen, in jedem Fall ablehnen und bald zurückfahren werde.

Die Verleihung der Preise fand einen Tag später in der schwedischen Akademie für Musik statt.»Den Nobelpreis für Physik hat die Akademie an den Münchner Universitätsprofessor Wilhelm Conrad Röntgen verliehen auf Grund der Entdeckung, mit der sein Name allezeit verknüpft bleiben wird, der Entdeckung der Röntgenstrahlen, oder wie er sie selbst nannte, der X-Strahlen«[72], begann C.T. Odhmer, der Präsident der Schwedischen Akademie, seine Rede.»Da die Feier sich auf drei oder eigentlich vier Leute verteilte und ich nur $1\frac{1}{2}$ Tage mitmachte, ließ sich das Gefeiertwerden noch aushalten. Und ich muß sagen, die Schweden verstehen es, in einfacher und deshalb würdiger Weise solche Aufgaben zu erledigen«[73], schilderte der Physiker, bereits zurück in München, seinem Freund Boveri die kurze Feier. Er hatte in Stockholm keine offizielle Dankesrede gehalten, sondern beim Nobel-Bankett von seiner Vorliebe für skandinavische Mythologie erzählt, die für ihn stets etwas Romantisches und Aben-

---

70 Röntgen an Bertha aus Stockholm am 9. Dez. 1901. Zitiert nach Otremba; S. 30–31.
71 ebd.
72 Zitiert nach Schimank; S. 8.
73 RaTB aus Würzburg am 18. Dez. 1901.

teuerliches gewesen sei, was auch die Presse am nächsten Tag berichtenswert fand.[74]

In den folgenden sechs Monaten hätte er die Preis-Lesung nachholen sollen, doch in Briefen an Arrhenius fand Röntgen immer wieder Ausflüchte, warum er nicht nochmals nach Stockholm reisen könne: Am 17. April 1902 bat er, die Semesterferien im Juli oder August für den Vortrag nützen zu dürfen, um so seine Vorlesungspflichten nicht vernachlässigen zu müssen. Er wollte folglich die empfohlene Frist für die Ansprache, die sechs Monaten nach der Preisverleihung umfaßt, überschreiten. Arrhenius befreite ihn von einem »Alp«, als er ihm sogar die späten Termine September oder Oktober noch einräumte.[75] Am 6. Oktober wünschte sich Röntgen dann eine bestimmte Ausstattung für den Vortrag, der nun für Ende des Monats vorgesehen war. »Ich wollte nur, die Sache wär schon hinter mir; es ist der erste öffentliche Vortrag, den ich zu halten habe, und ich habe, wie man sagt, Lampenfieber!«[76]

Seine Hinhaltetaktik hatte Erfolg; es kam zu keiner Rede. Das Ende der ganzen Angelegenheit beleuchtet Bertha Röntgen in einem Brief an Lotte Schulz vom 12. Oktober: »Mit unserer schwedischen Reise ist es nichts, worüber mein Schatz sich furchtbar freut. Die Sache kam so! Willy meldete sich in Stockholm zum Vortrag und bat um Angabe eines bestimmten Tages, da kam von einem Comitée-Mitglied [Bernhard Hasselberg, der Vorsitzende des Physik-Komitees] ein Brief als Antwort, in welchem ihm 3 Tage vorgeschlagen wurden, daß er selbst wähle. Betreffender Herr machte aber den Nachsatz, falls er überhaupt den Vortrag halten wolle, was ja keine Verpflichtung sei. Dies ließ sich mein Mann nicht zwei Mal sagen und schrieb zurück, daß er sehr dankbar für den Fingerzeig sei und er unter diesen Um-

---

74 Knutsson (1969); S. 454–455.
75 Röntgen an Arrhenius aus München am 17. Apr. 1902 und am 26. Apr. 1902. RSAoS.
76 Röntgen an Arrhenius aus München am 6. Okt. 1902. RSAoS.

ständen gerne verzichte. Du kannst Dir denken, daß wir sehr froh
sind, diese strapaziöse Reise nicht machen zu müssen.«[77]

Dürfen wir diesem nicht-offiziellen Brief Glauben schenken, so war
es vor allem Rücksicht auf die kranke Frau und auch das eigene fort-
geschrittene Alter, die Röntgen entgegen seiner Art fast ein Jahr lang
hatte zögern lassen – was letztendlich Neidern ein weiteres Argument für die These lieferte, Röntgen habe die Strahlen nicht selbst
entdeckt. Mit seiner Absage rief er folglich genau die Kollegen auf
den Plan, von denen er befürchtete: »(...) dass unter den erwähnten
Umständen nicht der Eine oder der Andere mit vollem Recht sich gedacht haben würde, der Röntgen hat wohl gern den Vortrag halten
wollen, denn sonst hätte er die grosse Reise nicht gemacht und so viel
Zeit geopfert.«[78]

»... ABER KEINE SENSATIONELLEN ENTDECKUNGEN.«

Natürlich hatte der Physiker aus dem Trubel, den man um seine Entdeckung und seine Person veranstaltete, Konsequenzen gezogen.
Bloß nichts mehr Sensationelles erfinden! schien sein Motto geworden zu sein, wie Abram Fjodorowitsch Joffe zu berichten weiß. Vier
Jahre lang arbeitete der Physikstudent aus Leningrad, der später Direktor des dortigen Instituts für Halbleiterphysik wurde und 1953
maßgeblich an der Entwicklung der Wasserstoffbombe beteiligt war,
in Röntgens Labor. Auf Anraten seiner russischen Lehrer war er im
Dezember 1902 nach München gekommen, um bei Röntgen seine
Kenntnisse in Experimentalphysik zu verbessern, denn »man hielt
Röntgen für den besten Experimentator seiner Zeit«[79].
Gerade deshalb ist es auffallend, wie wenige von Röntgens Schülern
später zu »Top«-Physikern wurden: neben Joffe beispielsweise noch

---

77 Bertha Röntgen an Lotte Schulz aus München am 12. Okt. 1902. Zitiert nach
     Dessauer; S. 211.
78 Röntgen an Arrhenius aus München am 10. Okt. 1902. RSAoS.
79 Joffe; S. 19.

Peter Paul Koch, der seinem Lehrer von Würzburg nach München gefolgt war, nach seiner Promotion 1901 sein Assistent, dann Privatdozent, außerordentlicher Professor und 1919 ordentlicher Physikprofessor an der Universität Hamburg wurde.

Ein Photo der Röntgen-Schüler von 1906 zeigt deutlich, daß der Ruf des Physikers vor allem bei den Kollegen Röntgens angekommen war. Nicht wenige Professoren schickten ihre Söhne zum Studium an das Münchner Physikalische Institut. So ist auf dem Bild beispielsweise Lorenz Ludwig Max Ernst von Angerer zu sehen, der Sohn des Münchner Professors der Chirurgie, Ottmar von Angerer. Lorenz wurde nach seiner Promotion 1905 Assistent der mathematisch-physikalischen Sammlung des bayerischen Staates, später Konservator und Hauptkonservator des physikalischen Instituts der Technischen Hochschule in München. Rudolf Ladenburg ist abgebildet, der Sohn des Breslauer Professors für Chemie, Albert Ladenburg. Ladenburg wurde nach seiner Promotion 1906 ebenfalls als außerordentlicher Physikprofessor nach Breslau berufen und war dann ab 1924 wissenschaftliches Mitglied des Kaiser-Wilhelm-Instituts für physikalische Chemie & Elektrotechnik in Berlin-Dahlem. Auch Peter Pringsheim, Sproß des Münchner Mathematikers Alfred Pringsheim (und damit Schwager von Thomas Mann) ging nach seiner Promotion 1906 nach Berlin, wo er an der Universität zunächst Assistent, dann Privatdozent und 1924 außerordentlicher Professor für Physik war. Schließlich Alfred Magnus, Enkel des Berliner Metereologen Heinrich Dove und Großneffe des Berliner Chemikers Gustav Magnus, der nach seiner Promotion 1905 Universitätsdozent für physikalische Chemie in Tübingen und 1949 ordentlicher Professor für Physik an der Universität Frankfurt am Main wurde.[80]

---

80 Eine vollständige Liste der zwischen 1900 und 1922 unter der Leitung von Röntgen promovierten Physiker findet sich im UAM OC-N-14.

Abb. 23   Röntgens Schülerjahrgang von 1906 trat vor den Photographen: v.l.n.r (sitzend) Du Prel, Joffe, Schmaus, Wilson; (stehend) Koch, Schönhuber, von Hirsch, Wagner, Ladenburg, Angerer, Goedecke, Pringsheim, Lissauer, Goldschmidt, Basler, Magnus.

Dieser kurzen Liste seiner Münchner Schüler, die zu mehr oder weniger bekannten Physikern wurden, steht freilich die Zahl der Nobelpreisträger gegenüber, die sich erfolgreich mit der physikalischen Erforschung und Nutzung der Röntgenstrahlen befaßten – von Auszeichnungen in anderen Disziplinen, die ebenfalls ohne Röntgens Vorarbeit nicht denkbar gewesen wären, ganz zu schweigen.[81]

Als nutzbringend in humanitärer Hinsicht wurde die Entdeckung der Interferenz der Röntgenstrahlen 1912 durch Max von Laue, Walter Friedrich und Paul Knipping erachtet, die endgültig[82] zum Beweis der Wellennatur der Strahlen – und zudem zum Beweis der Raumgitterstruktur von Kristallen – beitragen sollte. Von Laue erhielt 1914 den Nobelpreis, den er mit Friedrich und Knipping teilte, nachdem er auch theoretisch nachgewiesen hatte, daß Röntgenstrahlen sich gegenüber Kristallen verhalten wie sichtbares Licht gegenüber einem optischen Gitter.[83]

Bereits ein Jahr darauf wurden William Lawrence Bragg und sein Vater William Henry von der Universität Cambridge für ihre Erklärung der Diffraktion der Röntgenstrahlen ausgezeichnet. Sie konnten die Beugung als Folge der Reflexion des primären Röntgenstrahls an den verschiedenen Ebenen des Kristallgitters deuten. »Damit wurde erstmals die selektive Wirkung des Kristalls für die verschiedenen Wellenlängen des Primärstrahls beschrieben, die je nach Beugungswin-

---

81 Vgl. Dessauer, Kap. »Saat des Geistes«; S. 225–247.
82 Zu der falschen Deutung des Experiments, die erst fast ein Jahr nach der Entdeckung aufgeklärt werden konnte, siehe Eckert, Michael; S. 46–47.
   Ebenso Forman, P.: The Discovery of the Diffraction of X-Rays by Cristals: A Critique of the Myths. Archive for History of the Exact Sciences 6 (1969); 38–71.
83 Interferenzerscheinungen mit Röntgenstrahlen. Theoretischer Teil von M. Laue, Experimenteller Teil von W. Friedrich und P. Knipping. In: Sitzungsber. der Bay. Akad. d. Wiss. Jg. 1912; S. 303–323.
   Zur Vorgeschichte dieser Entdeckung vgl.: Hildebrandt, Gerhard: Max von Laue, der »Ritter ohne Furcht und Tadel«. In: Treue, Wilhelm, Gerhard Hildebrandt (Hrsg.): Berlinische Lebensbilder I. Naturwissenschaftler. Berlin 1987; S. 223–244. Hier: S. 225–230. Sowie: Lemmerich; S. 3–4.

kel für andere Wellenlängen Interferenz ergab ('Bragg-Bedin-
gung').«[84] Damit war der Grundstein zur Röntgenspektroskopie gelegt, die die Strahlen auch für die Strukturanalyse organischer Stoffe
und damit für die Mikrobiologie und die organische Chemie nutzbar
machten.

1917 folgte die Verleihung des Nobelpreises an Charles Glover
Barkla, der nach dem Nachweis der Polarisation der Röntgenstrahlen (dem bereits 1906 geführten Beweis, daß die Röntgenstrahlen keine Teilchenstrahlen, sondern eine Art von Licht sind) 1908 auch die
Fluoreszenz- oder charakteristische Röntgenstrahlung entdeckt hatte. 1924 wurde die Forschung des Schweden Karl Manne Siegbahn
ausgezeichnet, der die Röntgenspektren nahezu aller chemischer
Elemente untersucht und die Gammaspektroskopie begründet hatte.

Aber zurück zu Joffe. Der mußte zunächst bei den damaligen Assistenten Schmaus, Wagner und Koch ein aus 100 Aufgaben bestehen-
des Praktikum absolvieren. Im Mai 1903 wurde er damit beauftragt,
die eben erst erschienene Mitteilung Pierre Curies über die vom Radium abgegebene Wärme zu überprüfen. Bei dieser Arbeit wurde er
ab Juni von Röntgen persönlich unterstützt, und gemeinsam wollte
man der Frage nach der Herkunft der Energie des Radiums nachgehen. Die Analyse ließ beide Physiker bald der Hypothese Ernest
Rutherfords von der inneratomaren Umwandlung zustimmen.
Nach einem halben Jahr ging Joffe in Deutschland das Geld aus, und
Röntgen schlug ihm vor, sein Assistent zu werden und bei ihm zu promovieren. Joffe begann auf seine Anweisung hin mit der Untersuchung der piezoelektrischen und piezooptischen Effekte von Kristallen. Doch als er im Frühjahr 1904 bei der Bestrahlung mit UV-Licht,
Radium und auch Röntgenstrahlen erstaunliche Entdeckungen
machen kann, kam die Antwort Röntgens aus Santa Margherita post-
wendend: »Ich erwarte von Ihnen ernsthafte wissenschaftliche

---

84 Eckert, Michael; S. 47.

Arbeit, aber keine sensationellen Entdeckungen. Röntgen«[85] Diese
Warnung habe ihm Röntgen später so erklärt, erinnerte sich Joffe:
»Nach der Entdeckung seiner Strahlen waren so viele Sensationen
aufgetaucht, daß die Strahlen bei den Physikern in eine schlechten
Ruf kamen. Die Beschreibung jeglicher Strahlungen und ihrer Wir-
kungen hinterließen den Eindruck von etwas Unsolidem.«[86]

Joffe arbeitete beharrlich weiter an seinen Versuchen. Auch Röntgen,
von dem zunächst ja die Themenstellung ausgegangen war, habe
schließlich die Forschung zusammen mit ihm wieder aufgenommen,
erinnerte er sich. Zwei Gründe, vermutete er, seien dafür verantwortlich gewesen: »Seit der Entdeckung der Röntgenstrahlen waren
acht Jahre vergangen. Ein angemessenes Forschungsthema hatte
Röntgen nicht, obwohl er danach suchte und sich der neuesten For-
schungsmethoden bediente, wie z.B. des Ultramikroskops. Ein solches war in seinem Kabinett aufgestellt, aber zu einem perspektiv-
losen Ansammeln von experimentellen Daten wollte er sich nicht
herablassen.«
Andererseits nahm Joffe auch an, daß Röntgen ganz intuitiv die Untersuchung seiner Entdeckung auf dem Feld der Kristallphysik vorangetrieben habe: »Röntgen hatte die Erscheinungen des Licht-
durchganges durch Kristalle tief durchdacht, auch die Doppelbrechung, die Rolle mechanischer und elektrischer Wirkungen und die
Drehung der Polarisationsebene. Die Analogie zwischen den X-Strahlen und dem Licht hatten Röntgens Gedanken und seine Experimentierkunst auf Erscheinungen gelenkt, die die noch rätselhaften Eigenschaften der X-Strahlen mit der Kristallsymmetrie in Zusammenhang brachten.« Die Natur der Strahlen sollten später andere ent-
decken, denn: »Zu der Zeit, als Röntgen seine Versuche anstellte, gab
es keine logischen Begründungen dafür, den Kristall weiter entfernt

---

85 Zitiert nach Joffe; S. 22.
86 ebd.

aufzustellen und den Strahl zu verengen, und Röntgen unternahm keine Versuche auf gut Glück, ohne klare Gedankenführung.«[87] Röntgen und der begeisterte Kommunist Joffe, der nach seiner Promotion 1906 überraschend nach Rußland zurückkehrte, um dort die Revolution zu unterstützen, setzten ihre gemeinsame Kristallforschungsarbeit auch später fort. Aber Röntgen verzögerte die Veröffentlichung der Ergebnisse bis zu seinem Tod durch äußerst kritische und genaue Bearbeitung.[88]

Neben der Kristallforschung gab Joffe in seinen Memoiren auch Auskunft über den Alltag im Röntgenschen Institut. Es sei ein »gut eingespielter« Mechanismus gewesen, in dem der Leiter selbst täglich pünktlich um 8 Uhr kam und – mit zweistündiger Unterbrechung zwischen 12 und 14 Uhr – um 18 Uhr ging: »Zum Institut gehörte ein großes Auditorium und zwei kleine, das Praktikum für 100 Studenten und ungefähr 20 wissenschaftliche Mitarbeiter[89]. Die Verwaltung bestand insgesamt aus einem einzigen Assistenten. Als dieser Posten von mir versehen wurde, nahm er mich alles in allem wöchentlich zwei Stunden – am Sonnabend – in Anspruch. (...) Die Vorlesungen hielt Röntgen ohne das geringste Lächeln, aber mit einer großen Zahl sorgfältig zusammengestellter und einwandfrei funktionierender Experimente. Die Physik wurde bis zu den letzten Ergebnissen dargestellt, wobei auf die Beschreibung der Experimente, der beobachteten physikalischen Vorgänge und die Erklärung aus den physikalischen Grundgesetzen großes Gewicht gelegt wurde. Die letzteren bildeten den Mittelpunkt der ganzjährigen Kursvorlesung.«[90] Röntgen habe sich durch »Zurückgezogenheit« ausgezeichnet, bemerkte Joffe, und auch Max von Laue, der seit 1909 Privatdozent am

---

87 ebd.; S. 29–30.
88 ebd.; S. 24–25.
89 Es handelte sich hierbei nicht um Planstellen aus der Grundausstattung, sondern um Volontariate.
90 Joffe; S. 32–33.

Lehrstuhl für theoretische Physik war, erinnerte sich, daß Röntgen im Sommer stets in seinem Jagdhaus in Weilheim lebte und täglich mit der Bahn zu seinen Lehrveransaltungen fuhr. Er, von Laue, habe den berühmten Phyiker daher nur ein einziges Mal in Ruhe sprechen können, »als ich auf einer Bahnfahrt nach Feldafing in einem sehr vollen Zuge den einzig freien Platz in einem Abteil 3. Klasse gegenüber seiner Exzellenz fand. Da gewann ich den Eindruck, daß sich unsereiner recht gut mit ihm hätte verständigen können, wäre nur mehr Gelegenheit dazu gewesen«[91].

Ab und zu traf sich Röntgen mit seinen Assistenten, besprach Universitätsereignisse und manchmal – wohl in Hinblick auf den ausländischen Gast – russische Angelegenheiten: »Gorki und Tchechow in der Literatur, die demokratischen Traditionen der Intelligenz und das Polizeiregime der zaristischen Regierung wurden in liberalem Geist diskutiert. Aber der deutsche Patriotismus herrschte in dieser Gesellschaft ständig vor.«[92] Der Kommunist Joffe legte in seinen späteren Erinnerungen auf solches Verhalten natürlich besonders großen Wert. Seine Einschätzung Röntgens ist zwar kritisch, bescheinigte dem Lehrer aber auch 1962 stete »Toleranz« und »Vorurteilslosigkeit«: »In seinen politischen Ansichten war Röntgen liberal. Er verhielt sich stark ablehnend gegenüber den klerikalen und reaktionären Parteien, die in der Epoche Wilhelms II. herrschten. Sowohl während der Herrschaft der Hohenzollern als auch nach ihrem Sturz war Röntgen ein Gegner der Monarchie. Der zaristischen Herrschaft stand er so feindselig gegenüber, daß er es ablehnte, zaristische Orden anzunehmen. Röntgen verachtete Antisemitismus und Rassisten. Aber er verstand auch die Kommunisten nicht.«[93]

---

91 Von Laue, Max: Gesammelte Schriften und Vorträge (3 Bd.). Braunschweig 1961. Bd. 1; S. 114.
92 Joffe; S. 31.
93 ebd.

Kann sich Röntgen mit solch einer Einstellung in der bayerischen Residenzstadt unter »Seinesgleichen« wohlgefühlt haben? In einer Stadt, deren, wie Thomas Mann schrieb, »politische Problematik sich auf den launigen Gegensatz zwischen einem separatistischen Volkskatholizismus und einem lebfrischen Liberalismus reichsfrommer Observanz beschränkte, – München mit seinen Wachparade-Konzerten in der Feldherrnhalle, seinen Kunstläden, Dekorationsgeschäftspalästen und Saison-Ausstellungen, seinen Bauernbällen im Fasching, seiner Märzenbier-Dicktrunkenheit, der wochenlangen Monstre-Kirmes seiner Oktoberwiese, wo eine trotzig-fidele Volkshaftigkeit, korrumpiert ja doch längst vom modernen Massenbetrieb, ihre Saturnalien feiert; München mit (...) seinen esoterischen Koterien, die hinter dem Siegestor ästhetische Abendfeiern zelebrierten, seiner in öffentliches Wohlwollen gebetteten und grundbehaglichen Bohème.«[94]

Röntgen war aufgrund seines Amtes als Vorstand des Physikalischen Institutes und als Staatsdiener in Kreise involviert, in denen auftreten zu müssen ihm zuwider war. 1905 schrieb er seinem Freund Boveri: »In München könnte so vieles so schön und gut sein, wenn nur nicht so manche Leute da wären, die hauptsächlich von ihrer eigenen Bedeutung so sehr überzeugt sind, ohne daß sie dazu einen genügenden Grund haben.«[95] Den Repräsentationspflichten konnte er sich nicht entziehen. Die Schilderung einer großen Hoftafel zu Ehren der 44. Hauptversammlung des Vereins deutscher Ingenieure Ende Juni 1903 gibt einen Einblick in gesellschaftliche Verpflichtungen, die Röntgen über sich ergehen ließ: Seine königliche Hoheit, der Prinzregent, hatten zu einem Gespräch über das zu gründende Deutsche Museum eingeladen, und der Stadtchronist wußte zu berichten: »Zur linken Seite des Regenten saßen nach dem Minister Freiherr von

---

94 Mann, Thomas: Doktor Faustus. Das Leben des deutschen Tonsetzers Adrian Leverkühn erzählt von einem Freunde. In: Thomas Mann. Gesammelte Werke. Bd. 6. 2. Aufl. Frankfurt/M. 1974. Hier: S. 269–270. (Erstausgabe Stockholm 1947).

95 RaTB aus Sta. Margherita am 31. März 1905.

Podewils Staatsminister Dr. von Wehner, Generaldirektor von Oechelhaeuser, der Präsident des Vereins deutscher Ingenieure, Generaldirektor Dr. Wiegand, Geheimrat Dr. von Zittel, Geheimrat Dr. Roentgen, Geheimrat Dr. Oswald, I. Bürgermeister Geheimer Hofrat Dr. von Börscht (...). Während des Festes erhob sich seine königliche Hoheit der Prinz-Regent und trank auf das Wohl seiner lieben Gäste, unter denen so viele Koriphäen der Wissenschaft vertreten seien, und auf das Gedeihen der Arbeiten des in München tagenden Kongresses sowie auf das Gedeihen des neuzugründenden Museums von Meisterwerken der Naturwissenschaft und Technik in München. Nach der Tafel hielt seine königliche Hoheit noch selbst eine Stunde Circle in den weissen Zimmern, wo der Kaffee serviert wurde.«[96]

Erst wenige Wochen zuvor hatten einige der wissenschaftlich-technischen »Koriphäen« den Beschluß gefaßt, in einem neuen Museum die Leistung und die Vormachtstellung des Deutschen Reichs auf den Gebieten Naturwissenschaft und Technik gebührend zu präsentieren. Dank und Unterstützung des Prinzregenten und des Kaisers waren ihnen sicher.

DAS DEUTSCHE MUSEUM

»DIE INTERESSEN DES MUSEUMS GEHÖREN ZU DEM INTERESSENKREIS DES REICHES...«

Waren bereits die Weltausstellungen, die seit Mitte des 19. Jahrhunderts Errungenschaften aus Industrie und Technik präsentierten, primär Schauplätze nationaler Selbstdarstellung[97], sollte nun auch Deutschland eine »Ruhmes- und Bildungseinrichtung« in Form eines

---

96 Aus der Chronik der Stadt München 1903.
97 Vgl. Hochreiter, W.: Vom Musentempel zum Lernort. Zur Sozialgeschichte deutscher Museen 1800–1914. Darmstadt 1994; S. 131–132.

Museums bekommen, wie es Paris mit dem »Conservatoire des Arts et des Metiérs« und London mit dem »South Kensington Museum« längstens hatten. Das Deutsche Reich war seit 1890 zweitgrößter Exporteur der Welt, nur übertroffen von den USA. Nicht nur die Schwerindustrie, auch die chemische Industrie und vor allem die Elektrotechnik hatten die Tore zum Weltmarkt geöffnet.

Ziel der Wilhelminischen Politik aber war es, nicht nur als Wirtschafts-, sondern auch als Militärmacht führend in der Welt zu werden. Man hatte die Bedeutung von Wissenschaft und Technik für die Rüstungsindustrie erfaßt. Entsprechend viel Geld stand für die Naturwissenschaften zur Verfügung, zumal man zur Erkenntnis gekommen war – wie Prinz Ludwig von Bayern anläßlich der Gründungsfeiern zum Deutschen Museum für Naturwissenschaften und Technik etwas laienhaft simplifizierte – »Die Technik ist nichts anderes als Physik und Physik nichts anderes als Naturwissenschaft«[98].

Die Forscher und Ingenieure, die dem deutschen Volk weltweit zu Ansehen verholfen hatten, waren nicht nur gerngesehene Gäste bei Kaiser und Prinzregenten, sondern Vorbilder für die Jugend und gefeierte Nationalhelden. Nun sollten ihre Bemühungen und Erfolge, vor allem aber die Wechselwirkung zwischen Naturwissenschaft und Technik und damit auch die Leistung der Ingenieure[99], erstmals einer Laienöffentlichkeit gebührend präsentiert werden. Ein deutsches Museum sollte die »Industriearchäologie mit denkmalpflegerischen Absichten« einerseits und andererseits »eine soziale Aufwertung

---

98 »Bericht über die unter dem Vorsitze Sr. Königlichen Hoheit des Prinzen Ludwig von Bayern am 28. Juni 1903, vormittags 11 Uhr im Festsaale der Kgl. Bayer. Akademie der Wissenschaften in München erfolgte Gründung des Museums von Meisterwerken der Naturwissenschaft und Technik.« In: Verwaltungsberichte und Berichte über die Ausschuß-Sitzungen des deutschen Museums 1903 bis 1930 (im folgenden abgekürzt als »Verwaltungsberichte«). ADM.

99 Zu der sozialgeschichtlichen Entstehungsgeschichte des Museums vgl. Osietzki, Maria: Die Gründungsgeschichte des Deutschen Museums von Meisterwerken der Naturwissenschaft und Technik in München 1903–1906. In: Technikgeschichte Jg. 52, 1 (1985) 49–75.
Sowie: Hochreiter, insb. S. 126–179.

und Legitimation der Ingenieurskunst bzw. ihrer Träger, der Ingenieure«[100] zum Ziel haben. Daß es ausgerechnet in München entstand, das zur Jahrhundertwende keineswegs eines der führenden Industriezentren Deutschlands war und keinen Betrieb über 1000 Beschäftigte hatte, war vor allem der Initiative des Baurates Oskar von Miller zu verdanken: Am 5. Mai 1903 hatte der Bauingenieur[101] in München einem kleinen Kreis von Technikern, Wissenschaftlern, Vertretern staatlicher und städtischer Behörden den Plan zur Gründung eines »Museums für Meisterwerke der Naturwissenschaft und Technik« vorgelegt. Röntgen war einer der Geladenen. In einem Text, der anläßlich der Grundsteinlegung des Gebäudes verteilt wurde, hieß es zur Zielsetzung: »Ein Deutsches Museum sollte errichtet werden, (...) der Entwicklung der Naturwissenschaft und Technik, insonderheit der deutschen gewidmet, eine lebendige Geschichte deutschen Forschungs- und Erfindungsgeistes, in welcher der Einfluss der wissenschaftlichen Forschung auf die Technik, wie er vor andern das XIX. Jahrhundert kennzeichnet, zu allseitiger Darstellung gelangt, eine Ruhmeshalle der Männer, deren Gedanken und Taten der heutigen Kultur so viel von ihrem besonderen Gepräge gegeben haben, in Anschauung und Vergleich eine Quelle historischer Erkenntnis für den Gelehrten, eine Fundstätte fruchtbarer Ideen für den Techniker, Vorbild und Ansporn, die Hand an gutes Werk zu legen, für das ganze Volk!«[102]

Oskar von Miller gelang es, großzügige finanzielle Unterstützung von allen Seiten zu organisieren. Zudem gewann er für den Protektorat und den Vorsitz der Jahresversammlungen den Prinzen Ludwig. Auch

---

100 Kunze, Peter, Angelika Pilsak: Das Gebäude. In: Mayr, Otto (Hrsg.): Deutsches Museum von Meisterwerken der Naturwissenschaften und Technik. München 1990; S. 25.

101 Von Miller war an der Errichtung der ersten deutschen elektrotechnischen Zentralstation in Berlin beteiligt gewesen, hatte sich Verdienste um die Elektrifizierung Bayerns und die erste deutsche Elektrizitätsausstellung im Münchner Glaspalast erworben und war nun im Staatsdienst tätig.

102 Von Dyck, Walther: Chronik des Deutschen Museums von Anbeginn bis zur Grundsteinlegung. 1906; S. 1. Als Einzelblatt bei der Eröffnung verteilt. ADM.

der Kaiser förderte das Gremium und lud bald regelmäßig nach Berlin ein[103], als der Kontakt zwischen von Miller und der Reichsleitung geknüpft war, bzw. das Münchner Museum auch von seiner Majestät und dessen Ministern als notwendige deutsche Nationalanstalt erkannt worden war. Den ersten Kontakt zum Kaiser hatten Röntgen und Adolf Slaby hergestellt.[104]

Röntgen – der bezeichnenderweise im Protokoll der ersten Sitzung und später nie mehr wieder mit »Herr Geheimrat *von* Roentgen« geführt wurde – setzte sich von Anfang an vehement für die Präsentation »seiner« Physik ein. Ihre Aufnahme in die Sammlungen des Museums sei »zeitgemäß«, und er erinnerte daran, »daß in Würzburg und Erlangen wertvolle Gegenstände seien, und daß er schon früher in Würzburg vergeblich versucht habe, diese Sammlung für die Allgemeinheit richtig zur Geltung zu bringen«[105]. Er erklärte sich persönlich bereit, physikalische und chemische Institute und Firmen wegen historischer Apparate anzuschreiben.[106]

Apparate – Originale, Nachbauten oder Modelle – sollten erstmals auf Wunsch von Millers nicht nur ausgestellt, sondern auch demonstriert werden: »Eine Röntgenanlage war z.B. uneingeschränkt zugänglich, und es kam vor, daß Sportler montags ins Museum kamen, um sich am Wochenende erlittene Knochenbrüche selbst zu diagnostizieren.«[107]

---

103 Vgl.: Das Deutsche Museum. Geschichte, Aufgaben, Ziele. Im Auftrage des Vereins Deutscher Ingenieure unter Mitwirkung hervorragender Vertreter der Technik und Naturwissenschaft, bearbeitet von Conrad Matschoss (im folgenden abgekürzt als »Das Deutsche Museum«). Berlin–München 1925.
Sowie: Mayr.

104 Bericht über die unter dem Vorsitze Sr. Hoheit des Prinzen Ludwig von Bayern am 28. Juni 1903 erfolgte Gründung des Museums von Meisterwerken der Naturwissenschaft und Technik. In: Verwaltungsberichte; S. 18.

105 Protokoll der Vorbesprechung vom 5. Mai 1903, die im Sitzungssaal der kgl. Obersten Baubehörde tagte. In: Verwaltungsberichte.

106 Röntgen an v. Miller aus München am 10. Juni 1903. In: Verwaltungsberichte.

107 Mayr; S. 9.

Bereits am 28. Juni 1903, einen Tag vor der Hauptversammlung des Verbands Deutscher Ingenieure, konnte man unter dem Vorsitz des Prinzen Ludwig von Bayern die offizielle Gründung des Museums feiern. Der deutsche Kaiser nahm sie »mit Befriedigung« zur Kenntnis: »Ich verspreche Mir von dem neuen Museum eine wesentliche Förderung der deutschen Naturwissenschaft und Technik, die ja schon jetzt in der ganzen Welt eine so hochangesehene Stellung einnehmen. Gerne werde ich dem von so bewährten Männern ausgegangenen vaterländischen Unternehmen Mein besonderes Interesse zuwenden und weitere Mitteilungen über die Entwicklung des Vereins entgegennehmen«[108], schrieb er in einer Grußadresse an die Vertreter der konstituierenden Sitzung.

Daß es sich bei dem Museum um ein »vaterländisches Unternehmen« handelte, wie das der Kaiser ausdrückte, stand spätestens jetzt außer Frage. So sollten im Ehrensaal des Museums lediglich die größten deutschen Forscher und Ingenieure »in Bild und lapidarer Inschrift«[109] präsentiert werden und auch der Name »Deutsches Museum« wurde 1905 nach Vorbild des Germanischen Nationalmuseums in Nürnberg und des Britischen Museums in London in dieser Absicht beschlossen. Damit sollte zum Ausdruck kommen, »daß nicht eine Persönlichkeit, nicht eine Stadt und nicht ein Land, sondern alle Volkskreise des ganzen deutschen Reiches diesen Ruhmestempel deutscher Arbeit geschaffen haben«[110], erinnerte sich von Miller später.

Am 18. Juli 1903 wurde Röntgen zum Vorsitzenden des Vorstandsrates ausgelost, dem der Berliner Geheime Regierungsrat Wilhelm von Siemens und der Nürnberger Baurat Anton Rieppel, der gleichzeitig als Mitglied des Zentralverbandes der Deutschen Industrie, General-

---

108 Dt. Kaiser Wilhelm I. antwortet auf konstituierende Sitzung mit Prinzregent Luitpold von Bayern. In: von Dyck; S. 2–3.
109 Von Dyck; S. 4.
110 Von Miller, Oskar: Die Förderer des Deutschen Museums. In: Das Deutsche Museum; S. 357.

direktor in der Maschinenfabrik Augsburg-Nürnberg und Vorsitzender des Gewerbemuseums Nürnberg tätig war, angehörten.

Als einige hochrangige Staatsbedienstete – Reichskanzler Dr. Fürst
von Bülow, der Kaiserliche Staatssekretär des Innern, Dr. Graf von
Posadowsky-Wehner sowie der Königlich Bayerische Staatsminister
des Äussern, Dr. Freiherr von Podewils-Dürniz – sich bereiterklärten,
als Ehrenpräsidenten ihren Namen für die Sache des Museum zu
geben, dankte Röntgen ihnen in der zweiten offiziellen Ausschußsit-
zung und unter den Augen des Prinzen, der den Vorsitz führte: »Dadurch, daß die Namen des Reichskanzlers und des Staatssekretärs
unter denen der Ehrenpräsidenten in Zukunft aufgeführt werden, ist
dem Museum für alle Zeiten der Stempel einer deutschen Nationalanstalt aufgedrückt; die Interessen des Museums gehören zu dem In-
teressenkreis des Reiches und wir dürfen hoffen, daß das Reich uns
seine uns so nothwendige Unterstützung auch weiter zuteil werden
lassen wird. Für dieses ungemein wertvolle Patengeschenk schulden
wir den genannten hohen Beamten des deutschen Reiches den ehrerbietigsten und wärmsten Dank.«[111]

Bis 1906 leitete Röntgen die Vorstandssitzungen und schied – wie ein
Drittel der Ratsmitglieder gemäß § 6 der Statuten – zum Ende des
Jahres aus.[112] Krönender Abschluß seiner Amtszeit wurde die feierliche Grundsteinlegung des Museumsneubaus am 12. und 13. November 1906, deren Ablauf auf höchster politischer Ebene vorbereitet
wurde.[113]

Das Festprogramm begann mit einer Vorstellung im Königlichen Hof-
und Nationaltheater, die neben den Vorstandsräten und zahlreichen
Ehrengästen auch der Kaiser, die Kaiserin, der Prinzregent und sämt-

---

111 Bericht über die zweite Ausschuss-Sitzung unter dem Vorsitze Sr. Kgl. Hoheit
     des Prinzen Ludwig von Bayern am 3. Oktober 1805 in der Aula der König-
     lichen Technischen Hochschule zu München. In: Verwaltungsberichte.
112 Dankurkunde im Besitz der FH Würzburg.
113 Osietzki; S. 66.

Abb. 24   Mit einem Hammerschlag übergab der Deutsche Kaiser das Deutsche
Museum offiziell seiner Bestimmung: Die ehrenvolle Präsentation der Werke deut-
scher Forscher und Ingenieure war das Ziel des Bauwerks, an dessen erfolgreicher
Errichtung auch Wilhelm Conrad Röntgen beteiligt war. Dessen herausragende
Stellung demonstrierte der Künstler auf seinem Gemälde von der Eröffnungsze-
remonie. Röntgen steht in erster Reihe rechts hinter dem Kaiser und unter dem
Kruzifix. Unmittelbar links von Röntgen: der geistige Vater des Museums, Oskar von
Miller.

liche Prinzen besuchten und »bei welchem die Künstler unter Leitung von Prof. Emanuel v. Seidl ein Festspiel zur Verherrlichung der Wissenschaft und Technik veranstalteten«.

Am nächsten Tag wurde der Grundstein gelegt. Die Festrede hielt Röntgen, der amtierende Erste Vorsitzende des Vorstandsrates: »Die Errichtung eines Deutschen Museums, in dem die Entwicklung der Technik und der ihr verwandten Naturwissenschaften zur Darstellung gelangt, war eine Notwendigkeit geworden. Nicht nur, daß die Beispiele in Frankreich und England zur Nachahmung drängten, sondern es bestand auch die Gefahr, daß in Deutschland die alten Apparate und Maschinen (...) im Hasten und Drängen der jetzigen Zeit verloren gehen würden.«

Der Ansprache folgte ein Dankgebet aus – vielleicht auf Wunsch Röntgens? – alten niederländischen Volksliedern, gesungen von 600 Kindern und 700 Sängern des Bayerischen Sängerbundes mit Orgel- und Orchesterbegleitung. Nach einem kurzen Gruß des Prinzregenten Luitpold von Bayern reichte Röntgen ihm den Hammer, Luitpold gab ihn an den Kaiser weiter – und die Symbolkraft dieser Geste für die mächtige Stellung Röntgens im Reich wurde auch auf einem Bild zur Museumsgründung entsprechend gewürdigt. Der Hammerschlag des Kaisers ging dann im Geläute sämtlicher Glocken der Stadt unter.[114]

---

114 Aus dem Programm der Grundsteinlegung. In: Verwaltungsberichte.

RUFE AUS BERLIN

»ICH KANN AUCH WIEDER IN ANREGENDER WEISE ÜBER PHYSIKALISCHE DINGE REDEN.«

Röntgens gesellschaftliche sowie wissenschaftliche Stellung war unumstritten; er war einflußreicher denn je. Keiner schien nun besser geeignet, die innovative Führung Deutschlands auf den Gebieten Technik und Naturwissenschaft glaubhaft zu vertreten. Gerne hätte der Kaiser ihn in Berlin gesehen, und ein entsprechendes Angebot der Berliner Physikalisch-Technische Reichsanstalt blieb nicht aus. Friedrich Kohlrausch, der bisherige Leiter der Anstalt, war physisch zu schwach, um seinen Amtsgeschäften weiter nachzukommen. Für seine Nachfolge wünschte sich Kuratoriums-Vorsitzender Theodor Lewald einen weithin bekannten Physiker, der durch seinen Ruhm und sein Ansehen die Anstalt würdig in aller Welt vertreten könnte. Dieser sollte das führende Institut für Maße und Normale, das das Vorbild aller anderen nationalen Laboratorien war und sich nun zunehmend der nachahmenden Konkurrenz im In- und Ausland ausgesetzt sah, weiterhin an der Spitze halten. In einem Briefwechsel zwischen Kohlrausch und Wilhelm Wien fiel zudem der Wunsch, daß der Kandidat »ein gewisses kanonisches Alter« erreicht habe, »der Präzisionsphysik nahe« stehe und »natürlich frei von geschäftlicher Abhängigkeit von der Technik« sein müsse.[115] Röntgen, seit 1897 Mitglied des Kuratoriums, hielt man für am besten geeignet.

Am 29. Juli 1904 setzte das Reichsamt des Inneren in Berlin das bayerische Staatsministerium in einem geheimen Schreiben von dem Wunsch in Kenntnis, Röntgen nach Berlin zu holen.[116] Als dem Physiker dies zu Ohren kam, ließ er sich für seine Antwort viel Zeit.

---

115 Briefwechsel Kohlrausch und Wien. ADM.
116 Reichsamt des Inneren an Bay. Staatsministerium am 29. Juli 1904. BayHStAM MK 17921.

»Es ist jedenfalls dieser für Helmholtz geschaffene Posten das Höchste, was ein Physiker sich wünschen kann«[117], gab Theodor Boveri
seinem Freund zu bedenken, und mit dieser Meinung stand er nicht
allein.[118] Spätestens Mitte Oktober entschloß sich Röntgen, in Bayern
zu bleiben, da er, wie er Zehnder mitteilte, es für seine Pflicht hielt
»abzulehnen, wenn ich zu der Ueberzeugung gelangt bin, daß ich für
die betreffende Stelle nicht geeignet bin«[119].

Er war als Physiker in erster Linie Forscher und wenig an der praktischen Anwendung seiner Ergebnisse interessiert. Das zeigt nicht
nur der Umgang mit »seinen Strahlen«, sondern es beweisen auch die
Anregungen, die er dann 1905 und 1906 der Reichsanstalt gab. Man
solle sich mehr um reine Physik kümmern, sich mit den »Grundlagen
der Mechanik« auseinandersetzen[120], meinte er, obwohl er wußte,
daß dies nicht der vorrangige Zweck der Berliner Einrichtung sein
konnte. Bei seiner Ablehnung, schrieb er, habe er vor allem »das Interesse der Reichsanstalt« im Auge gehabt, und nicht die Frage, »ob
nun die Annahme des Rufes resp. die Ablehnung desselben für mich
persönlich aus diesem oder jenem Grunde wünschenswert gewesen
wäre«[121].

Röntgen war 59 Jahre alt und spürte allmählich seine Arbeitskräfte
schwinden. An fachwissenschaftlichen Tagungen und Versammlun-
gen nahm er nicht teil, so daß »der berühmte Physiker den jüngeren
Fachkollegen außerhalb Münchens persönlich unbekannt blieb«[122].
Auch seine eigenen Doktoranden betreute er nur noch sporadisch. Er
wußte das und versuchte dennoch, die Tatsachen zu beschönigen:
»So intensiv wie früher kann ich mich schon deshalb, aber auch mei-
netwegen nicht mit jedem einzelnen befassen: die Leute sind aber

---

117 TBaR aus Höfen am 9. Sept. 1904.
118 Cahan; S. 246.
119 RaZ aus München am 11. Okt. 1904.
120 Cahan; S. 253.
121 Wie Fußnote 119.
122 Herneck; S. 86f.

auch sehr nett und helfen sich gegenseitig in der denkbar besten Weise.«[123]

Eine Besserung der Verhältnisse am Institut und eine Arbeitserleichterung für sich selbst erhoffte sich Röntgen vor allem durch die Besetzung der verwaisten theoretischen Physikprofessur.[124]

Seit Boltzmanns Rückkehr nach Wien war der Lehrstuhl unbesetzt geblieben. Dabei hatte Röntgen schon bei seinem Amtsantritt gegenüber Kultusminister Landmann bemängelt, »daß das Lehrfach der Physik nur zur Hälfte besetzt sei, solange die ordentliche Professur für theoretische Physik noch nicht ihre Besetzung gefunden habe«[125]. Leo Graetz, der als außerordentlicher Professor zusammen mit dem Privatdozenten Arthur Korn in der Zwischenzeit die Vorlesungen über theoretische Physik hielt, erwies sich als keine ausgesprochen glückliche Wahl.[126] Er hatte Röntgens Experimentalvorlesungen nichts Attraktives entgegenzusetzen. Der großen Zahl von Studenten – nach der Nobelpreisverleihung noch gewachsen – konnte Röntgen kaum Herr werden. Zu Beginn des Wintersemesters 1904/1905 schrieb der Ordinarius an Zehnder: »Hier hat das Semester wieder begonnen. Die Vorlesung scheint noch stärker belegt zu werden, als es schon der Fall war (bis jetzt ca. 430)...«[127]

Den dringlichen Wunsch nach Abhilfe brachte Röntgen nun erneut in die Bleibeverhandlungen mit dem Münchner Ministerium ein: Er wolle »an der Universität München eine Pflegestätte für den physikalischen Unterricht und für die physikalische Forschung (...) erschaffen, die dem Stand und der Bedeutung der Physik entspricht«[128],

---

123 RaZ aus Davos-Dorf am 30. Dez. 1905.
124 Zur langen Vorgeschichte der Berufung vgl.: Eckert, Michael, Willibald Pricha: Boltzmann, Sommerfeld und die Berufungen auf die Lehrstühle für theoretische Physik in Wien und München 1890–1917. In: Mitteilungen der österr. Gesellschaft für Gesch. d. Naturwiss. 4 (1984) 101–119.
125 Schreiben der phil. Fak., II. Sektion, an den akadem. Senat der Univ. München vom 17. Nov. 1904. Zitiert ebd.; S. 110.
126 Bericht der Berufungskommission vom 20. Juli 1905. Zitiert ebd.; S. 111.
127 RaZ aus München am 3. Nov. 1904.
128 Röntgen an von Wehner am 15. Aug. 1904. BayHStAM MK 17921.

schrieb er an Staatsminister von Wehner und stellte einen Katalog
mit Forderungen auf: Mittel »für den [!] eventuell sehr hohen Gehalt
eines ordentlichen Professors der theoretischen Physik« und eine
»geeignete Persönlichkeit«, wobei er eine Besetzung der neu zu er-
richtenden Stelle durch Leo Graetz ausdrücklich ausschloß. Dessen
Ernennung würde »die Ausführung der von mir übernommenen Aufgabe so sehr erschweren können, dass mir wohl bald die Lust und die
Freude an der Arbeit vergehen, und ein Gesuch um meine Entlassung
aus dem Amt die Folge sein müsste«. Röntgen dachte vielmehr an Lorentz, der schon 1899 mit ihm und Boltzmann auf der Münchner
»Wunschliste« gestanden hatte, 1902 den Nobelpreis erhielt und seit
Jahren zu den Physikern gehörte, die regelmäßig Röntgens Arbeiten
zugeschickt bekamen.[129] Ferner forderte Röntgen eine Erhöhung des
Institutsetats von 6000 auf 8000 Mark, einen dritten Assistenten und
eine Gehaltserhöhung für den Mechaniker Magnussen.

Im Ministerium schien Röntgen zunächst auf taube Ohren zu stoßen.
Erst nach einer weiteren Anfrage[130] erhielt er den Bescheid, daß sich
der Prinzregent persönlich seiner Bitte angenommen habe, worauf er
den Berlinern am 4. Oktober 1904 absagte.[131] Am 19. Oktober wurde
ihm dafür der Verdienstorden vom Hl. Michael II. Klasse mit Stern
verliehen.[132] Doch Röntgen war nicht ein weiterer Orden, sondern
die Einrichtung der theoretischen Physikprofessur wichtig: »Leider
sind die Verhältnisse im Kultusministerium von Bayern keine – wenigstens für die Entwicklung der Physik – sehr günstigen«[133], beklagte er sich wieder bei Zehnder, als ihn einen Tag vor seiner Abreise in
den Winterurlaub der positive Entscheid überraschte: »vom Minister
und auch von einer Seite, die dem Prinzregenten nahesteht«, erhielt
er die Mitteilung, »daß eine erkleckliche Summe Gehalt disponibel

---

129 RaZ aus Würzburg am 15. Okt. 1891.
130 Röntgen an von Wehner am 28. Sept. 1904. BayHStAM MK 17921.
131 Röntgen ans Reichsministerium am 4. Okt. 1904. ebd.
132 Kopie der offiziellen Benachrichtigung; ebd. S. 145. Original im Akt »Orden
     und Verleihungen«.
133 RaZ aus Sta. Margherita Ligure am 22. März 1904.

wäre, um an die Frage einer Berufung von Lorentz herantreten zu können«. Röntgen vermutete: »Das Ministerium hat wohl nur unter einem Druck von oben gehandelt und nicht aus eigenem Einsehen.«[134]

Damit waren seine Wünsche freilich noch nicht ganz erfüllt, galt es doch auch, sie innerhalb der Fakultät durchzusetzen: »Mit Voß werde ich gewiß reden; aber viel wird das auch nicht nützen, denn in der Fakultät sitzen noch viele andere Leute, die ihre eigene, mitunter wunderbare Meinung haben«[135], ließ er am 6. Januar 1905 wissen. Röntgen war zuversichtlich und fuhr noch im gleichen Monat nach Leiden, um dort mit seinem Wunschkandidaten Lorentz zu sprechen, der jedoch zwei Monate später definitiv absagte.[136]

Am 27. März des Jahres beging Röntgen seinen 60. Geburtstag und zugleich den 10. Jahrestag der Entdeckung der Strahlen. Unter den Augen von rund 300 Teilnehmern wurde am Würzburger Physikalischen Institut eine Gedenktafel enthüllt. 13 der bedeutendsten deutschen Fachkollegen hatten sie gestiftet – Friedrich Kohlrausch nur zögerlich: Eigentlich sollte man einen 60jährigen Mann noch überhaupt nicht als Jubilar behandeln, hatte er zurückhaltend gemeint und zugleich eingeräumt: »bei Röntgen aber kann man in den besonderen Verhältnissen auch eine besondere Rechtfertigung sehen«[137].

In München entwickelten sich die Angelegenheiten währenddessen nach dem »Nein« von Lorentz eher schlecht. Ein neuer Vorschlag zur Besetzung der freien Stelle mußte erarbeitet werden. Eine Kommission, mit Röntgen als Vorsitzendem, erstellte eine Kandidatenliste[138].

---

134 RaZ aus Davos-Dorf am 6. Jan. 1905.

135 ebd.

136 RaZ aus München am 12. Jan. 1905. Sowie Lorentz an Röntgen aus Leiden am 27. Febr. 1905, in holländischer Sprache. RM.

137 Kohlrausch an Wien aus Charlottenburg am 11. Juni 1904. ADM. Dort auch weitere Briefe in diesem Zusammenhang.
Die Tafel ist in der FH Würzburg zu sehen.

138 Zum genauen Vorgang dieser Angelegenheit vgl.: Eckert, Pricha.

Auf Platz drei wurde Arnold Sommerfeld genannt, den sowohl Lorentz als auch Boltzmann empfohlen hatten. Da jedoch in diesem Gremium »eine Verständigung noch nicht zu erzielen« war – was an Kommissionsmitglied Lindemanns »Privatfehde« mit seinem ehemaligen Schüler Lorentz lag –, wurde die endgültige Liste erst am 20. Juli 1905 dem Ministerium vorgelegt.

Dort ließ man sich Zeit, und Röntgen, der sich so intensiv für eine rasche Besetzung eingesetzt hatte, war erbost: Er habe in dieser Beziehung »alles, was möglich ist, versucht; aber ich fürchte umsonst. (...) Ich wollte speziell Lorentz aus Leiden hierher haben und kann nicht verstehen, weshalb in Bayern nicht zur Akquisition eines solchen Mannes eine jährliche Summe von ca. M. 12 000 zu haben sein sollte.– Hier in München ist kein Zug drin! Quieta non movere ist der Gedanke, der alles beherrscht...«[139], klagte er gegenüber Boveri.

Erst im Sommer des folgenden Jahres kam wieder Bewegung in die Berufungssache. Jetzt war Arnold Sommerfeld unumstrittener Favorit: Der Mathematiker und Physiker, Schüler Felix Kleins in Königsberg, war seit 1900 Professor an der Technischen Hochschule in Aachen, hatte seit 1898 durch die Redaktion der Physikbände von Kleins »Enzyklopädie der mathematischen Wissenschaften« in der Fachwelt Reputation erlangt[140], und Röntgen telegrafierte ihm am 12. Juli 1906: »nach meiner kenntnis der sachlage steht ihre berufung bevor habe ministerium um officielle auskunft gebeten die wegen abwesenheit des referenten etwas auf sich warten lassen wird ich hoffe sehr dass es gelingt sie zu gewinnen.«

Im Ministerium war man nur wenige Tage später sehr erleichtert darüber, Röntgens Forderung letztendlich doch erfüllt zu haben. Am 18. Juli mußte Staatsminister von Wehner dem Generalleutnant und Generaladjutanten des Prinzregenten, Freiherrn von Wiedemann, mitteilen, daß Röntgen aus Berlin schon wieder eine Berufung ange-

---

139 RaTB aus Würzburg am 18. und 21. Dez. 1905.
140 Zur Enzyklopädie, die eine Gesamtschau der theoretischen Physik zu Beginn des 20. Jahrhunderts ermöglichte, vgl.: Eckert; S. 28–36.

boten worden sei.[141] Die philosophische Fakultät der Universität hatte – wohl zunächst inoffiziell – angefragt[142], Röntgen hatte abgelehnt und von Wiedemann versichert, daß »die von mir dankbarst empfundene Allerhöchste persönliche Anteilnahme seiner königlichen Hoheit an der Entwicklung des physikalischen Unterrichtes an der Münchner Universität«[143] dafür verantwortlich gewesen sei. Das brachte ihm erneut eine Auszeichnung des Prinzregenten ein: das Großkomturkreuz des Verdienstordens der bayerischen Krone, das ihm am Namenstag des Regenten verliehen wurde.[144]

Die Wahl, die das Berufungsgremium mit Sommerfeld getroffen hatte, fiel in jeder Hinsicht befriedigend aus. Sommerfeld war ein ehrgeiziger und charismatischer Physiker, der sich zielbewußt und rasch einen bemerkenswert großen Schülerstamm aufbaute: »Ich habe von Anfang an dahin gestrebt und habe es mich keine Mühe verdrießen lassen, in München durch Seminar- und Colloquiumbetrieb eine Pflanzstätte der theoretischen Physik zu gründen«[145], bemerkte er rückblickend in seinen Erinnerungen.

Obwohl auch Röntgen in seiner Würzburger Rektoratsrede die Universität als »eine Pflanzschule wissenschaftlicher Forschung und geistiger Bildung, eine Pflegestelle idealer Bestrebungen für die Studierenden sowohl, als für die Lehrer«[146] genannt hatte, waren die beiden Professoren, was die »Gartenarbeit« in dieser »Pflanzschule« an-

---

141 Von Wehner an von Wiedemann am 18. Juli 1906. BayHStAM MK 17921.
142 Für eine Initiative des Kaisers persönlich, wie sie bei Speitkamp (S. 144) behauptet wird, läßt sich kein offizieller Beleg finden.
143 Röntgen an von Wiedemann am 3. Aug. 1906. BayHStAM MK 17921.
144 Von Wiedemann an von Wehner am 22. Sept. 1906, und von Wehner an den Senat der LMU am 1. Nov 1906; ebd.
145 Sommerfeld, Arnold: Autobiografische Skizze. In: Gesammelte Schriften. Bd. IV. Braunschweig 1969; S. 677.
146 Zur Geschichte der Physik an der Universität Würzburg. Festrede zur Feier des dreihundert und zwölften Stiftungstages der Julius-Maximilians-Universität, gehalten am 2. Jan. 1894 von Dr. W.C. Röntgen. Würzburg 1894; S. 13–14.

betraf, doch grundverschieden: Sommerfeld bot seinen Schülern auch außerhalb der Universität bei Ausflügen und gemeinsamen Urlauben ein geradezu »intimes Zusammensein«[147] an und ließ mit den Jahren seine Beziehungen spielen, wenn es um die Vergabe von Stipendien oder die Beschaffung von Stellen für seine Schüler ging. Im Fall des Griechen Demetrios Hondros, den Sommerfeld für eine Professur in Athen empfehlen wollte, konnte er sogar seinen Kollegen Röntgen zu einem positiven Gutachten überreden.[148]

Doch so unterschiedlich ihre pädagogischen Konzepte waren, so gut verstanden sich die beiden von Anfang an. Bereits wenige Monate nach dessen Amtsantritt in München urteilte Röntgen über den jungen Kollegen: »An Sommerfeld glaube ich einen guten Kollegen und Mitarbeiter gefunden zu haben. Ich kann auch wieder in anregender Weise über physikalische Dinge reden (...).«[149] Und Sommerfeld schrieb an Wilhelm Wien, er sei »über Röntgen sehr glücklich. (...) Er kommt mir wissenschaftlich und amtlich äußerst freundlich entgegen.«[150] Daß es für den 38jährigen Sommerfeld einen großen Reiz darstellte, den »Röntgenschen Experimentierkünsten eigene theoretische Erfolge an die Seite zu stellen«, behauptet Michael Eckert in seinem Buch über den Gründer dieser wichtigen deutschen Atomphysiker-Schule sicher zu Recht.[151]

Dem Entdecker der Röntgenstrahlen auf seinem Fachgebiet theoretisch entgegenzukommen, lag ihm nahe. Bereits 1905 hatte er an Wilhelm Wien geschrieben: »Es ist eigentlich eine Schmach, daß man 10 Jahre nach der Röntgenschen Entdeckung immer noch nicht weiß,

---

147 Ewald, Paul: Arnold Sommerfeld als Mensch, Lehrer und Freund. In: Bopp, F., H. Kleinpoppen (eds.): Physics of the One- and Two-Electron Atoms. Proceedings of the Arnold Sommerfeld Centennial Memorial Meeting in München, 10.–14. September 1968. Amsterdam 1969. S. 8–16; hier: S. 10.
148 Eckert; S. 40.
149 RaZ aus Davos am 27. Dez. 1906.
150 Zitiert nach Eckert; S. 42.
151 ebd.

was in den Röntgenstrahlen eigentlich los ist.«[152] In München bemühte er sich nun um eine Theorie der Röntgenstrahlung, die ihre
Wellennatur beweisen sollte. Er suchte daher zu den Röntgen-
Schülern Kontakt, wie sich Joffe erinnerte: »Um Erfahrungen zu
sammeln, wollte er sich für zwei Stunden am Tag in meinem Labor
umsehen.«[153]

Dann rief er selbst ein Kolloquium ins Leben, an dem auch viele Physiker aus Röntgens Institut, aber niemals der Altmeister selbst, teil-
nahmen. Dabei war ihr kollegiales Verhältnis gut, wurde mit den Jahren zu einer richtigen Freundschaft. Ende 1912 vertraute ihm Röntgen an: »Wenn wir uns auch verhältnismäßig wenig zu sehen bekommen, so weiss ich doch, daß sie meiner freundschaftlich und mit
Theilnahme gedenken; und diese Gewissheit ist hier in dem sonst so
öden München von grossem Werth.«[154]

Auch unter wissenschaftlichem Gesichtspunkt war das Jahr 1912 die
Krönung dieser Freundschaft: Von Laue, Knipping und Friedrich entdeckten an Sommerfelds Institut die Interferenz der Röntgenstrahlen
an Kristallen. Sommerfeld hatte dazu nicht wenig Vorarbeit geleistet,
wie sein Assistent Debye ihm schrieb: »Zwar soll man bei solchen
Sachen im allgemeinen Verdienst und Zufall nicht gegeneinander
abwägen, aber eines muß ich sagen: Hättest Du Dich nicht schon lange für Röntgenstrahlen interessiert, hättest Du nicht die Mittel Dei-
nes Instituts in liberalster Weise zur Verfügung gestellt und nicht
jedem immer freien Einblick in Deine Gedanken gewährt, es wäre
Laue nicht eingefallen und er hätte vor allem nicht die praktisch ge-
schulten Mitarbeiter gefunden, welche unerläßlich zum Gelingen
waren.«[155]

---

152 Sommerfeld an Wien am 13. Mai 1905. ADM; Wien-Nachlaß.
153 Joffe; S. 39–40.
154 Röntgen an Sommerfeld am 14. Dez. 1912. ADM.
155 Debye an Sommerfeld am 13. Mai 1912. SN.

Sommerfelds Interesse für die Natur der Röntgenstrahlen hatte in
den Jahren seit seiner Berufung nach München mehrfach zu Veröffentlichungen geführt. Er, der der Meinung war, »daß es sich bei den
Strahlen um elektromagnetische Wellen handelt, die durch die Ab-
bremsung schneller Elektronen in Materie hervorgerufen werden«[156],
entwarf 1908 eine Theorie, mit der sich die Verteilung der Energie der
Röntgenstrahlen in verschiedene Richtungen erklären ließ.[157] 1912
veröffentlichte er seine theoretische Arbeit »Über die Beugung der
Röntgenstrahlen«[158].

Die bei den Experimenten aufgenommenen Photographien von der
Beugung an einem Spalt, die nur eine »diffuse Schwärzung«[159] auf-
wiesen, ließ er von einem Assistenten Röntgens näher untersuchen.
Er erhoffte sich so eine Klärung über die Wellenlänge der Brems-
strahlen, und die Ergebnisse zeigten, daß ihre Größenordnung den
kürzesten Atomabständen in Kristallen entsprach. Sommerfelds Privatdozent Max von Laue brachten diese Berechnungen auf die Idee,
»Kristalle wie ein dreidimensionales Beugungsgitter für Röntgenstrahlen zu benutzen«[160]. Er überredete Sommerfelds Assistenten
Walter Friedrich, einen 28jährigen Experimentalphysiker, der bei
Röntgen promoviert und in seiner schriftlichen Arbeit die wellen-
theoretische Auffassung der Röntgenstrahlen gestützt hatte, und
Paul Knipping, einen der Assistenten Röntgens, zu Beugungsexperi-
menten im Keller des Sommerfeldschen Instituts. Nach mehreren
fehlgeschlagenen Testläufen änderte man die Versuchsanordnung –
stellte die photographische Platte nicht neben, sondern hinter dem
Kristall auf – und hatte Erfolg.

»Das damit erreichte Prestige wog stärker als die theoretischen Erfolge, die in Sommerfelds Institut bis dahin erreicht worden wa-

---

156 Eckert; S. 43.
157 Sommerfeld, Arnold: Über die Verteilung der Intensität bei der Emission der
    Röntgenstrahlen. Phys. Z. 10 (1909) 969–976.
158 ders.: Über die Beugung der Röntgenstrahlen. Ann. Phys. 38 (1912) 473–506.
159 Eckert; S. 45.
160 ebd.

ren«[161], urteilte Michael Eckert. Von Laue und Knipping hatten die Röntgenstrahlen, die am Münchner physikalischen Institut auch noch nach der Jahrhundertwende die Atmosphäre bestimmten[162], bislang aber vor allem den Medizinern viel Segen und Forschungsarbeit gebracht hatten, für die Physik zurückerobert. Die Zahl der Fachpublikationen über Röntgenstrahlen stieg rasch um das 3fache an[163]. Sommerfeld selbst rührte ganz besonders die Werbetrommel, um dies als Erfolg für sein Institut herauszustellen, und aus dem Fund eine neue Forschungsrichtung zu machen.[164]

Zumindest Arthur Korn dürfte dieser Erfolg ein Dorn im Auge gewesen sein. Der Privatdozent für theoretische Physik hatte nach der Anstellung Sommerfelds und folgenden Auseinandersetzungen mit Wilhelm Conrad Röntgen seinen Posten am physikalischen Institut verlassen: »Im November 1906 erklärte er, daß seine Vorlesung wegen Mangel an Hörern ausfallen müsse, und bat um die Enthebung, wenn er nicht einen Lehrauftrag für analytische und angewandte Mechanik erhalte und als Examinator in die Staatsprüfungen berufen werde; offenbar ging es ihm weniger um Geld als um die Stellung. Die Angelegenheit wurde zwischen Bayerischem Kultusministerium, Senat und Philosophischer Fakultät, II. Sektion (der späteren Naturwissenschaftlichen Fakultät), der Universität München verhandelt, wobei man schließlich im Sommer 1907 übereinkam, für Korn einen nichtbesoldeten Lehrauftrag für angewandte Mathematik beim Kultusministerium zu beantragen. Befragt, ob er unter diesen Umständen sein Enthebungsgesuch zurücknehmen wolle, verlangte Korn nun eine ordentliche Professur für angewandte Mathematik – eine solche existierte noch nicht an der Universität München –, wobei er gerne aus-

---

161 ebd.; S. 46.
162 Vgl. Erinnerung Max von Laues. In: Eckert; S. 44.
163 Kirchner, Fritz: Allgemeine Physik der Röntgenstrahlen. Leipzig 1930. In: Wien, W., F. Harms (Hrsg.): Handbuch der Experimentalphysik. Bd. 24, 1.Teil; S. 7–8.
164 Eckert; S. 48–49.

drücklich auf die Besoldung verzichten würde. Da mischte sich Röntgen in schriftlicher Form ein. Im November 1907 gab er eine sechsseitige ›Meinungsäußerung in der Angelegenheit des Herrn Professors Dr. A. Korn‹[165] ab, in der er zuerst klarstellte, daß die Fakultät
bereits die ersten Forderungen Korns nicht habe unterstützen können, um so weniger also die jetzige nach einem Ordinariat für angewandte Mathematik. Daneben machte Röntgen aber noch einige persönliche Gesichtspunkte geltend, die er bereits früher mündlich
geäußert habe und nun zu den Akten geben wolle: Zum ersten beklagte er die Unbescheidenheit Korns, der sich nicht nur in ungewöhnlichem Maße selbst anpreise, sondern auch noch versuche, die
Universität zu erpressen.«

Zum zweiten verneinte er ein Bedürfnis der Fakultät hinsichtlich eines Ordinariats für angewandte Mathematik, »und selbst wenn ein
solches gewünscht würde, wäre Korn wohl kaum die geeignete Person dafür« – eine Meinung, an der er festhielt, auch wenn er an späterer Stelle Korns mathematische Fähigkeiten durchaus anerkannte.
»Drittens schließlich äußerte sich Röntgen zu Korns Tätigkeit auf
dem Gebiet der Fernphotographie. Da Korns Leistungen technischer
Art seien – wissenschaftlich sei ›so gut wie gar nichts dabei herausgekommen‹ –, hatte Röntgen sich an eine ›Autorität in dieser Sache‹
gewandt und von ihr die Belehrung erhalten, daß in technischen Kreisen die Kornsche Fernphotographie noch mit sehr skeptischen Augen angesehen wird. (...) Es sei das beste, so Röntgen, wenn Korn
denselben akademischen Weg gehe wie alle anderen jungen Wissenschaftler und auf seine Berufung bescheiden warte. ›Sein Name ist
nun genügend bekannt geworden, und es ist ihm nur zu wünschen,
daß die Reclame, die glücklicherweise in Universitätskreisen noch
vielfach berechtigtem Widerwillen und Argwohn begegnet, ihm nicht
geschadet hat.‹«[166]

---

165 UAM OC-N 14.
166 Litten, Freddy: »Vielleicht hilft uns Professor Röntgen mit der Zeit?« Die Korn-
    Röntgen-Affäre. In: Kultur & Technik. Zeitschrift des Deutschen Museums.
    1993, Heft 4; S. 43–49.

Im Februar 1908 wurde Korn seiner Dozentur enthoben. Im Januar des folgenden Jahres kochte er die Angelegenheit dann zu einer »Affäre« auf. Korn veröffentlichte eine Erklärung im Berliner Tageblatt: »Die Ursache, warum die Fakultät mich im Stich gelassen hat, ist zweifellos Professor Röntgen. Er hat in der ganzen Angelegenheit einfach die Fakultät tyrannisiert.«[167] Kurzfassungen und Entgegnungen, in denen vor allem um die »Professorengewerkschaft« bzw. die Aktivitäten des Kultusministeriums gestritten wurde, erschienen in anderen Zeitungen.

»Danach verlief die ganze Affäre im wesentlichen im Sande: Die Gegner des Status quo hatten ihre Absichten kundgetan und vielleicht sogar geringe Vorteile in der öffentlichen Meinung erzielt; aber es änderte sich natürlich nichts am System. Korn hatte Aufmerksamkeit mit einem leichten Beigeschmack von Hybris erzielt und es sich auf Dauer mit der Münchner Universität verdorben. Die Fakultät hatte durch ihren Versuch, die bedeutende Rolle Röntgens vor allem bei der Berufung Sommerfelds, aber auch bei den nachfolgenden Geschehnissen um Korn herunterzuspielen, nicht gerade an Glaubwürdigkeit gewonnen.«[168]

Die Pressekampagne, die Korn entfacht hatte, eskalierte, als der liberale »März«[169] im Februar 1909 Röntgens Rolle bei der Enthebung Korns ironisch kommentierte: »Zwölfeinhalb Jahre hatte er sich mit heroischem Mute und einer wahren Hiobsgeduld hier in München den Röntgenstrahlen ausgesetzt, die bekanntlich bei längerem Gebrauch die dickste Haut zerstören und das gesamte Zellenleben des Menschen vernichten. Zwölfeinhalb Jahre! (...) Die zweite Sektion der philosophischen Fakultät erklärte zwar öffentlich, bei der Besetzung der vacant gewordenen ordentlichen Professur der theoreti-

---

167 Berliner Tageblatt (14. Jan. 1909). Weitere Zeitungsberichte vom Januar 1909 zur Affäre Korn gesammelt in Korns Personalakte: UAM OC-N 14.
168 Litten; S. 47–48.
169 Erster Herausgeber war Hermann Hesse.

schen Physik hätte sich die Fakultät nur von rein fachlichen, durch keinerlei anderweitige Einflüsse irgendwelcher Art bestimmten Erwägungen leiten lassen; und wir haben kein Recht, die Ehrlichkeit dieser Erklärung anzuzweifeln. Allein schade ist es doch, daß die Röntgenstrahlen nur den Körper durchstrahlen können. Ein Seelenexperiment ähnlicher Art wäre in diesem Fall zu interessant. Wer weiß? Vielleicht hilft uns Professor Röntgen mit der Zeit noch dazu.«[170]

Mit dem Hinweis, daß man sich bei der Besetzung »durch keinerlei anderweitige Einflüsse irgendwelcher Art« habe leiten lassen, spielten die Redakteure darauf an, daß Korn Jude war und Röntgen ihn wohl deshalb nicht am Institut haben wolle. Hatte schon Joffe betont, daß Röntgen kein Antisemit war[171], so existieren weitere Äußerungen Röntgens, z.B. aus dem Jahr 1899, die sein berufliches Verhältnis zu jüdischen Wissenschaftlern beschreibt. Eine rassische Diskriminierung hielt er für »Unrecht den Leuten und dem Fach gegenüber«. In einem Brief führte er weiter aus: »Ohne die jüdische Race auch nur im mindesten zu lieben muss ich doch bekennen, dass ich es allmählich für ein großes Unrecht halte, und nicht nur das, sondern ich meine, dass wir uns selbst schaden, wenn wir bei Berufungen und anderen Gelegenheiten von vorne herein erklären: Von einem Juden kann keine Rede sein, er mag sein, wer er will. Und so finde ich es Unrecht, wenn bei den Verhandlungen über die Besetzung einer physikalischen Professur erklärt wird: Von einem so tüchtigen Mann wie H[einrich] Rubens und vielleicht auch Pringsheim in Berlin kann keine Rede sein, weil sie Juden oder jüdischer Abstammung sind.«[172] Auch im Frühjahr 1912 antwortete er dem, in einem Besetzungsfall

---

170 Steiger, Edgar: Unter den Röntgenstrahlen. In: März 2/1909. Zitiert nach Litten; S. 44.
171 Vgl. Fußnote 92.
172 Röntgen an den Gießener Chemiker Alexander Naumann vom 6. Feb. 1899. HA UB Gießen NF 522-39.

ratsuchenden Sommerfeld: »Sie sind so freundlich, mich wiederholt um meine Ansicht über eine Habilitation von Dr. Ehrenfels zu fragen. (...) Sie berührten in Ihrem Brief die Confessionsfrage, und ich darf wohl deshalb sagen, daß ich, nach dem was ich nun über E. erfahren habe, meine, dass seine Befähigung einen ächt jüdischen Typus hat. Geistreich, kritisch, dialektisch. Meine an Sie zu richtende Frage ist nun die: glauben Sie, dass E. unter Ihrer Leitung und durch Ihren Einfluß zum Physiker d.h. zu einem auf physikalischem Gebiet producierenden Menschen sich ausbildet?« Und weiter, wohl in Anspielung auf Korn: »(...) jedoch sind in dieser Beziehung Beispiele genug da, die auch in dem Fall der Annahme eines Privatdozenten zur Vorsicht mahnen.«[173]

Zweifelsohne wird in diesem Briefwechsel die »Machtposition« deutlich, die Röntgen hatte. Und ebenso bringt er zum Ausdruck, daß Röntgen der »jüdischen Veranlagung« zwar positive Züge abgewinnen konnte, dabei aber von antisemitischen Vorurteilen nie ganz frei war. Diese entsprachen dem klerikal-bürgerlichen Zeitgeist, der durch den politischen Zionismus Theodor Herzls und dessen Forderung nach einem »Judenstaat« noch verstärkt worden war.

Bitterer noch als die rassistischen Unterstellungen des »März«, die in Professorenkreisen wohl keine Bemerkung wert waren, dürften Röntgen die öffentlichen Anspielungen auf mangelhafte physikalische Leistungen in den vergangenen Jahren getroffen haben. Bis nach Würzburg drang die Nachricht vor, und Theodor Boveri empörte sich: »Gibt es denn niemand in München, der solcher Irreführung der öffentlichen Meinung entgegentritt? Ich hätte selbst einen Artikel geschrieben, wenn mir nur alle Vorgänge genug bekannt wären.«[174]

---

173 Röntgen an Sommerfeld aus Cadenabbia, Hotel Bellevue, am 12. Apr. 1912. ADM.
174 TBaR aus Würzburg am 2. März 1908.

Abb. 25   Das Ehepaar Marcella und Theodor Boveri sowie Töchterchen Margret – hier im Kreis der Würzburger Institutsangehörigen – verband zeitlebens eine tiefe Freundschaft mit Röntgens. Nach dem Tod der Ehepartner wurde Marcella Boveri Wilhelm Conrad Röntgens engste Vertraute. Margret Boveri, später Publizistin, verdanken wir die eindringlichsten Charakterschilderungen des Physikers.

Zum zweiten Mal dachte Röntgen laut über die Möglichkeit eines Rücktritts vom Lehrbetrieb nach. In einem Brief an Zehnder bekannte er: »Mir kommt der Gedanke, mich von der akademischen Tätigkeit allmählich zurückzuziehen, schon gar nicht mehr als so ganz verrückt vor! Wenn man nur wüßte, wie es einem dann im ›Jenseits‹ bekommt!«[175] Mit diesem Gedanken hatte er schon drei Jahre zuvor gespielt, und 1908 vom akademischen Senat die Antwort erhalten, es sei »bisher nur zweimal vorgekommen, dass ein ordentlicher Professor vor vollendetem 70. Lebensjahr zurücktrat«, ein Nachweis der Dienstunfähigkeit erübrige sich in solch einem Fall erst nach 40 abgeleisteten Dienstjahren. Nicht aktenkundig sei dagegen der Fall einer Pensionierung vor dem 70. Lebensjahr.[176]

1911 wurde Röntgen eine Berufung zum ordentlichen – und damit besoldeten – Mitglied der Berliner Akademie der Wissenschaften in der Nachfolge von van't Hoff angeboten. Emil Warburg, damals Präsident der Reichsanstalt, hatte den Vorschlag in einer Sitzung der physikalisch-mathematischen Klasse eingebracht und bei Nernst, Planck und Rubens Unterstützung gefunden. Warburg glaubte, dem Münchner Physiker so »die Erfüllung eines von ihm gelegentlich geäußerten Wunsches anzubieten, nämlich es ihm zu ermöglichen, die letzten Jahre seines Lebens unabhängig von Amtsgeschäften lediglich der wissenschaftlichen Forschung sich zu widmen«[177].

Zwischen dem preußischen und dem bayerischen Ministerium stiftete Warburgs Vorstoß einige Verwirrung, weil der Ruf noch nicht offiziell erfolgt war, als man in München davon erfuhr.[178] Röntgen hatte in einem Schreiben Mitteilung gemacht und sich eine »tunlichst baldige« Befreiung von der Vorlesungspflicht und zunächst eine Gehalts-

---

175 RaZ aus Hohenschwangau am 11. Sept. 1910.
176 Senat an Röntgen am 13. Jan. 1908. UAM E II 663.
177 BBAW II-II-35, Nr. 200-201. Zu dem Vorgang siehe auch BBAW II-II-35, Nr. 199.
178 Briefwechsel BayHStAM MK 17921.

erhöhung von 6000 Mark erbeten[179], später die Einrichtung einer Stelle für wissenschaftliche Arbeit, eine Art »Privatlaboratorium« mit Hilfskräften für sich angeregt, die ihm auch über das Ende der Vorlesungen und somit der Colleggelder hinaus ein festes Auskommen und die Möglichkeiten zur Forschung gesichert hätte.[180]

Obwohl das Ministerium aus Berlin erfahren hatte, daß von einer bevorstehenden Berufung »einstweilen nicht die Rede sein kann«[181], machte man Röntgen bei einer Audienz weitgehende Zusicherungen. Minister von Wehner hatte zwar die Schaffung einer Stelle für wissenschaftliche Arbeit in Bayern abgelehnt, wollte aber auf eine Gehaltserhöhung hinwirken und auch auf eine frühere Emeritierung als erst mit dem 70. Lebensjahr.[182]

Tatsächlich setzte sich von Wehner in einem Schreiben an den Prinzen Ludwig für Röntgens Anliegen ein. Erfolgreich schlug er dessen Befreiung von der Lehrpflicht bei vollem Gehalt ab Vollendung des 70. Lebensjahres vor.[183] Denn: »Es ist eine bekannte Tatsache, daß der berühmte Gelehrte als akademischer Lehrer wegen seiner schwer verständlichen Vortragsweise keinen großen Anklang findet. In der philosophischen Fakultät der Universität München würde es nach Versicherung angesehener Fakultätsmitglieder im Interesse des Lehrbetriebes geradezu begrüßt werden, wenn Roentgen auf dem Catheder bald durch eine frischere und wirkungsvollere Lehrkraft ersetzt würde.«[184]

---

179 Von Wehner an Röntgen am 24. Jan. 1912; ebd.
180 Von Röntgen ans Kultusministerium am 28. Jan. 1912; ebd.
181 Preuß. Kultusministerium an bay. Kultusministerium am 27. Jan. 1912.; ebd.
182 RaTB aus Weilheim am 3. Febr. 1912.
183 Am 13. Febr. 1912 wird Röntgen das Einverständnis des Prinzregenten mitgeteilt. BayHStAM MK 17921; S. 205.
184 Von Wehner an Prinz Ludwig am 9. Febr. 1912. BayHStAM MK 17921. Vgl. auch Röntgens nachgeschobene Bitte um die Bereitstellung von Mitteln: Röntgen an von Wehner am 11. März 1912. ebd.

Röntgen war müde, ein wenig angeschlagen, und bereits oft krank.
Viele schienen enttäuscht davon, daß keine weiteren »sensationellen
Entdeckungen« der ersten folgten, ohne die Gründe zu kennen. Die
waren aller Wahrscheinlichkeit nach vornehmlich in den Belastun-
gen zu suchen, die die eigene und die Erkrankung seiner geliebten
Frau mit sich brachten.

6

1913-1923

KRANKHEIT, KRIEG, EINSAMKEIT UND TOD

»...ES FEHLT IN DEM MECHANISMUS MEINES DASEINS EIN UNERSETZ-BARES STÜCK...«

»Ich weiß, daß Sie Kongresse nicht sehr lieben und sie nur selten besuchen. Trotzdem hoffe ich, daß Sie in diesem Fall eine Ausnahme machen werden.«[1] Hendrik Antoon Lorentz bemühte sich im November 1912 in seiner Funktion als Vorsitzender des wissenschaftlichen Komitees des Instituts Solvay[2], den Kongreß-scheuen Röntgen auf das zweite europäische Solvay-Treffen zu locken. »Einige Fragen, die sich auf die Struktur der Materie beziehen«, sollten zur Debatte stehen und von wichtigen Fachvertretern – Lorentz nannte unter anderem die Namen Bragg, Laue, Lenard, J.J. Thompson, Einstein, Perrin, Planck, Sommerfeld und W. Wien – in Referaten erörtert werden. Referate über »die Struktur der Atome, die von Laue entdeckten Erscheinungen, Pyro- und Piezo-Elektrizität und die Molekulartheorie der festen Körper«[3] waren vorgesehen.

---

1 Lorentz an Röntgen aus Haarlem am 22. Nov. 1912. RM.
2 1911 in Brüssel von dem Industriellen und Chemiker Ernest Solvay gegründet. Ziel war der internationale Austausch über Fortschritte auf dem Gebiet der Mikrophysik. Mitglieder des wissenschaftlichen Komitees waren neben Lorentz auch Marie Curie, Kamerlingh Onnes, Martin Knudsen, Walther Nernst, Ernest Rutherford, Emil Warburg, Leon Brillouin, Victor Mordechai Goldschmidt.
3 Wie Fußnote 1.

Obwohl Röntgen sich für die Themen interessiert haben muß, war seine Antwort ein »Nein«: »Ihr freundlicher Brief vom 22. Nov. d. J. traf mich bei ziemlich hohem Fieber und mit einem Bronchial- und Mittelohrkatarrh behaftet, sodaß ich noch verhindert bin meine Amtspflichten zu erfüllen. (...) Was nun die Frage selbst anbetrifft, so liegen die Verhältnisse bei mir jetzt so, daß ich die Einladung zu meinem großen Leidwesen nicht annehmen darf und kann. (...) allein abgesehen davon fühle ich zu sehr, daß ich namentlich in den letzten Jahren in mancher Beziehung viel älter geworden bin.«[4] Nach Rheumaanfällen[5], zwei Lungenblutungen (1909 und 1913) und häufigen Schwindelanfällen im Anschluß an größere Anstrengungen[6], litt er nun an einer akuten Entzündung des linken Mittelohrs. Im Februar 1912, wenige Monate vor der Einladung nach Brüssel, hatte er bereits der naturwissenschaftlichen Gesellschaft in Kopenhagen absagen müssen. Die Ärzte hatten Röntgen das Ausgehen und Reiten verboten, bis der Katarrh verschwunden sei[7], und in den Wochen vor dem Weihnachten des Jahres 1912 konnte er nicht einmal seine Vorlesungen halten; sein Assistent Wagner vertrat ihn.[8]

Im April 1913 mußte sich der 68jährige dann in der Heidelberger Ohrenklinik endgültig einer Mittelohroperation unterziehen, »die nach Angabe des dortigen Kollegen schon längst hätte gemacht werden müssen. Ich sei einer großen Gefahr entronnen!«[9]. Zum ersten Mal fand er so den Weg in ein »medizinisches Röntgenkabinet«, wie er Hermann Holthusen gestand. Holthusen, damals wohl noch Assistenzarzt, wurde später Professor in Hamburg und einer der führenden Röntgenologen.[10]

---

4 Röntgen an Lorentz aus München am 16. Dez. 1912. Staatsarchiv Den Haag.
5 ZaR aus Halensee am 25. Jan. und 25. März 1907.
6 TBaR aus Würzburg am 5. Juni 1910. Ebenso Glasser; S. 132.
7 Röntgen an Sommerfeld am 14. Dez. 1912. ADM.
8 Röntgen an den Dekan an 11. Dez. 1912. UAM OC-N-14.
9 Röntgen an Ritzmann am 19. Mai 1913. NR.
10 Holthusen, Hermann: Geschichtliche Bemerkungen über Aufgaben und Stellung der Radiologie in der Medizin. In: Berichte der Physio-Medica. Würzburg 79 (1971) 5–15.

Abb. 26   Wilhelm Conrad Röntgen in Freizeitkluft. Mit fortgeschrittenem Alter widmete er die meiste Zeit seiner kranken Frau.

Aber noch mehr als um eigene Leiden und Erkrankungen sorgte sich Röntgen um seine chronisch kranke Frau. Er litt und schien darüber gar zu verzweifeln, daß sich seine Hilfe darauf beschränken mußte, alles von ihr fernzuhalten, was sie in Aufregung versetzen konnte. So den Seitensprung seiner Adoptivtochter Josephina Bertha, von dem er 1910 erfahren hatte. Seinem Freund Zehnder vertraute er an: »(...) seit dem 23.-September l. J. weiss ich, dass Hr. Oberarzt Dr. Donges sich von der Bertha scheiden lassen will und dass er dazu genügenden Grund hat. Beide waren in Weilheim und es galt die Angelegenheit vorläufig meiner Frau zu verheimlichen. Ein schweres Stück Arbeit!« Von Zehnders Frau erbat er sich Beistand, falls Bertha von der Affäre erführe: »Es wäre ein Werk der Barmherzigkeit und ein Freundschaftsdienst, für den ich nicht genug dankbar sein könnte. (...) Gott gebe, dass meine Frau den schweren Schlag nicht mit dem Leben oder dem Verstand büsst!«[11]

Die jungen Eheleute unternahmen den Versuch, »den Riss wenigstens nothdürftig zu flicken«[12], wie der Adoptivvater sich bedingt optimistisch äußerte. Im folgenden Frühjahr gebahr Josephina Bertha dann eine Tochter.

Sein eigener besorgniserregender Gesundheitszustand stand nun wieder im Mittelpunkt. Drei Wochen nach der Operation in Heidelberg konnte er Zehnder mitteilen, daß es ihm doch »entschieden besser« gehe, wenn auch »eine Herabsetzung der Gehörschärfe auf beiden Ohren zurückgeblieben«[13] sei. Die Röntgens zogen sich zur Rekonvaleszenz für einige Wochen ins Weilheimer Ferienhaus zurück.

---

11 RaZ aus München am 11. Okt. 1910.
12 RaZ aus München am 16. Okt. 1910.
13 RaZ aus Weilheim am 15. Juli 1913.

Erst im Mai konnte der Physiker – »den ersten Tag nicht ohne Aufregung«[14] – wieder Vorlesungen halten, die er nun eine »fast täglich wie-
derkehrende Pflichtbeschäftigung« nannte, weil sie ihn zumindest
»für einige Zeit ganz aus trüben Gedanken« herausrissen: »Schwere
Sorgen, und zwar schwerere als ich ihr eingestehen darf, macht mir
das Leiden meiner Frau. Sie hat mitunter furchtbare Schmerzen aus-
zustehen, und wenn sie nicht einen so gesunden Geist, ein so starkes
Gottvertrauen und das Gefühl der Pflicht, für mich sorgen zu müssen,
hätte, so wäre sie manchmal der Verzweiflung nahe. Nierensteine
sind die Ursache, und da heiße Bäder oder eine Operation so gut wie
ausgeschlossen ist, so ist es nicht abzusehen, wohin diese Krankheit
noch führen wird.«[15]

Röntgens Befürchtungen bestätigten sich; die Krankheit seiner Frau
schritt immer mehr fort. Pflichtbewußt hielt er zwar seine Vorlesungen, aber auf Geselligkeit und Reisen mußte verzichtet werden. Man
sei »infolge des schweren Leidens meiner Frau immer enger aufein-
ander angewiesen«[16]. In fast allen Briefen zwischen 1913 und 1919
war fortan Berthas Krankheit zentrales Thema; die Chronik ihrer Leiden machte auch die Vereinsamung deutlich, unter der Röntgen zusätzlich litt. Zwar hatte er das Bedürfnis, Bertha in den schweren
Stunden beizustehen, doch die Folge war, daß er »also für andre ein
schlechter Kamerad geworden«[17] war. In seiner Verzweiflung und in
diesem Zwiespalt gefangen, wandte er sich immer wieder an Zehnder, Marcella und Theodor Boveri und den Zürcher Emil Ritzmann.
Am 27. Dezember 1913 schrieb er an Ludwig Zehnder: »Meiner Frau
geht es immer etwas schlechter: die Schmerzen nehmen an Heftigkeit

---

14 Bertha Röntgen an Marcella Boveri am 1. Juni 1913. Zitiert nach Glasser;
   S. 133.
15 RaZ aus Weilheim am 15. Juni 1913.
16 RaTB aus Weilheim am 29. Juni 1913.
17 ebd.

zu, und die Anfälle dauern immer länger. Schmerzlose Pausen sind
sehr selten geworden. (...) Was wohl noch kommen wird? Das ist die
bange Frage.«[18]

Am 13. Februar 1914 an Theodor Boveri: »Mit meiner lieben Frau
geht es doch immer schlechter: das ist der Eindruck, den ich gewin-
ne, wenn es auch hie und da, aber immer seltener, Lichtblicke gibt.
Narkotika müssen nun fast täglich angewendet werden. Sie hält sich
aber immer tapfer, mit sehr seltenen Ausnahmen; und ich – nun der
Mensch gewöhnt sich sowohl an gute wie auch an trübe Verhältnisse, was einesteils gut ist. Aber hie und da beschleicht mich doch die
Sorge, daß ich vielleicht gleichgültiger geworden wäre und deshalb
zu wenig Rücksicht auf meine Frau nehme. Das regelmäßige Vorle-
sunghalten ist jetzt eine Wohltat, und ich habe auch das Bedürfnis,
ein wenig zu arbeiten. Meine Frau freut sich darüber.«[19]

Am 21. April 1914 an Emil Ritzmann: »Nur etwas Gesellschaft hätte
ich meiner Frau gewünscht; es ist aber schwer, Leute einzuladen,
wenn die Hausfrau manchmal verschiedene Tage hintereinander aus
den furchtbaren Schmerzen nicht herauskommt und unfähig ist zu
irgendeiner Verrichtung.«[20]

Am 25. April 1914 an Theodor Boveri: »Der Zustand meiner Frau, der
eine Zeit lang wirklich sehr schlecht war, hat sich doch wieder so
weit gehoben, dass wir in jenen schönen Tagen fast täglich, nachdem
eine Morphiuminjektion am Morgen stattgefunden hatte, eine Wa-
genfahrt von $1\,^1/_2$ bis 2 Stunden machen konnten.«[21]

Selten ging Röntgen in seinen Schreiben auf Ereignisse ein, die Politik oder Wissenschaft in dieser Zeit bewegten. 1913 hatte Moseley die
zur Auffindung neuer Elemente wichtige Beziehung zwischen Größe
der Atomkernladung und Röntgenwellenlänge entdeckt; 1913 hatte

---

18 RaZ aus Weilheim am 27. Dez. 1913.
19 RaTB aus München am 13. Febr. 1914.
20 Röntgen an Ritzmann am 21. April 1914. NR.
21 RaTB aus Weilheim am 25. April 1914.

die fabrikmäßige Herstellung von Hochvakuum-Radioröhren begonnen; 1914 hatte von Laue den Nobelpreis erhalten, hatten Franck und Hertz durch Elektronenstoß diskontinuierliche Energiestufen der Atome bewiesen, hatte der Mord in Sarajewo an Erzherzog Franz Ferdinand von Österreich den Ersten Weltkrieg ausgelöst – aber im Mittelpunkt aller Briefe an Freunde stand die Erkrankung seiner Frau.

Am 27. Dezember 1914, die ersten blutigen Schlachten des Weltkrieges waren geschlagen, schrieb der Physiker an Theodor Boveri: »Eine Patientin wie meine Frau ist für manche Ärzte eine zu undankbare Aufgabe, weil sie überzeugt sind, nicht helfen zu können. (...) Ich weiß nun allmählich, daß ich die Verantwortung für die Behandlung zum größten Teil selbst übernehmen muß, es stärkt einen aber doch, wenn man von vernünftiger Seite einen guten Rat erhält, wie Sie es freundschaftlicherweise getan haben.«[22]

Am 5. Januar 1915 an Ludwig Zehnder: »Das Briefschreiben fällt ihr besonders schwer, und eine Zeitlang hatte sie manchmal Mühe, auch beim Sprechen, die richtigen Worte zu finden. Wir hatten Weihnachten eine kleines Bäumchen – in München – schon aus Dankbarkeit, daß wir das Fest noch einmal zusammen verleben durften.«[23]

Am 16. März 1915 an Marcella Boveri zur Vorbereitung einer Reise: »Natürlich möchten wir gern im Hubertushaus wohnen und ich möchte Sie bitten, den Förster zu fragen, ob wir ca. eine Woche dort Unterkunft finden könnten. Sie wissen, dass die Sache nicht so einfach ist. Erstens könnten die Schmerzensschreie meiner Frau, wenn sie ihre Anfälle – einige Male im Tag – bekommt, für die übrigen Bewohner recht störend sein.«[24]

---

22 RaTB aus München am 27. Dez. 1914.
23 RaZ aus Weilheim am 5. Jan. 1915.
24 RaFB aus München am 16. März 1915.

Abb. 27   Bertha Röntgen auf dem Balkon des Weilheimer Landhauses. Die letzten
Lebensjahre waren für sie ein Kampf gegen die Schmerzen, die ihr die Nierensteine
bereiteten. Morphium, das Wilhelm Conrad ihr täglich spritzte, half, die Krankheit
zu ertragen.

In den folgenden Jahren scheinen die akuten Beschwerden zugunsten eines Gewöhnungszustandes zurückgegangen zu sein. So konnte Röntgen am 20. März 1919 an Zehnder schreiben: »Meiner Frau geht es ordentlich, wenigstens in bezug auf die furchtbaren Schmerzen, unter denen sie einige Jahre so sehr litt. Die haben nachgelassen. (...) Hinfälliger als früher ist sie natürlich, und sie braucht – jetzt aus Gewohnheit – ihre täglichen Morphiumdosen, die ihr aber weiter nicht schaden.«[25]

Marcella Boveri ließ er am 30. September 1919 wissen: »Der Abschied von Weilheim stimmte mich recht wehmütig; meiner Patientin, die ihren Zustand nicht genauer kennt, fiel die Abfahrt weniger schwer.«[26]

Anfang Oktober nahm Röntgen eine Diakonisse ins Haus, die Bertha zusätzlich pflegte. Die Patientin war nun bereits an den Rollstuhl gebunden.[27]

Am 23. und 24. Oktober 1919 an Marcella Boveri: »Die Krankheit, Nieren- und Herzinsuffizienz, ist nicht heilbar und nimmt von Tag zu Tag zu; damit auch die Schwäche des Körpers und des Geistes. Die angewendeten Mittel können Bertha nur das Leben erleichtern, die sehr stark gewordene Anschwellung von Beinen und Unterleib geht nie mehr zurück; es ist ausgesprochene Wassersucht vorhanden. Wie lange Bertha noch leben wird, ist nicht festzustellen (...). Wir sprechen häufiger vom Sterben, was uns beiden nicht sehr schwer wird. Dabei vermeide ich natürlich, ihr meine oben ausgedrückte Ansicht genau mitzuteilen, und suche ihr Mut und Vertrauen einzuflößen. Ihre eigene Ansicht über baldiges Sterben wechselt, sie ist ein Vorbild von Geduld und immer voller Dankbarkeit für das, was man an ihr tut. (...) 24. Oktober. Eine ausführliche Besprechung mit den Ärzten ergab gestern abend, daß ich doch etwas zu schwarz geschildert habe. In

---

25 RaZ aus München am 20. März 1919.
26 RaFB am 30. Sept. 1919.
27 Hinweis in Regesten der Briefe RaFB aus München vom 7., 12., 18. Okt. 1919.

Wirklichkeit genügen die Körperkräfte und die Herztätigkeit durchaus, um mit Grund hoffen zu dürfen, daß meine Frau soweit in die Höhe kommt, um täglich vor- und nachmittags mehrere Stunden außer dem Bett ohne besondere Beschwerden zuzubringen und ihr Leben bis zu einem gewissen Grad genießen zu können. (...) Diese, wie mir ausdrücklich versichert wurde, nicht beschönigende Mitteilung, zusammen mit einem längeren Gespräch über wissenschaftliche Fragen, haben mich gestern abend so aus meiner trüben Stimmung herausreißen können, daß ich sogar auf kurze Zeit alles Schwere vergessen konnte.«[28]

Röntgen gab sich dennoch keinen falschen Hoffnungen hin, und auch Bertha war sich über ihren Zustand im klaren. Am 29. Oktober schrieb Röntgen erneut an Marcella Boveri: »Vorgestern, als das *subjektive* Befinden recht gut war, und meine Frau klar denken und deutlich sprechen konnte, hat sie Abschied von mir genommen. Ruhig, zum Sterben gern bereit, Gott betend um Schutz für mich. Es war eine feierliche schöne Viertelstunde!«[29]

Berta starb am 31. Oktober 1919. W.C. Röntgen wirkte im Schmerz über den Verlust seiner geliebten Lebensgefährtin, mit der er 47 Jahre glücklich war, gefaßt – aber »es fehlt in dem Mechanismus meines Daseins ein unersetzbares Stück«[30], versuchte der Physiker später zu erklären, wie der Tod seiner Frau sein Leben verändert hatte. Eine Photographie der Verstorbenen war ihm besonders teuer, denn »sie erinnert mich an meine Pflicht, an mein Versprechen, und muntert mich auf, meine Trägheit zu überwinden«[31]. Auch das vertraute er Marcella Boveri an, die in all den Jahren der Krankheit und nach dem Tod ihres Mannes im Jahr 1915 zu seiner wohl engsten Vertrauten geworden war.

---

28 RaFB am 23. und 24. Okt. 1919. Zitiert nach Glasser; S. 158.
29 RaFB aus München am 29. Okt. 1919.
30 Röntgen an Wölfflin am 15. Okt. 1921. Zitiert nach Dessauer; S. 190.
31 RaFB aus München am 13. Jan. 1920.

Den Verlust Berthas konnte sie freilich nicht vergessen machen. Noch bis zu seinem eigenen Tod kam Röntgen gerade in Briefen an Marcella Boveri immer wieder auf die Verstorbene zu sprechen, deren Andenken beide voller Verehrung aufrecht hielten. So berichtete er am 22. April 1920, Berthas erstem Geburtstag nach ihrem Tod, an die Freundin nach Würzburg: »Ich hatte Kätchen beauftragt, am Dienstag nach München zu fahren, um dort einige Blumen einzukaufen; das hatte sie recht gut besorgt, und so konnten wir am Geburtstagsmorgen die in dem Ausbau des Wohnzimmers gelegene Ecke, wo meine Frau gern in ihrem Korbsessel saß, mit blühenden Pflanzen schmücken: Rosen, Goldlack, Levkojen, Zinerarien, Primeln und – was ich nicht hätte zuletzt erwähnen sollen – Ihre Maiglöckchen umringten die Photographie, die auf dem Sessel stand und erfüllten bald das Zimmer mit herrlichem Duft. Auch das Bild über des Chaiselongue war mit Blümchen geschmückt. Ich konnte mir denken, daß meine Frau zufrieden gewesen wäre, wenn sie alles gesehen hätte. Gleich nach dem Frühstück fing ich an, die Briefe durchzusehen und einige davon zu lesen, die meine Frau vor einem Jahr erhielt, und konnte ich mich an der vielen Liebe und Verehrung, die meiner Frau in ihrem Leben entgegengebracht wurde, erwärmen. (...) Auf die vermeldete Lektüre befragte ich das Tagebuch meiner Frau nach den Ereignissen am 22. April der letzten Jahre, fand darin über den 80. Geburstag merkwürdigerweise nichts bemerkt. Daß wir an jenem Tag im Garten die letzten Veilchen pflückten, hatte ich in meiner Krankengeschichte notiert, und ich konnte zufällig auch diesmal die letzten pflücken und meiner Frau hinstellen.«[32]

Nichts und niemand war dem berühmten Physiker in den letzten Jahren wichtiger gewesen als seine Frau. Er hatte seine Forschung vernachlässigt, hatte nach dem vorläufigen Abschluß seiner bereits zwischen 1904 und 1907 gemeinsam mit Joffe begonnenen – und dann

---

32 RaFB aus Weilheim am 23. April 1920.

von seiner Seite nur zögerlich weitergeführten – Kristalluntersuchungen lediglich zwei kurze Arbeiten publiziert.[33]

Zudem hatte er während dieser Zeit von den meisten seiner wenigen Vertrauten Abschied nehmen müssen: von Theodor Boveri, den er Anfang Oktober 1915 ein letztes Mal in Würzburg besuchen konnte: »Ich fand ihn schwer krank; der Arzt wollte aber noch nicht jede Hoffnung aufgeben. Er war allmählich ein siecher Körper geworden, aber die Krankheit, die zum Tode geführt hat, ist Tuberkulose. Ich habe sehr, sehr viel verloren, auch meine Frau, und wir sind tief traurig.«[34] 1916 von Artur von Hippel und den Gaedekes, 1918 von dem Zürcher Altphilologen Hitzig – den er durch Krönleins Vermittlung kennengelernt hatte; der war bereits 1910 gestorben.

Geblieben waren ihm Marcella Boveri, die Ehepaare Ritzmann und Zehnder, sowie die ehemaligen Assistenten Koch und Cohen. Ihnen gegenüber übte er sich in Geduld und Resignation. So teilte er 1916 mit: »Indessen gehört so etwas wohl, wie ich neulich in ähnlicher Sache an einen Freund schrieb, zu dem unverschuldet Unvermeidlichen, was das Alter mit sich bringt, und das man mit Anstand tragen muß. Auch dürfte ich nicht klagen in einer Zeit, wo viele Millionen Menschen so viel Schweres zu tragen haben.«[35]

Denn da war schließlich noch die Weltgeschichte, die Röntgen, der berühmte Entdecker einer nun überaus kriegswichtigen Einrichtung, allenfalls in seinen privaten Briefen ignorieren konnte. Ein Weltkrieg war entbrannt, in dem es um das »Schicksal Deutschlands« ging.

---

33 Röntgen, W.C.: Über die Elektrizitätsleitung in einigen Kristallen und über den Einfluß der Bestrahlung darauf. Zum Teil in Gemeinschaft mit A. Joffé. Ann. Phys. 4. F. 41 (1913) 449. Sowie: ders.: Pyro- und piezo-elektrische Untersuchungen. Ann. Phys. 4. F. 45 (1914) 737. Der Abschluß der Arbeit, die sich in 17 Heften mit Beobachtungsdaten angesammelt hatte, wurde dann 1921 von Röntgen publiziert. Auch bei dieser 200 Seiten starken Untersuchung vermerkte er, daß sie teilweise mit Joffe entstanden sei.

34 Röntgen an Hitzig am 16. Okt. 1915. Zitiert nach Dessauer; S. 179–180.

35 RaZ aus Weilheim am 29. Dez. 1916.

DER ERSTE WELTKRIEG

»JETZT MÜSSEN ALT UND JUNG FÜR UNSER VATERLAND TUN, WAS SIE KÖNNEN...«

»Deutschland marschiert!« titelten die Münchner Neuesten Nachrichten am 2. August 1914. Endlich war der Krieg da, der die Moral des Volkes wieder in die rechten Bahnen lenken sollte. Tatsächlich waren die meisten Deutschen von der »reinigenden Wirkung«, von der »sittlichen Notwendigkeit« dieses Krieges überzeugt. Er war in den Jahren vor 1914 zu einer kulturellen Angelegenheit stilisiert worden.

»Erinnern wir uns«, schrieb Thomas Mann, »des Anfangs – jener nie zu vergessenden ersten Tage, als das Große, das nicht für möglich gehaltene hereinbrach! Wir hatten an den Krieg nicht geglaubt, unsere politische Einsicht hatte nicht ausgereicht, die Notwendigkeit der europäischen Katastrophe zu erkennen. Als sittliche Wesen aber – ja, als solche hatten wir die Heimsuchung kommen sehen, mehr noch: auf irgendeine Weise ersehnt; hatten im tiefsten Herzen gefühlt, daß es so mit der Welt, mit unserer Welt nicht mehr weitergehe. (...) Eine sittliche Reaktion, ein moralisches Wieder-fest-werden hatte eingesetzt oder bereitete sich vor; ein neuer Wille, das Verworfene zu verwerfen, dem Abgrund die Sympathie zu kündigen, ein Wille zur Geradheit, Lauterkeit und Haltung wollte Gestalt werden. (...) Was die Dichter begeisterte, war der Krieg an sich selbst, als Heimsuchung, als sittliche Not. Es war der nie erhörte, der gewaltige und schwärmerische Zusammenschluß der Nation in der Bereitschaft zu tiefster Prüfung.«[36]

---

36 Mann, Thomas: Gedanken im Kriege. In: Thomas Mann. Gesammelte Werke; Bd. 13. Frankfurt/M. 1974. Hier: S. 531–532. (Erstmals in: Die Neue Rundschau 25 (1914); Heft 11).

Aus der lokalen Auseinandersetzung Österreich-Ungarns mit Serbien war – durch die deutschen Kriegserklärungen an Rußland (1. August) und Frankreich (3. August) – zunächst ein europäischer Krieg und einen Tag später – durch das Eingreifen Englands – ein Weltkrieg geworden. Alle Parteien, alle Klassen schienen mit einem Mal im Reich ein Bündnis geschlossen zu haben, was der Monarch mit den Worten »Ich kenne keine Parteien und keine Konfessionen mehr (...) nur noch deutsche Brüder«[37], auf den Punkt brachte. Gerade die deutschen Professoren verstanden sich als die Anwälte nationaler Interessen: »Geistes- und Naturwissenschaftler präsentierten sich der heimischen Bevölkerung und dem Ausland als Wahrer der Kultur und als Interpreten von Kriegszielen.«[38] Nationalismus, Militarismus, Heroismus und die »positive Ideologisierung des Krieges« spielten eine wichtige Rolle in der akademischen Welt.[39]

Auch Wilhelm Conrad Röntgen sah im Kampf eine sittliche und moralische Notwendigkeit, die es zu unterstützen galt: »Jetzt müssen alt und jung für unser Vaterland tun, was sie können, das ist nicht mehr als recht und schafft uns selbst die höchste Befriedigung; so dürfen wir auch hoffen, daß der Krieg für Deutschland ein gutes Ende nimmt, trotz aller Übermacht und Niedertracht unserer Feinde. Hier ist ein jeder, den ich spreche, voller Zuversicht«[40], lautete seine erste Reaktion vom 17. August.

Wie viele andere Professoren leistete er seinen Beitrag zum Krieg durch den Aufschub seiner Emeritierung. Schließlich war auch Forschung – gerade während der Krieges – Dienst am Vaterland: »Kurz nach Schluß des Semesters waren wir nach Weilheim gegangen; als dann aber der Krieg ausbrach, kehrten wir nach München zurück, in der Empfindung, dort doch etwas mehr leisten zu können als hier. Es

---

37 Zitiert nach: Fest, Joachim: Hitler. Frankfurt/M. 1973; S. 96.
38 Eckert; S. 61.
39 Nipperdey; S. 814.
40 RaMB am 17. Aug. 1914. Zitiert nach Glasser; S. 160.

ist ja in unserem Alter sowieso sehr wenig, was wir Nützliches in dieser schweren Zeit beitragen können (...).«[41]

Der Unterricht fiel ihm schwer. Die Zuhörerzahlen waren zwar rapide zurückgegangen, doch »die Vorbereitungen für 20 Zuhörer brauchen ebensoviel Mühe wie für 200. Selbständige Arbeiter bleiben wohl ganz aus«[42].

Zu ideologischer Propaganda hatte er, im Gegensatz zu anderen Kollegen, in seinen Vorlesungen vermutlich wenig Gelegenheit, öffentliche Stellungnahmen zum Krieg sind nicht bekannt. Der Physiker unterschrieb lediglich den Aufruf »An die Kulturwelt«. In späteren Jahren war ihm seine Unterschrift unter diesen Hetztext sehr peinlich. Angeblich hatte er den Aufruf auf »Anraten und scharfes Drängen der Berliner dummerweise unterschrieben (...), ohne ihn vorher gelesen zu haben«[43], wie er nach Kriegsende behauptete.

Wenn er sich in Briefen der Jahre 1914–1918 über den Krieg äußerte, dann zumeist voller Zuversicht, wie fast alle Deutschen. Die Schlachtfelder lagen fern der Heimat, Siegmeldungen und tendenziöse Berichterstattung förderten Kriegsbereitschaft und vaterländisches Denken. Auch Röntgens Eindrücke sprechen die Sprache der heimischen Propaganda aus der Zeit vor und während der Kämpfe. Im Vertrauen auf die Auskünfte der Heeresleitung behauptete er, der selbst nie beim Militär gedient hatte: »Wirklich begründete Ursache zu einer pessimistischen Anschauung über den Ausgang des Krieges ist im Augenblick nicht vorhanden. Die Verluste, die unsere Feinde erleiden, sind im Vergleich zu den unsrigen so schwer, daß wir doch

---

41 RaZ aus Weilheim am 9. Sept. 1914.
42 RaZ aus Weilheim am 1. Mai 1915.
43 RaFB aus Weilheim am 8. Dez. 1920.
   Auch andere Wissenschaftler, wie der Physiker Walther Nernst, fühlten sich später von der Berliner Initiative überrollt. Vgl. Bartel, H.-G.: Walther Nernst und Frederick Alexander Lindemann als militärische Forscher und Berater – Anmerkungen für eine Analyse ihres Verhaltens in den Weltkriegen. In: Über Walther Nernst aus Anlaß seines 50. Todestages. S. 41–44 (= Wissenschaftliche Zeitschrift der Humboldt-Universität zu Berlin, Reihe Mathematik/Naturwissenschaften 41).

entschieden im Vorteil sind, und wir haben keinen Grund für die Annahme, daß wir weniger lang und gut aushalten können wie unsere
Feinde. Gewiß erleben wir auch Enttäuschungen, wie z.B. bei Gelegenheit der letzten Operation in Polen, wo wir doch nach Hindenburgs Bericht über ›Entscheidung‹ mehr Erfolg erwartet hatten...
aber die feste Überzeugung, daß es im Osten zunächst langsam vor-
wärts geht, habe ich doch. Gegen England soll es – wie man hört, anfangs des nächsten Jahres besonders scharf vorgehen: Bomben mit
800 kg (!) Sprengkraft sollen für Zeppeline usw. bereitliegen, und
wenn dann noch etwas aus den Tirpitzschen Plänen wird, dann könnte England doch mürbe werden. Über die Auslandsberichte sollten
wir uns nicht mehr so ärgern; seit Monaten wissen wir, daß im Ausland wenig Verständnis für deutsches Wesen und für unsere Bestrebungen besteht; mit dieser Tatsache müssen wir uns nun abfinden.
Besser werden die Verhältnisse erst, nachdem wir einen für uns
günstigen, aber auch einen vernünftigen Frieden – nicht nach all-
deutscher Manier und im Ostwaldschen Sinne – geschlossen haben
werden.«[44]

Röntgen, der den Luxus nie geliebt und bei seinen Entscheidungen
stets auf Korrektheit bedacht war, empfand die Bereitschaft zur Prüfung, zur moralischen Besserung, und demonstrierte mehr als je zuvor Opferbereitschaft und Bescheidenheit. Er ließ die Rumford-Me-
daille, die ihm 1896 von der Royal Society in London als eine der
höchsten wissenschaftlichen Auszeichnungen verliehen worden
war, für Rüstungszwecke einschmelzen. Er bestand zu Hause auf
strenge Rationierung der Lebensmittel, und das Feiern beschränkte
sich nun auf nationale Anlässe. Die »Rettung des Vaterlandes aus
schwerer Not« sei Teil des echten »deutschen Wesens«[45], war seine
Meinung: »(...) wir müssen bis in alle Volksschichten den Ernst der
Sache gründlich erfahren; das kann uns vor manchem Schlimmem
behüten und uns hoffentlich von mancher nicht guten Eigenschaft

---

44 RaTB aus München am 27. Dez. 1914.
45 Röntgen an Hitzig am 30. Dez. 1914. Zitiert nach Dessauer; S. 176.

befreien. Das neue Brot schmeckt uns und allen, die ich sprach, recht gut, und nur in einigen Kreisen, z.B. der kleinen Landwirte, ist begreiflicherweise eine kleine Mißstimmung zu bemerken. (...) Genußsucht und Leichtsinn waren bei uns üppig ins Kraut geschossen.«[46] Bei seinen Freunden fand diese Einstellung vollste Zustimmung. »Von hier ist wenig zu melden; heute feiern wir Hindenburgs neuen Sieg«[47], schrieb er Theodor Boveri am 17. Februar 1915 nach Würzburg. Mit Hitzig beging er Anfang August festlich den Fall Antwerpens und den Einzug deutscher Truppen in Warschau.[48]

Bescheiden sollten folglich 1915 die Feierlichkeiten zu seinem 70. Geburtstag sein. Weil er in München zuviel Trubel erwartete, zog er es vor, an diesem Tag die Freunde Boveri zu besuchen, mit denen er seit dem Kriegsausbruch noch enger in Kontakt stand. Theodor Boveri lag im Sanatorium Oberstdorf und erholte sich dort von einem leichten Schlaganfall. »Ich bitte Sie eindringlich, Ihrer Frau zu sagen, daß Sie doch für mich – wie soll ich sagen? – keine Geschichten machen soll. Es sind keine Zeiten dafür, ich bin nicht in der Stimmung dafür und erlebe meine Hauptfreude im Zusammensein beider Familien. Tun Sie mir den Gefallen; Sie kennen mich ja und wissen, daß ich meine Bitte ehrlich meine«[49], wandte er sich an Marcella und Margret Boveri, die zusammen mit den Röntgens im Hubertushof logierten.[50]

Da sich aber gerade jetzt im Krieg die medizinische Anwendung der Röntgenstrahlen als unverzichtbares Hilfsmittel der Traumatologie erwiesen hatte[51], wurde er wie ein Held gefeiert. Stundenlang habe man am Geburtstag gesessen, um all die Post zu sichten, die den Ju-

---

46 Röntgen an Hitzig am 2. Febr. 1915. Zitiert nach Dessauer; S. 178.
47 RaTB aus München am 17. Febr. 1915.
48 RaTB aus Weilheim am 11. Aug. 1915.
49 RaTB aus München am 20. März 1915.
50 RaFB aus München am 16. März 1915.
51 Vgl. Eisenberg, Kap. »Zur Entwicklung der Radiologie im militärischen Einsatz«; S. 389–405. Sowie: Mould; S. 55–60.

bilar erreichte, erinnerte sich Margret Boveri, die bei der Feier anwesend war. Ein Mann aus dem Volk, ein Kurprediger aus Rigi-Scheidegg, formulierte in seinem Gratulationsbrief: »Gott hat Ew. Exzellenz zu einem Wohltäter der Menschheit gemacht. Der große Krieg, in dem wir stehen, legt täglich neue Beweise dafür ab. Wo wären wir ohne X-Strahlen? Wer kann sie zählen, die Väter und Mütter, die Bräute, die heute, wenn sie von ihrem Geburtagsfeste lesen, heiße Gebete für Sie nach oben senden, weil Sie durch Ihre segensreiche Erfindung, den Ihrigen das Leben, die Glieder gerettet.«[52]

Jedoch nur über zwei Schreiben habe sich Röntgen wirklich gefreut: es waren die Würdigungen des Kaisers und Hindenburgs. Auch sie akzentuierten die Röntgenstrahlen jetzt als Entdeckung von nationaler Bedeutung: »Hat schon im frieden ihre geniale erfindung zum wohle der leidenden menschheit beigetragen, so hat sie in noch viel größerem umfange im jetzigen feldzuge die möglichkeit geboten, zahlreichen braven, fuer ihr vaterland verwundeten soldaten schnellere heilung zu bringen. (...) moege gott der herr sie noch lange erhalten zum segen unseres geliebten vaterlandes. dies ist der aufrichtige wunsch des euer excellenz sehr ergebenen generalfeldmarschalls v. hindenburg.«[53]

Röntgen war mit dieser Wertung seiner Entdeckung einverstanden, und in seinem Entwurf eines Antwortschreibens heißt es entsprechend untertänig: »Habe ich bisher das gewaltige Kriegsgenie bewundert, das unsere Heere zum Siege zu führen weiss, so sehe ich nun mit Rührung, wie warm sein Herz schlägt für die Braven, die für Deutschlands Existenz ihr Blut vergiessen. Möge der gütige Gott Euere Excellenz dem Vaterland erhalten und möge es Ihnen vergönnt sein Ihr Werk zum glücklichen Ende zu führen. In Dankbarkeit und unbegrenzter Verehrung. Röntgen«[54].

---

52 Fr. Frisius an Röntgen aus Rigi-Scheidegg am 27. März 1915. RM.
53 Telegramm zum 70. Geburtstag Röntgens. RM.
54 Entwurf zu einem Antwortschreiben an von Hindenburg. RM.

Auch »die Anerkennung des Allerhöchsten Kriegsherrn«[55] war ihm gewiß: Der Kaiser als der oberste Heeresleiter zeichnete ihn »in dankbarer Anerkennung Ihrer großen Verdienste um die Wissenschaft und die leidende Menschheit, durch welche Sie in dem gegenwärtigen Kriege Tausende von Verwundeten vor dem Tode oder dauerndem Siechtum bewahrt haben«[56] mit dem Eisernen Kreuz zweiter Klasse am weiß-schwarzen Band aus.

Tags darauf wurde Röntgen zur Audienz beim König von Bayern befohlen; das war nun wieder ein eher lästiger Termin, denn »er mußte seine Uniform mit sämtlichen Orden anziehen, was eine geduldheischende Prozedur war. Über die Fahrt nach München gab es einiges Fluchen, auch befürchtete Röntgen, nun den erblichen Adel zu bekommen, den er nicht ablehnen konnte«[57], erinnerte sich Boveri. Die Befürchtungen waren umsonst: In München hatte man inzwischen begriffen und verlieh ihm »nur« den Verdienstorden vom Hl. Michael 1. Klasse.

Gescheitert waren die Bemühungen einer großen Zahl von Kollegen, den Physiker anläßlich seines 70. Geburtstags mit einer eigenen Stiftung »zur Förderung physikalischer Untersuchungen« zu überraschen. Unter den Unterzeichnern des Aufrufs waren einige der weltweit berühmtesten Naturwissenschaftler aus mehreren Ländern, beispielsweise Max Planck (Berlin), Sir Joseph John Thompson (Cambridge), Svante Arrhenius (Stockholm), Sir Ernest Rutherford (Manchester), Anton Béclère, Marie Curie (beide Paris).[58] Im Juli 1915 mußten Arnold Sommerfeld und Wilhelm Wien, die die Organisation der Angelegenheit in die Hände genommen hatten, diesen

---

55 Röntgen an den Kaiser am 31. März 1915. Zitiert nach Wendel, in: Strube, Wussing (Hrsg.); S. 142.

56 Schreiben vom Großen Hauptquartier im Auftrag des Kaisers und Königs am 25. März 1915. RM.

57 Boveri in Glasser; S. 149.

58 UAM OC-N-14.

mitteilen, daß »bei Ausbruch des Krieges die begonnene Versendung des Aufrufs und die Sammlung weiterer Beiträge selbstverständlich eingestellt werden mußte«. Die Zahl der Teilnehmer sei »naturgemäß beschränkt geblieben« und die Sammlung habe nur etwa 13 000 Mark ergeben. Diesen Betrag wollte man Röntgen als Stiftung dann doch nicht anbieten.

Auch nach seinem 70. Geburtstag verrichtete der Physiker weiter seine übliche Arbeit. Zu neuen Forschungsprojekten fehlte ihm die Zeit. Doktoranden, denen er seine Ideen zur Bearbeitung hätte delegieren können, nahm er seit Kriegsbeginn nicht mehr an.[59] Die Verhältnisse an der Universität wurden durch die Rekrutierung aller einsetzbaren »Kampfkräfte« immer ungünstiger. Wer konnte, tat Dienst beim Militär, auch Röntgens Assistenten. Das Ordinariat war nun fast wieder ein Ein-Mann-Betrieb: »Von meinen Leuten im Institut ist Koch als Offizier bei der drahtlosen Telegraphie, Du Prel als Unteroffizier auf dem Bureau tätig, und Wagner, der nicht kriegsdienstfähig ist, macht sich im Militärlazarett bei X-Strahlen-Aufnahmen recht nützlich. Ihm allein bleiben Zeit und Gelegenheit für physikalische Arbeit, die er beide auch sehr gut ausnützt. Außer ihm arbeite nur ich noch am Institut, aber nur wenig, so daß der Betrieb auf ein Minimum gesunken ist. Es gehen Gerüchte, daß die Universität geschlossen werden soll, sobald das neue Kriegsdienstgesetz in Tätigkeit tritt.«[60]
Geschlossen wurde die Universität zwar nicht, doch die Lage am physikalischen Institut verschlechterte sich weiter. Im Januar 1917 klagte Röntgen: »Das Laboratorium für selbständige Arbeiten steht leer, im kleinen Praktikum sind ca. 30 Leute und in der Vorlesung 90, fast nur Mediziner, unter denen das weibliche Element z.Z. entschieden vorherrscht. Wie es im nächsten Semester wird, ist unsicher, aber jedenfalls werden viele fehlen, die zum Kriegshilfsdienst eingezogen

---

59 Liste der Kandidaten zwischen 1901 und 1922. UAM OC-N-14.
60 RaZ aus Weilheim am 29. Dez. 1916.

werden. (...) Selbstverständlich nimmt der Krieg und was damit zu-
sammenhängt, unser Denken zum größten Teil in Anspruch und werden die wirtschaftlichen Verhältnisse immer schwieriger, namentlich
in den größeren Städten. Leider greift der Egoismus immer mehr um
sich und nimmt manchmal sehr häßliche Formen an. Es wird wohl
nur sehr wenig Leute geben, die von diesem Laster ganz frei geblieben sind; ich wenigstens darf mich dazu rechnen. Und wie wird es
nach dem Krieg aussehen?«[61]

Als sich Röntgen diese bange Frage stellte, hatten in der Heimat
selbst wohlhabende Bürger wie er unter den Folgen der Mißernte des
Jahres 1916 und den Materialschlachten an den Fronten zu leiden.[62]
Aus den Großstädten machten sich Hungrige in ländliche Gegenden
auf, um Lebensmittel zu organisieren. Alle Haushalte waren angehalten, Energie und Nahrungsmittel einzusparen. Röntgen nahm im
»Steckrübenwinter« und dem darauffolgenden Jahr 20 Kilo ab, obwohl man bereits 1915 damit begonnen hatte, im Weilheimer Garten
Gemüse anzubauen. Friedrich Dessauer, Ingenieur, Physiker und
Röntgen-Biograph, notierte nach einem Besuch bei Röntgen in den
»Hungerjahren« des Krieges: »Ich wurde in das Arbeitszimmer geführt, und da erhob sich der große, sichtbar abgemagerte Mann von
seinem kleinen Schreibtisch, der, während Röntgen aufstand, immer
kleiner zu werden schien.«[63]
Hilfe kam 1917 von Koch, der an der Ostfront stationiert war, und nun
regelmäßig Speck, Erbsen und Reis aus Truppenbeständen schickte.
Der Umzug aufs Land führte zu weiteren Verbesserungen. »(...) die
hier etwas leichtere Verpflegung und namentlichen die günstigeren
Heizungsverhältnisse«[64] zwängen ihn zum möglichst langen Verweilen, teilte Röntgen Sommerfeld am 2. Januar 1918 mit. Erst im Früh-

61 Röntgen an Ritzmann am 28. Jan. 1917. NR.
62 RaTB aus München am 9. März 1915.
63 Dessauer; S. 166.
64 Röntgen an Sommerfeld aus Weilheim am 2. Jan. 1918. ADM.

jahr verbesserten sich die »drückenden Verpflegungsschwierigkei-
ten«[65] wieder etwas.

Alle Beschränkungen und Schwierigkeiten, die der Krieg nun auch
der Heimatbevölkerung abverlangte, ließen Röntgen am Kriegsaus-
gang nicht irre werden. Regelmäßige Lageberichte von der Front kamen zusammen mit Lebensmitteln von Koch. Und Röntgen antwortete kämpferisch: »Sorgen Sie vorläufig dafür, daß die Russen bei
Laue im Osten nicht durchkommen; das ist doch immerhin noch
wichtiger. Auf die Judentypen freue ich mich schon!«[66]
Wen Röntgen mit den »Judentypen« meinte, ist nicht zu erfahren.
Mag sein, daß er – wie viele andere deutsche Bürger – der Meinung
war, daß die russische Oktober-Revolution das Werk von Juden war,
ebenso wie die von Matthias Erzberger angeführte Friedensinitiative
einer linken Mehrheit des deutschen Reichstages.
Obwohl die USA Deutschland den Krieg erklärt hatten, schien für
Röntgen noch im Frühjahr 1918 eine Kapitulation undenkbar. Zwar
äußerte er nun zum ersten Mal Zweifel an den Durchhalteparolen der
Kriegspropaganda: »Hier wird ja noch immer viel von einer bevorstehenden Offensive im Westen gesprochen, die an Intensität alles
frühere überholen soll. Allmählich hat man sich aber daran gewöhnt,
die Zukunft als unsicher zu betrachten und möglichst geduldig abzu-
warten, was die nächste Zeit bringen wird.«[67]
Doch zur politischen Entwicklung im deutschen Reichtag – in dem
mit Ludendorffs Unterstützung die rechte »Deutsche Vaterlandspar-
tei« den »Siegfrieden« propagiert hatte, während der neue Reichskanzler Michaelis Erzbergers Forderungen nach einem »Verständis-
frieden« unterstützte – meinte er weiter: »Mit alldeutschen, vater-
landszerteilenden Plänen kann ich mich nicht einverstanden erklären, wenn mir auch auf der anderen Seite das unausgesetzte Ru-

---

65 Röntgen an Hitzig am 1. April 1918. Zitiert nach Dessauer; S. 183.
66 RaK aus Weilheim am 30. März 1916. StBB Nachl. HA 220 1.
67 RaK am 8. März 1918. ebd.

fen nach Frieden, das Benehmen wie das eines abgehetzten Hundes, der sich mit heraushängender Zunge zu Boden wirft, wenig nützlich und wenig sympathisch erscheint.«

Erst Ende April 1918 zog auch er eine Niederlage Deutschlands wohl sehr ernsthaft in Betracht. »Ich bemühe mich, meistens mit Erfolg, der Obersten Heeresleitung und unseren Soldaten das Vertrauen entgegenzubringen, daß sie das Zustandekommen eines günstigen Friedens, der uns auf lange Zeit Ruhe sichert, ermöglichen. Erfüllt sich diese Hoffnung, so werde ich den Krieg als ein heilsames Mittel betrachten, das uns sehr notwendig war, um uns von der schiefen Ebene, die unverkennbar abwärts führte, abzubringen, als ein Mittel, das den maßgeblichen Kreisen das Vorhandensein von manchen Schäden und Mängeln, die sich bei uns – in der Gesellschaft, in der Politik, in der Diplomatie, im Militär – eingenistet und... [unleserlich] hatten, zum Bewußtsein gebracht hat. Daß uns eine schwere Zeit nötig war, um uns von diesen Dingen zu befreien, das habe ich mehrmals schon vor dem Krieg gedacht und gesagt. Hoffentlich werden wir uns von den Schlacken, die die Feuerprobe gebracht hat, befreien können und die Reinigung zu Ende führen.«[68] So schrieb er an Marcella Boveri, die als Leiterin eines Lazaretts die Schrecken des Krieges und Verluste der Deutschen selbst erlebt hatte.[69]

Noch immer war Röntgen bemüht, »der Obersten Heeresleitung und unseren Soldaten das Vetrauen entgegenzubringen«. Hindenburg hatte zwar in der Schlacht von Tannenberg die Russen geschlagen und den Friedensvertrag von Brest-Litowsk erzwungen, aber die Großoffensive im Westen war »steckengeblieben«, Niederlagen und Frontwechsel von Verbündeten Deutschlands hatten die »Mittelmächte« geschwächt – und US-Präsident Wilson hatte in seinen 14 Punkten die Bedingungen für einen Friedensvertrag diktiert. Am 29. September forderte die Oberste Heeresleitung mit Hindenburg und Ludendorff

---

68 RaFB aus München am 27. April 1918.
69 Boveri (1977); S. 64.

die sofortige Einleitung von Waffenstillstandsverhandlungen und die
Bildung einer parlamentarischen Regierung. Als Wilson am 23. Oktober die Beseitigung des Obrigkeitsstaates und damit indirekt die
Abdankung des Kaisers zur Bedingung für Verhandlungen machte,
kam es in Folge zum Ausbruch der Novemberrevolution. Sechs Tage
später meuterten die Matrosen in Wilhelmshaven. Innerhalb weniger
Tage erreichten die Aufstände Küstenstädte, Garnisonen und zuletzt
die Arbeiterschaft der Binnenstädte. Der Kaiser zog sich ins Hauptquartier nach Spa zurück. Prinz Max von Baden, der Vorsitzende der
parlamentarischen Regierung, erklärte öffentlich den Thronverzicht
des Kaisers, der sich ins Exil nach Doorn verabschiedete.

Verschiedene Strömungen bewirkten in den folgenden Tagen, wie der
Revolutionshistoriker Gerhard Schmolze analysierte, die völlige
Neuordnung des bisherigen politischen Systems, ausgehend von
München: »Die Gewißheit, daß der Krieg verloren ist, die Furcht vor
einer Hinauszögerung des Waffenstillstandes durch lange Verhandlungen, die Angst vor einem weiteren Kriegswinter, lang aufgestaute
Unzufriedenheit und Unwille gegenüber den immer noch herrschen-
den alten Gewalten wirken zusammen. (...) Der Rätegedanke [das
neue Rußland war Vorbild] wird innerhalb weniger Tage populär, und
die spontan gebildeten Arbeiter- und Soldatenräte werden selbst von
der Heeresleitung als Ordnungsfaktor gegenüber einem drohenden
Chaos bewertet.«[70]

In Bayern war es in der Nacht vom 7. zum 8. November 1918 zum
Sturz des Königtums gekommen, und Kurt Eisner, der Führer der
Unabhängigen Sozialdemokraten, trat als Ministerpräsident an die
Spitze einer revolutionären Regierung. Röntgen war mehr oder we-
niger Augenzeuge der Münchner Ereignisse. An Mutter und Tochter
Boveri berichtete er am 19. November: »Über die hiesigen Verhält-
nisse kann ich Ihnen doch etwas Beruhigendes schreiben. Es sind die
Eindrücke, die ich in Gesprächen mit Leuten, die aus eigener Erfah-

---

70 Schmolze; S. 85–86.

rung referierten, erhalten habe. Die jetzige Regierung und nicht am wenigsten der Präsident Segnitz gibt sich alle erdenkliche Mühe, die Umwandlung so zu führen, daß dabei vor allen Dingen Ruhe und Ordnung erhalten bleibt. Sie hält sich fern von den Bestrebungen der extremen linken Partei, zeigt dies u.a. durch die Wahl von Leuten in die Regierung, die nicht zur Sozialdemokratie gehören, wie Fraundorfer, Quidde etc. und dokumentiert damit ihre Absicht, eine republikanische Regierungsform zu gründen, in der alle Parteien vertreten sein werden. Sie zeigt berechtigten Wünschen gegenüber ein großes Entgegenkommen und wählt dabei einfache und höfliche Formen, so daß z.B. unser Freund Dr. Cohen, der auf dem Kriegs- und einem anderen Ministerium zu tun hatte in Angelegenheiten des Roten Kreuzes, geradezu angenehm überrascht war von seinen Erlebnissen im Gegensatz zu denen, die er früher an gleichen Stellen unter dem alten Regime gehabt hatte. – Auch muß man m.E. sagen, daß alle Veröffentlichungen und Proklamationen der neuen Regierung recht verständig sind. Mit der Anordnung von Veränderungen in Kleinigkeiten befaßt sie sich nicht. Mit kurzen Worten: von dieser Regierung ist m.E. das Beste, was erhofft werden kann, wohl zu erwarten. Die Frage bleibt natürlich bestehen, ob sie sich in Zukunft halten kann, wenigstens für die schwerste Übergangzeit, und ob nicht ultraradikale Strömungen bolschewistischer Art die Oberhand gewinnen können. Ich glaube nun mit anderen, daß eine solche Gefahr wenigstens in Bayern nicht wahrscheinlich ist (...) Die ersten Tage der Revolution waren natürlich aufregend. An jenem Donnerstagabend kam ich gerade auf dem Wege von der Universität in den Demonstrationszug, der vor der Schackgalerie (der preußischen Gesandtschaft) hielt, hinein. Ich hielt ihn noch für ziemlich harmlos; als aber in der folgenden Nacht die Schießerei in der Stadt losging, merkte ich, daß Ernsthaftes im Gange war. (NB.: Meine Frau hat die ganze Nacht so gut geschlafen, daß sie nur zwei Schüsse hörte und darauf gleich wieder einschlief.) Zum großen Teil war es Unfug, der von jungen Burschen und aufgeregten Menschen verübt wurde. (Von einer Demolierung des Hotels z. bayr. Hof, von dem Sie gehört haben, ist nicht die Rede.) Am Freitag sind auf der Straße in der Nähe des Bahnhofs unwürdige Behandlungen von Offizieren vorgekommen, und am Samstagabend, als die falsche Nachricht eintraf, daß Kronprinz Ruprecht mit Militär sich München nähere, war große Aufregung und in der Ludwigstraße unnütze Schießerei. Ich glaube, daß, wenn der Kronprinz wirklich mit treu gebliebenen Soldaten gekommen wäre, der größte Teil der aufrührerischen Soldaten zu ihm übergegangen wäre. Glücklicherweise ist das aber nicht geschehen und so ein Bürgerkrieg vermieden worden. Bis jetzt bietet München so das Bild der Ruhe, daß ich z.B. bis jetzt gar keine Veranlassung fand, meine täglichen Gänge auf die Universität zu unterlassen. Jedenfalls würde hier wohl fast jedermann die von Ihnen gemeldete Besorgnis des Freiherrn von Hutten für sehr übertrieben halten.«[71]

Rückblickend machte er im weiteren Verlauf des Briefes keinen Hehl daraus, wie sehr er sich, nachdem der Krieg zu Ende war, von der Obersten Heeresleitung getäuscht fühlte: »Wir sind, was ich nie geglaubt haben würde, daß es geschehen könnte, von dieser Leitung usw. arg hinters Licht geführt worden.« Aber er gestand auch seinen Irrtum ein, im Krieg das »einzige Heilmittel« gesehen zu haben: »Daß wir in Deutschland im sozialen Leben von dem richtigen Weg abgekommen waren, daß statt einer wahren Heimatliebe vielfach Großmannssucht getreten war, daß wir zu materialistisch geworden waren, darüber habe ich mich auch Ihnen gegenüber schon lange vor dem Krieg geäußert und auf das, wie mir schien, einzige Heilmittel hingewiesen. Daß wir aber unseren Fehler so schwer büßen müßten, daß das Heilmittel ein so furchtbares sein müßte, das habe ich nicht gedacht und noch weniger gehofft.«

Abschließend macht sich Röntgen Gedanken darüber, was die Zukunft bringen wird: »Die Waffenstillstandsbedingungen und die vermutlich uns zu stellenden Friedensbedingungen sind so niederdrückend, daß es schwer wird, wenigstens noch den Mut zu behalten, der uns bleiben sollte, um uns unter neuen Verhältnissen eine gedeihliche Existenz zu schaffen. Vielleicht sieht das Alter zu schwarz,

---

71 RaFuMB aus München am 19. Nov. 1918.

und hoffentlich hat die Jugend in dieser Beziehung andere Ansichten. – Ob eine solche Existenz besser bei einer republikanischen Verfassung zu erreichen und zu führen sein wird als unter einer monarchisch-parlamentarischen Regierung, das ist eine Frage, die ich nicht beantworten kann. Ich habe wohl in der Schweiz erfahren, daß eine Republik ihre guten Seiten haben kann, bin aber unsicher darüber, ob das politisch wenig ausgebildete deutsche Volk mit einer solchen ebensogut auskommen kann als die Schweizer. Auch haben wir in Amerika ein Beispiel, das uns nicht gerade zu der Ansicht ermutigt, daß eine Republik die beste Staatsform sei. Mit meinen so wenig ausgebildeten politischen Kenntnissen und Erfahrungen muß ich meine Ansicht, daß eine monarchisch-parlamentarische Regierung, wie ich sie in Holland erlebt und wie sie in England besteht, die wünschenswerteste ist, nicht für maßgebend halten. – Armes, armes Deutschland, was wird aus dir werden?! – Gegen diese Hauptsorge treten alle anderen zurück, sollen es wenigsten tun. Der Verlust von Elsaß, speziell von Straßburg, geht mir, der ja dort die Gründung der Universität unter so ungemein großer Begeisterung miterlebt und dort eine der schönsten, arbeitsreichsten Perioden seines Lebens zugebracht hat, ganz besonder nah. Manchmal betrachte ich das Bild von Straßburg, das in meinem Zimmer hängt, und summe das alte Lied ›O Straßburg, o Straßburg, du wunderschöne Stadt‹ usw. vor mir her. Und so gibt es noch manches, was überwunden werden muß.«

Sein ehemaliger Assistent Joffe erinnerte sich – eine wohl etwas optimistisch eingefärbte Erinnerung: »Während der Revolution in München widmete die Revolutionsregierung Röntgen große Aufmerksamkeit. Auf seine Bitte hin übergab man ihm alle Geräte, die ihn interessierten. Die Regierung fragte ihn nach seinen Wünschen und bewahrte ihn und seine Wohnung vor allen Zufällen. Für Röntgen war das einfach eine schnell zu Ende gegangene Episode.«[72]

---

72 Joffe; S. 33.

Abb. 28 Auch während des Ersten Weltkrieges hielt Röntgen an der Universität seine Veranstaltungen, soweit dies möglich war. Seinen Assistenten, die Dienst im Feld taten, galt seine ausdrückliche Unterstützung.

Am 21. Februar 1919 wurde Kurt Eisner ermordet und die Räterepublik ausgerufen. Röntgen hielt an diesem Tag seine Vorlesung, als ein Student die Nachricht in die Runde schrie. »(...) der Jubel war so ungeheuer, daß Röntgen die Vorlesung aussetzen mußte«[73], so ein Augenzeuge. Eine Woche lang lag die Macht in den Händen von »Volksbeauftragten«, die am 13. April gewaltsam von einem kommunistischen »Vollzugsrat« abgelöst wurden. Im März gestand Röntgen gegenüber Zehnder: »Die Verhältnisse in Deutschland sind zur Zeit so traurig, wie es wohl kein Mensch vorher hätte ahnen können. Was noch kommen wird und auf welche Weise es kommen wird, das ist uns allen unsicher und gerade diese Unsicherheit ist sehr bedrückend.«[74]

Er zog sich mit der kranken Bertha und Haushälterin Kätchen Fuchs erneut nach Weilheim zurück, in der Prinzregentenstraße quartierten sich inzwischen Soldaten ein.[75] Auf dem Land waren Röntgens von der Außenwelt abgeschnitten, denn es gab weder Post- noch Bahnverbindungen mit der Hauptstadt, die »als belagert gilt«[76], wie man Koch mitteilte. Röntgen hatte ihn, der an der Front eigentlich zur Aufgabe seiner Forschertätigkeit entschlossen gewesen war, in mehreren Briefen zum Verbleib an der Universität überreden können.[77] Nun betraute er ihn mit Institutsgeschäften.[78] Den Abgang Kochs, der schließlich einen Ruf an die Universität Hamburg erhielt[79], konnte er nur aus der Ferne verfolgen.

---

73 Hofmiller, in: Töpner; S. 53.
74 RaZ aus München am 20. März 1919.
75 »Hörtensheimers treue Dienste in der Wohnung waren natürlich sehr werthvoll. Gestern telephonierte er, dass Einquartierung eingerückt sei; ich habe darauf gleich unser zuverlässiges Zimmermädchen geschickt, das es den Soldaten möglichst behaglich machen soll. Ich selbst kann nicht fahren, weil meine Frau ohne meine tägliche Hilfe nicht auskommen kann.« ebd.
76 RaK aus Weilheim am 19. April 1919. StBB Nachl. HA 220 1.
77 Vgl. ebd.
78 RaK aus Weilheim am 29. April und 7. Mai 1919. ebd.
79 RaK aus Weilheim am 15. und 23. Mai 1919. ebd.

Nachdem am 2. Mai 1919 Reichswehr und Freikorps die Räteregie-
rung niedergekämpft hatten, glaubte Röntgen: »(...) die aufregendste
Zeit dürften wir nun wohl hinter uns haben«[80]. Dennoch kehrte das
Ehepaar erst im Juni nach München zurück.[81] In der Prinzregentenstraße durfte man überraschend nur noch drei Monate verbringen,
weil der Besitzer, Prinz Alfons von Bayern, der politischen Verhältnisse wegen, Eigenbedarf angemeldet hatte. Röntgen mußte rasch
den Umzug in eine in der Nähe gelegene Wohnung organisieren, Bertha im Krankenwagen an die neue Adresse, Maria-Theresia-Straße 11,
transportiert werden.[82] Wenige Wochen später, am 31. Oktober 1919,
starb sie. »Besonders schmerzlich empfindet es die Fakultät bei dieser Gelegenheit, dass das Opfer, welches Sie in dem Verzicht auf eine Ihnen an's Herz gewachsene Tätigkeit der Krankheit Ihrer geliebten Frau gebracht haben, vergeblich gewesen ist«[83], heißt es in einer
ersten Reaktion der Philosophischen Fakultät. Röntgen hatte noch
am 18. desselben Monats seinen nun endgültigen Abschied vom Lehrbetrieb eingereicht, denn diese Aufgaben »erfordern jüngere bessere
Kräfte, als mir noch zur Verfügung stehen«[84]. Er bat das Ministerium,
ihm auch weiterhin die Möglichkeit zum wissenschaftlichen Arbeiten
an der Universität zu geben, indem man ihm die Direktion über die
physikalisch-metronomische Sammlung beließe. Dieser Wunsch
wurde ihm gewährt. Nach seiner Emeritierung (1. April 1920) standen Röntgen 8100 Mark sowie weitere 900 Mark für die Leitung der
Sammlung zur Verfügung.[85]

Er blieb in seiner Wohnung in Bogenhausen, und die Namen seiner
Nachbarn geben Auskunft, in welch guter Gesellschaft er sich in der

---

80 RaK aus Weilheim am 7. Mai 1919. ebd.
81 Vgl. die wertende Berichterstattung von Wölfflin.
82 Röntgen an Cohen aus Weilheim am 19. Sept. 1919. UB Würzburg VI, 294 o.
83 Phil. Fak. II an Röntgen am 17. Nov. 1919. UAM OC-N-14.
84 Röntgen an das bayer. Staatsministerium am 18. Okt. 1919. BayHStAM MK
    17921.
85 Staatsministerium an Senat der LMU am 15. Dez. 1919. UAM OC-N-14.

Abb. 29   Nur wenige Wochen vor dem Tod Berthas im Jahr 1919 bezog das Ehepaar Röntgen eine neue Wohnung in Bogenhausen. In der Maria-Theresia-Straße 11
bewohnte der Physiker bis zu seinem Tod die erste Etage.

Maria-Theresia-Straße befand. Seine Nachbarn waren Fürst Karl
von Wrede, Königl. Generalmajor von Lossow (seit 1919 Lan-
deskommandant der Reichswehr in Bayern), Prinz Friedrich von Hohenzollern, Adolf von Hildebrand (Bildhauer, damals einer der bedeutendsten seines Fachs, auch Röntgen hatte er bereits modelliert),
Martin Aufhäuser (Bauinhaber), Rudolf Diesel (Motorfabrikant und
Ingenieur). Nebenan, in der Möhlstraße, lebten Dr. Georg Kerschen-
steiner (Stadtschulrat), Philipp Graf Schenk von Stauffenberg (Ritt-
meister und Gutsbesitzer), Seine kgl. Hoheit Herzog Ludwig von Bayern, Familie Schneider (Weißbierbrauer), Hugo Kustermann (Fabri-
kant und mexikanischer Konsul) und August Pschorr (Brauerei-
besitzer).[86] Es ist kaum anzunehmen, daß viele der hier genannten
Nachbarn durch die schleichende Inflation ärmer wurden.

Dennoch hatten Reparationen, die Deutschland an die Siegermächte
zahlen mußte, revolutionäre Aufstände, politische Streiks, der Verlust rohstoffreicher Lande und Kolonien Nachkriegsdeutschland in
eine tiefe Krise gestürzt, die zu einem eklatanten Währungsverfall
führte. Auf dem Höhepunkt der Inflation, im Jahre 1923, als ein Dollar
4,2 Billionen Mark wert war, wurden »Sachwertbesitzer« entschul-
det. Röntgen, der – wie viele andere Bürger und Staatsbeamte – wohl
kaum zu den »Sachwertbesitzern« zu zählen war, verlor in diesen
Jahren einen Großteil seines Vermögens. Von den Geldern seiner el-
terlichen Erbschaft hatte er Kriegsanleihen gezeichnet[87], die nun
wertlos geworden waren, bzw. hatte sie in Aktien von Bahngesell-
schaften in den Niederlanden, USA, Italien, Spanien, Rußland, Österreich und Deutschland angelegt.[88] Im April 1920 weihte er Margret
Boveri in seine Finanzangelegenheiten ein, in denen er selbstver-

---

86 Weyerer, B.: München zu Fuß. 20 Stadtteilrundgänge durch Geschichte und
   Gegenwart. Hamburg 1988. S. 134–135.
87 Zehnder; S. 146.
88 Streller (1973); S. 7.

ständlich korrekt handelte: »Anfangs dieser Woche sprach ich mit meinem Advokaten über Geld- und Geschäftsangelegenheiten, bei welcher Gelegenheit er mir den Rat gab, meine Papiere in ein offenes Depot bei der Bayr. Hypotheken- und Wechselbank zu hinterlegen, damit ich von den lästigen Formalitäten bei der Einlösung von Coupons befreit sei. (...) Dort erfuhr ich zu meiner sehr unangenehmen Überraschung, daß ich die meisten meiner amerikanischen und meiner italienischen Papiere dem Reich abliefern müsse, und zwar sei der letzte noch mögliche Termin der 15. d.M. Im andern Fall könnte ich schwer bestraft werden, und jedenfalls würden bei meinem Ableben höchst unerquickliche und kostspielige Folgen entstehen, wenn diese Papiere von dem Nachlaßgericht gefunden würden. (...) Ich bekomme nun einen Haufen deutsches Papiergeld und weiß vorläufig nicht, was ich damit anfangen soll. Hätte ich vor ein paar Monaten gewußt, daß die Sachen so liegen, so hätte ich die Papiere schon damals abgegeben und bei der damaligen hohen Valuta vielleicht an die 2 Millionen Mark erhalten können (ohne Erfindung, liebe Margret!); jetzt werden es natürlich viel weniger sein. (...) Sei dem aber wie es wolle, jedenfalls kann ich mich freuen, als ganz ehrlicher Mann gehandelt zu haben (...).
Betrüblich aber ist es, wenn man von verschiedenen Seiten vernehmen muß, daß das Reich seine Haupteinnahmen von den ehrlichen Leuten mit mittlerem Vermögen erhalten wird, weil viele der Besitzer von größeren Vermögen es verstanden haben sollen, ihren Besitz in sicherer Weise zu verheimlichen.«[89]
Obwohl Röntgens Grundgehalt in den Jahren der Geldentwertung immer wieder angehoben wurde – zuletzt am 1. April 1922 auf 82 820 Mark jährlich –, war der frühere Lebensstandard nicht mehr zu halten.[90] Die Angst, noch mehr oder gar alles zu verlieren, wuchs.

---

89 RaFB aus München am 10. April 1920.
90 Röntgen an Louise Grauel nach Indianapolis am 6. Dez. 1922. RM.

»Denken Sie, Brentano rechnet damit, daß infolge von Stillstand der Geschäfte gegen Ende des Jahres etwa 15 Millionen Leute in Deutschland ohne Verdienst sein werden! Hoffentlich sorgt man dafür, daß diese Leute nicht die Macht in die Hände bekommen«[91], hatte er bereits 1920 an Marcella Boveri geschrieben. Dabei war es ihm gerade trickreich gelungen, sein Zweitheim in Weilheim gegen Vereinnahmung zu verteidigen, obwohl er selbst gestehen mußte, »Stille und Vereinsamung«[92] nach dem Tod seiner Frau hier besonders zu spüren: »Vorigen Freitag telephonierte der Weilheimer Bürgermeister und berichtete, es sei große Gefahr vorhanden, daß mein Häusl mit Zwangsmietern belegt werde, und ich solle sobald wie möglich selbst kommen, um selbst den Versuch zu machen, diese Gefahr abzuwenden. Daraufhin gab ich den Mädchen die Parole: morgen in der Früh geht's nach Weilheim; ich ging dann zum Notar, um das so ziemlich fertiggestellte Testament zu hinterlegen, und darauf in das Institut, wo ich 3 Kisten mit Apparaten füllte, die als Expreßgut nach Weilheim geschickt werden sollten. Samstag früh Fahrt nach W. – schauderhaft –, Besuch beim Bürgermeister und Besprechung mit dem Stadtbaumeister, der Mitglied der Wohnungskommission ist. (...) Dann ging es zu Hause an ein Aus- und Einräumen, hauptsächlich von meinem Studierzimmer und von dem danebenliegenden Fremdenzimmer, so daß beide Räume schon am Abend wie kleine physikalische Laboratorien aussahen. (...) Die beiden Mädchenzimmer wurden in Augenschein genommen und auch Margrets Zimmerl, das so vollgestopft mit Sachen war, daß ich dasselbe mit Recht als Rumpel- und Vorratskammer bezeichnen konnte. Am Schluß des Besuchs erklärte mir der erwähnte Arzt: er habe sich das Häusl doch geräumiger gedacht...«[93]

---

91 RaFB aus Weilheim am 31. Mai 1920.
92 RaFB aus Weilheim am 11. März 1920.
93 RaFB aus Weilheim am 26. Jan. 1920.

Seinen 75. Geburtstag verbrachte Röntgen mit Marcella und Margret Boveri, die ihm auch nach dem Tod Berthas »warme, aufopfernde und rücksichtsvolle Freunde« waren, wie es »kaum noch welche« gebe. »Wenn ich Einsamer diese beiden Frauen – die leider in Würzburg wohnen – nicht hätte, so weiß ich wirklich nicht, wie es mit mir bestellt wäre; denn meine Trauer und meine Sehnsucht werden immer noch größer. (...) Alle Räume und Gegenstände erinnern mich fortwährend an meine Verstorbene, die an allem hier so viel Freude hatte«[94], schrieb er seinem Freund Emil Ritzmann am 8. Juni 1920 aus Weilheim.

Seit der Emeritierung am 1. April fühlte Röntgen seine Kräfte rascher schwinden. Neue physikalische Forschungen nahm er nicht mehr in Angriff, alte gingen jetzt nur noch mühsam voran. In den Monaten Juni und Juli saß er »täglich von 6 Uhr früh bis gegen Abend, wenn ich die Mittagszeit abziehe, am Schreibtisch«[95], denn »eine längere Arbeit mußte fertig gemacht werden, wenn ich überhaupt noch daran denken sollte, daß sie einmal veröffentlicht wird«[96]. Es handelte sich immer noch um Kristalluntersuchungen[97], und für die Berechnung von Tabellen mußte er bereits die Hilfe von Assistenten in Anspruch nehmen. Er war selbst nach all den Jahren über das Ergebnis, das er veröffentlichte, unzufrieden: »Es tut mir leid, daß der Abschluß meiner publizistischen Tätigkeit nicht besser und interessanter ausgefallen ist. Ich habe mich von meiner alten Angewöhnung, eine angefangene Sache hartnäckig zu verfolgen, in der Hoffnung, Klarheit zu gewinnen, zuviel verführen lassen und bin doch nicht zu einer Klärung gekommen. Dazu kamen äußere, zum Arbeiten nicht günstige Umstände. Wenn ich dazu noch imstande wäre, so würde ich die Arbeit nochmals und kürzer schreiben; aber das geht nicht mehr, und

---

94 Röntgen an Ritzmann aus Weilheim am 8. Juni 1920. NR.
95 Röntgen an Ritzmann am 23. Juli 1920. NR.
96 Röntgen an Ritzmann am 8. Juni 1920. NR.
97 Röntgen, W.C.: Über die Elektrizitätsleitung in einigen Kristallen und über den Einfluß einer Bestrahlung darauf. Zum Teil in Gemeinschaft mit A. Joffé. Ann. Phys. 4. F. 64 (1921) 1.

ich bringe es auch nicht übers Herz, die ganze Sache für mich zu behalten. Freude habe ich nur, solange ich es mit dem Experimentieren
zu tun habe: zum Schreiben habe ich mich von jeher immer, auch bei
den besseren Arbeiten, zwingen müssen.«[98]

Anläßlich der 25jährigen Wiederkehr der Entdeckung der Röntgenstrahlen im Dezember 1920 berief ihn die Berliner Akademie der Wissenschaften zum Auswärtigen Mitglied.[99] Und das, obwohl er an den
neuesten Entwicklungen der Physik, die das »Atomzeitalter« einläu-
teten, und zu denen er mit seiner Entdeckung 1895 einen Grundstein
gelegt hatte, nur wenig Anteil nahm. Selbst in die heftigen Diskus-
sionen, die sich bereits 1909 um Einsteins Relativitätstheorie ent-
zündet hatten, mischte er sich erst 1920 ein, als immer öfter die jüdische Abstammung des Wissenschaftlers ins Feld geführt wurde: Ma-
kabrer Höhepunkt dieser Auseinandersetzung war eine Massenver-
anstaltung gegen Einstein und seine Theorie in der Berliner Philhar-
monie am 24. August 1920, zu der eine »Arbeitsgemeinschaft deutscher Naturforscher zur Erhaltung reiner Wissenschaft« – von Einstein spöttisch »anti-relativitätstheoretische GmbH« bezeichnet[100] –
eingeladen hatte. Man warf dem Angefeindeten »Massensuggestion«
und »Reklamesucht« vor, und verglich die Relativitätstheorie mit der
»Unkultur« des Dadaismus. Das »gesunde Volksempfinden« war ge-
weckt.
Zur weiteren Eskalation und Frontbildung innerhalb der Physik
kam es am 23. September 1920 auf einer Tagung der »Gesellschaft
Deutscher Naturforscher« in Bad Nauheim, wo Lenard Einstein hef-
tig, aber international erfolglos, angriff. Einen Tag zuvor, am 22. September, hatte Röntgen, der weder in Berlin noch Bad Neuheim anwesend war, in einem Brief Stellung bezogen: »Über Einsteins Theorie wird im Augenblick in Nauheim debattiert, und ich bin begierig,

---

98 RaFB aus Weilheim am 9. Juni 1920.
99 BBAW II-III-138 Nr. 145, 146, 147.
100 Hermann (1986); S. 54.

zu erfahren, was dabei herausgekommen ist. Was Ihnen Wien ungünstiges über das persönliche Verhalten von Einstein gesagt hat, weiss ich nicht; ob sich aber W. nicht durch seine Judenfurcht hat leiten lassen? Jedenfalls war das Anschreiben, das ich vor einiger Zeit aus Berlin erhielt, das Schmählichste und zugleich Dümmste, was ich auf dem Gebiet der Hetze gegen die wissenschaftlichen Leistungen von Juden erfahren habe...«[101]

Daß er Einsteins Theorie mit Skepsis begegnete, ist zu vermuten. Die Errichtung des Einstein-Instituts in Potsdam, bestehend aus Laboratorien und einem 18 Meter hohen Turmteleskop, erschienen selbst ihm, dem man so viele Denkmäler errichtet hatte, unangemessen: »Mir will es noch nicht in den Kopf hinein, daß man so ganz abstrakte Betrachtungen und Begriffe brauchen muß, um Naturerscheinungen zu erklären; die Jugend denkt aber manchmal anders darüber, und es ist nur zu hoffen, daß sie sich nicht ganz in höhere Sphären verliert, denn es gibt sicher noch unendlich vieles, das nur mit einfacheren Mitteln entdeckt werden kann und entdeckt werden muß, um in der Erkenntnis der Natur weiterzukommen«[102], schrieb er an Margret Boveri, nachdem er sich über die Fragen ausgelassen hat, die entscheidend für die Annahme oder Verwerfung der Relativitätstheorie sein würden.

Im November 1921 reagierte Röntgen nochmals auf einen gegen Einstein verfaßten Aufsatz Philipp Lenards, gegen den er »Planck, Warburg usw.« zu einer Gegenäußerung aufrufen wollte.[103] Wien wollte er deswegen offensichtlich nicht belangen. Röntgens Meinung über seinen Nachfolger war nicht allzu hoch. Röntgen bemängelte an ihm, der sofort den Umbau des Physikalischen Instituts veranlaßt hatte[104], neben fachlichen Entscheidungen[105] insbesondere auch den Amtsstil.

---

101 RaFB aus München am 22. Sept. 1920.
102 RaFB aus München am 13. Nov. 1921. Zitiert nach Glasser; S. 163.
103 Margret Boveri über einen Brief von Röntgen an Marcella Boveri aus München
      am 2. Nov. 1921.
104 RaZ aus Weilheim am 7. April 1921.
105 RaFB aus Weilheim am 8. Dez. 1920.

Er konnte ihm die persönliche Vorteilnahme, die sich dieser beim
Umbau gegönnt hatte – beispielsweise die Übernahme der Kosten für
seinen privaten Telefonanschluß und seine Luxuswohnung durch
den Freistaat – nicht verzeihen.[106]

Nach dem Umbau hatte Röntgen im Oktober 1921 »wieder angefan-
gen, täglich im Laboratorium etwas zu arbeiten«, kam aber »nicht auf
einen grünen Zweig«[107], wie er gestand. »(...) das geht mir recht nahe.
Ich komme mir so unnütz im Leben vor«[108], teilte er auch Ludwig
Zehnder in dieser Zeit mit, setzte die Forschung aber zwischen Dezember 1921 und April 1922 »ziemlich eifrig« fort.

»Der Erfolg dieser Arbeit war mehr eine Ableitung von trüben Gedanken als wohl ein wissenschaftliches Resultat«[109], scherzte er aus
Weilheim, wo er die Ostertage über mit Marcella Boveri gewesen war.
Sie verbrachten seit dem Tod ihrer Ehepartner Festtage – vor allem
die Weihnachtszeit – zusammen, und Röntgen konnte sich »nichts
schöneres vorstellen«[110]. Außerdem besuchten sie sich mehrere Male im Jahr in München und Weilheim bzw. in Würzburg und Höfen, wo
Familie Boveri ein Landhaus hatte, was dem Paar vermutlich viel Ge-
rede einbrachte. Der gemeinsame Gedanke an die Verstorbenen hielt
ihre Beziehung aufrecht. »Sie war eine liebe Freundin von der Tante
und ich ein guter Freund ihres Mannes. Wir gedachten viel der
Lieben, die uns fehlen und derer, die uns noch geblieben sind«[111],
schrieb er Bertha Röntgens Nichte Emma Peters 1922. Sein Dank
galt »[denen,] die mit soviel Güte, Zartgefühl und Rücksicht mir helfen zu leben und mich mit dem Unabänderlichen abzufinden; die
dafür sorgen, dass meine letzten Lebenstage nicht freudlos und in
dem schmerzlichen Gefühl der gänzlichen Vereinsamung vergehen.

---

106 BayHStAM MK 17921. Mehrfache kritische Erwähnung Wiens in Röntgens
     Briefen an Marcella Boveri zwischen Jan. und Juni 1920.
107 Röntgen an Wölfflin am 15. Okt. 1921. Zitiert nach Dessauer; S. 190.
108 RaZ aus Weilheim am 13. Dez. 1921.
109 Röntgen an Wölfflin am 13. April 1922. Zitiert nach Dessauer; S. 191.
110 RaFB aus München am 27. Nov. 1919.
111 Röntgen an Emma Peters am 9. Jan. 1923. Zitiert nach Dessauer; S. 214.

›Gott schützt Dich‹ waren häufig die Worte, die meine Frau in ihrer letzten Zeit an mich richtete: Sie sind das Werkzeug in seiner Hand, um dieses Gebet ihr zu erfüllen, und Er hat das Beste gewählt, was Er nur geben konnte.«[112]

Der Traum Röntgens, gemeinsam ein kleines Haus in München mit zwei Wohnungen für ihn bzw. Marcella Boveri und ihre Tochter zu beziehen, verwirklichte sich jedoch nicht.[113]

Weitere Stützen waren Röntgen seine Freunde Rudolf Cohen in München, Ernst Wölfflin in Basel und Emil Ritzmann in Zürich, während zur Adoptivtochter Bertha, ihrem Mann und deren Kindern kein enger Kontakt bestand. Anläßlich einer Versetzung von Donges nach Süddeutschland hoffte Röntgen, daß sie nicht zu nahe an München wohnen würden.[114] Die Freundschaft zu Ludwig Zehnder und dessen Ehefrau war zwischen 1917 und Ende 1921 (vor allem Röntgens »Berufungspolitik« wegen) etwas abgekühlt.[115]

Intensiver wurden in seinen letzten Lebensjahren die privaten Kontakte zu Cohen. Cohen war bereits vor seiner Anstellung als Assistent Röntgens in Würzburg vom mosaischen zum evangelischen Glauben übergewechselt und, wie ihn Margret Boveri beschrieb, ein Schöngeist: Er spielte gut Klavier – auch bei Röntgens –, er besuchte Galerien mit einem Zeichenblock in der Hand, studierte nebenbei mit seinem Sohn Medizin und hatte einen ganzen Schrank voller Daten über alle Personen, die in Goethes Leben eine Rolle gespielt hatten oder von diesem erwähnt wurden. Röntgen empfand solche Liebhabereien als unproduktiv; andererseits lieh er sich aus der Bibliothek seines Freundes gern Bücher. Später schrieb ihm Röntgen mehrfach, um Hilfe bei Alltagsproblemen zu erbitten. »Zum Beispiel war Cohen ihm in den Kriegsjahren bei der Beschaffung von Kohlekarten behilf-

---

112 RaFB aus Weilheim am 23. April 1920.
113 Regesten nach Margret Boveri. Aus Weilheim vom 12. Jan., 22. April und 21. Juli 1921.
114 Regesten nach Margret Boveri. RaFB am 12. Sept. 1920.
115 Erklärungen bei Zehnder; S. 151–159.

lich. Er wußte in finanziellen Fragen Rat zu geben, war bereit, Röntgen einen Termin bei dessen Münchner Zahnarzt zu besorgen oder ist
ihm bei der Beschaffung eines Krudeherdes behilflich gewesen.«[116]
Gemeinsam mit dem Baseler Freund Wölfflin, und auf dessen Kosten,
reiste Röntgen in den Jahren 1920 bis 1922, jeweils im Sommer, ins
Schweizer Engadin, was ihm die Möglichkeit gab, »unter Menschen,
die sich in normalen Verhältnissen befinden«[117], auszuspannen. Das
Reisen fiel dem alten Mann sehr schwer: »(...) fast wäre ich umge-
kehrt und nach Hause zurückgefahren. Wahrscheinlich war die ungewöhnliche Hitze an dieser Stimmung schuld«[118], berichtete er 1921
aus Pontresina, wo er sich unter anderem mit seinem Züricher Freund
Ritzmann traf. 1922 brachte er einige Tage Kuraufenthalt in der Len-
zerheide zu. Wölfflin teilte er befriedigt mit, »daß alle meine Bekannten, die ich in letzter Zeit antraf, sich lebhaft über mein gutes
Äußeres äußerten, und daß ich mich dementsprechend in den seit
meinem Aufenthalt in der Schweiz verflossenen Wochen körperlich
viel frischer und leistungsfähiger fühle als vorher«[119]. Ursache des
Aufenthalts waren wohl Darmbeschwerden, die rasch nachließen,
aber bereits Hinweis auf ein Darmkarzinom gaben.
Mehrmals zwischen 1921 und 1923 ließ Wölfflin Röntgen Essenspa-
kete mit Zwieback zukommen[120], und vermutlich hat er ihm auch die
Umsiedelung in die Schweiz nahegelegt, die für den Physiker zumindest eine wirtschaftliche Erleichterung gebracht hätte. Doch noch
1923 lautete dessen Antwort: »Wie sich in der nächsten Zeit bei uns
die Verhältnisse gestalten werden, kann man nicht wissen; daß sie

---

116 Mälzer, G. (Hrsg.): Briefe von W.C. Röntgen in der Universitätsbibliothek.
    Begleitheft zur Ausstellung der Universitätsbibliothek Würzburg im Röntgen-
    jahr 1995. Würzburg 1995. (= Kleine Drucke der Universitätsbibliothek Würz-
    burg: 16).
117 Röntgen an Louise Grauel am 6. Dez. 1922. Zitiert nach Glasser; S. 102.
118 Röntgen an Cohen aus Pontresina am 9. Aug. 1921.
119 Röntgen an Wölfflin am 21. Aug. 1922. Zitiert nach Dessauer; S. 192.
120 Röntgen an Wölfflin am 15. Okt. 1921 und 13. April 1922. Zitiert nach Dessauer;
    S. 189–191.

sich aber in den folgenden Monaten wesentlich bessern sollten, ist mir höchst unwahrscheinlich. Unter diesem Druck und während Tausende meiner Landsleute schwere Not leiden, im Ausland üppiges Leben zu führen, wäre mir nicht möglich, und ich würde auf alle Fälle ein ganz ungenießbarer Gesellschafter sein: Ich kann zwar in der Heimat keine tatkräftige Hilfe mehr leisten, aber trotzdem habe ich das Bedürfnis, bei allem, was vorkommt, dabei zu sein.«[121]
Röntgen sparte, wo er konnte, und immer wieder forderte er die moralische Erneuerung Deutschlands: »Von dem verschwenderischen, durch Aufputz und Benehmen ekelhaften Faschingsleben hier können Sie sich keinen Begriff machen: im Jahr 1921 wurden in Deutschland 4 Millionen Flaschen Sekt mehr getrunken als im Jahr 1914, also täglich 10 000 Fl. mehr! Und dabei leiden so viel, viel Menschen not. Es ist furchtbar traurig«[122], schrieb er an seine Freundin Marcella Boveri, die in der Inflationszeit gezwungen war, zusammen mit ihrer Tochter in eine kleinere Wohnung in der Würzburger Bohnesmühlgasse umzuziehen.[123]

Bereits 1921 hatte Röntgen begonnen, seinen Nachlaß zu ordnen. Er sortierte seine Korrespondenz und verbrannte die meisten Briefe. Im Sommer 1921 verfaßte er sein Testament.[124] Als Nachlaßverwalter setzte er Cohen, Marcella Boveri und den Rechtsanwalt Dünkelsbühler ein.
Das Frühjahr 1922 brachte er in München mit fast täglichen Untersuchungen »über Einfluß der Bestrahlung auf die L. F. von Kristallen« zu, war aber mit den Ergebnissen nicht zufrieden.[125] Ostern feierte er mit Marcella Boveri in Weilheim, körperlich ging es ihm »leidlich gut«, seine Lebensführung war »äußerst sparsam«, Dienstboten »bald unerschwinglich«, und sein Leben erschien ihm »so zweck-

---

121 Röntgen an Wölfflin am 26. Jan. 1923. Zitiert nach Dessauer; S. 195.
122 RaFB aus München am 25. März 1922.
123 Boveri (1977); S. 121.
124 Abschrift abgedruckt bei Zehnder; S. 168–169.
125 RaZ aus Weilheim am 26. März 1922.

los!«[126]. Im November besuchte er, ebenfalls begleitet von Frau Boveri, zum letzten Mal das Grab seiner Eltern in Gießen.[127]
An die Würzburger Freundin ging auch der letzte uns bekannte Brief
Röntgens Ende Januar 1923: »Da sitze ich nun seit Freitag vor acht
Tagen hier und sehne mich täglich nach München zurück. In dieser
bewegten, sorgenvollen Zeit hier in dieser Abgeschlossenheit von der
Welt zu sitzen ist eine wahre Pönitenz; ich konnte es aber nicht ver-
meiden, denn meine Anwesenheit war hier aus verschiedenen Gründen nötig. Regelung von Jagdverhältnissen, Anordnungen und Vorbereitungen für den Anbau des Gartens, Einkäufe von größeren
Vorräten (Mehl, Dünger usw.), Räuchern und Behandeln meines
Schweinefleisches usw. Alles Sachen, deren Erledigung unverhält-
nismäßig viel Zeit beansprucht. Ich war und bin recht deprimiert und
wiederholte bei mir häufig den Spruch: ›Ein unnützes Leben ist ein
früher Tod.‹«
Die aktuellen politischen Entwicklungen machten ihm Sorge. Frankreich hatte das Ruhrgebiet besetzt, und zwischen dem bayerischen
Generalstaatskommissar von Kahr und der Reichsregierung war ein
Konflikt ausgebrochen, weil letztere sich weigerte, den »Völkischen
Beobachter«, ein nationalsozialistisches Partei-Organ, in Bayern zu
verbieten: »Übermorgen fahren wir nach München. Was werde ich
dort antreffen? Was wird in diesen beiden Tagen geschehen? Krieg
mit Frankreich, Revolution in München? Die allergrößte Sorge macht
aber die Frage, ob Deutschland solange aushalten kann, bis der Feind
von der Nutzlosigkeit seines Unternehmens überzeugt ist. Ist die moralische Kraft dazu bei denen, die handeln – und nicht bloß reden –
müssen, vorhanden, und wird ihre Anzahl und ihr Einfluß genügen,
um das Ziel zu erreichen? Herzerhebend war bis jetzt das Verhalten
der von den Franzosen drangsalierten Männer am Rhein und in der
Pfalz; das war ein guter Anfang.«[128]

---

126 RaZ aus Weilheim am 8. Mai 1922.
127 Röntgen an Ritzmann aus Weilheim am 11. Dez. 1922. NR.
128 RaFB aus Weilheim am 25. Jan. 1923.

Kurz nach seiner Rückkehr von Weilheim starb Wilhelm Conrad Röntgen in München. Einige Tage lang hatten ihn heftige Darmbeschwerden gequält, die ihn ins Bett zwangen. Er litt an einem Darmverschluß. Kätchen Fuchs brachte die letzten Stunden am Bett Röntgens zu und schilderte der Nachwelt ihre Erlebnisse: »Am Morgen des 7. Februar rief er mich sehr früh und klagte über große Schmerzen im Leib. Ich rief den Arzt, der sehr erschrocken war über das verfallene Aussehen und ihm ein schmerzlinderndes Mittel gab. Am Nachmittag fühlte sich Herr Geh.-Rat besser. Er war ganz munter. Die Nacht war unruhig, aber nicht schlecht. Am 8. Februar hielt die scheinbare Besserung an, er war ganz munter, saß auf einem Sessel im Schlafzimmer und versuchte zu lesen. Am Abend kam noch Prof. Müller mit dem Hausarzt. Auf meine Frage, ob ich vielleicht Frau Boveri rufen solle, sagte der Arzt, er würde es selbst tun, wenn es nötig sei. Auch Herr Geh.-Rat Röntgen wollte weder Krankenbesuch noch eine Pflegerin. Die Nacht war schlecht, es kam dauerndes Erbrechen und fortschreitende Schwäche. Ich blieb im Zimmer bei ihm. Der ganze Tag des 9. Februar war sehr schlecht. Der Arzt blieb lange bei ihm. Allen anderen Besuch lehnte er ab, auch eine Krankenschwester. Ich fragte am Abend, ob doch das Herz noch in Ordnung sei. Er sagte: ›Das Herz hält es aus.‹ Die Nacht war sehr schlecht. Schwäche und Unruhe wechselten ab. Er wollte aus dem Bett und saß lange auf dem Sessel, dann half ich ihm wieder ins Bett, aber immer war er dankbar für jede Handreichung und sagte wiederholt, wie gut er's hätte. Gegen Morgen telephonierte ich dem Arzt. Er blieb nicht lange bei ihm und eilte fort. Ich ging sofort wieder zu ihm, er war sehr unruhig. Ich versuchte ihn zu beruhigen, da versuchte er zu lächeln, drückte mir die Hand und verschied ohne jeden Todeskampf.«[129]

Wilhelm Wien, wohl nie ein Vertrauter Röntgens, war einer der ersten, der einen Nachruf auf den Verstorbenen verfaßte: »Am 10. Februar hat das Kabel dem ganzen Erdball verkündet, daß Wilhelm

---

129 Kätchen Fuchs an Wölfflin. Zitiert nach Dessauer; S. 221.

Abb. 30   Wilhelm Conrad Röntgen starb am 10. Februar 1923 im Alter von 77 Jahren. Bereits zwei Jahre zuvor hatte er begonnen, persönliche Dokumente zu vernichten. Auch die Nachlaßverwalter sollten, seinem letzten Willen zufolge, nichts in falsche Hände geraten lassen.

Conrad Röntgen, einer der größten Entdecker der neueren Geschichte, um 9 Uhr morgens nach kurzer Krankheit verschieden war. Es wäre auch hier nicht unangemessen gewesen, alle Betriebe einige Minuten anzuhalten, um damit zum Ausdruck zu bringen, daß ein allgemeines Verständnis dafür nicht fehlt, was ein solcher Mann für die Menschheit bedeutet hat. Die Röntgensche Entdeckung hat, wie kaum eine andere, sogleich allen Menschen, wissenschaftlichen oder unwissenschaftlichen, gezeigt, was die Beobachtung neuer Vorgänge in der Natur bedeutet und in welcher Weise sie den Besitz der Menschheit vermehren kann. Nur wenige Entdeckungen können an unmittelbarer Bedeutung mit ihr verglichen werden.«[130]

Röntgens Leichnam wurde am 13. Februar 1923 auf dem Münchner Ostfriedhof verbrannt. Die Beisetzung seiner Asche erfolgte erst 9 Monate später, am 10. November 1923, auf dem Alten Friedhof in Gießen, neben Bertha und seinen Eltern.

Cohen, Dünkelsbühler und Boveri lösten in der Zwischenzeit das Testament ein und den Haushalt auf. Die meisten persönlichen Papiere wurden, wie es in Röntgens letztem Willen verfügt ist, verbrannt.

---

130 Wilhelm Wien in seinem Nachruf. Stadtarchiv München, Quelle dort nicht nachgewiesen.

7

»DEUTSCH SIND DIE RÖNTGENSTRAHLEN«

»Am Vormittag des 13. Februar sah die Aussegnungshalle des östlichen Friedhofes noch einmal alle vereint, die Deutschlands großem Physiker Konrad Wilhelm Röntgen im Leben nahe gestanden waren, sei es im Kreis der Familie, als Freunde oder als Mitstreiter auf den Pfaden der Wissenschaft; auch die fehlten nicht, deren Anwesenheit den Dank des alten Königshauses zum Ausdruck bringen sollte, so Prinz Alfons, den Dank des Staates Ministerpräsident Dr. v. Knilling und Staatsrat Hauptmann, den Dank der Stadt Altbürgermeister Dr. v. Borscht, Bürgermeister Dr. Küfner und Rechtsrat Hörburger.«[1] Röntgens Begräbnis war ein Staatsakt, musikalisch umrahmt von einem Streichquartett des Nationaltheaters. Das Auffallende an dieser Beisetzung war, daß zwar offizielle Staatsvertreter und auch wichtige Repräsentanten der Ärzteschaft anwesend waren, die – wie Friedrich von Müller, der Direktor des Städtischen Krankenhauses, oder Geheimrat Borst, der Vorstand des Münchner Ärztevereins, – die Entdeckung der Röntgenstrahlen und deren segensreiche Wirkung priesen, daß aber nur wenige Fachvertreter der Physik erschienen. So blieb es ausgerechnet dem von Röntgen wenig geschätzten Kollegen Wilhelm Wien vorbehalten, als Röntgens Nachfolger eine ausführliche Laudatio zu halten, in der er »Roentgens Wirken (...) nicht ohne Tragik« sah. »Roentgens spätere Arbeiten wurden von der ersten großen Entdeckung überschattet«, meinte Wien und betonte dennoch, daß der Kollege »auch ohne seine weltbekannte Entdeckung

---

1 Münchner Allgemeine Abend-Zeitung Nr. 43 (14. Febr. 1923).

(...) ein Klassiker der Wissenschaft« gewesen sei und »ein bedeutender Physiker«[2]. Er sprach für die Fakultät, für das Physikalische Institut in München und für den Gauverein Berlin der Deutschen Physikalischen Gesellschaft. Professor Zenneck von der Technischen Hochschule in München war für die Münchner Sektion der Gesellschaft gekommen und wies auf »die Bedeutung der Röntgentechnik« hin. Weiterhin war die studierende Jugend aus München erschienen, um den Lehrer zu ehren – aber, soweit bekannt: kein Planck, kein Warburg, kein Nernst, kein Willstätter. Daß Röntgen keinen der namhaften Fachkollegen zu seinen engeren Freunden zählte, wurde bei seiner Beisetzung mehr als deutlich.

Auch heute wird Röntgen mehr zu den bedeutenden Persönlichkeiten der Medizingeschichte als zu den Großen der Physik gerechnet. Als am 30. November 1930 in Röntgens Geburtsort Lennep ein Röntgendenkmal feierlich enthüllt wurde, geschah das unter Beteiligung vieler Ärztevertreter und auf Initiative von Paul Krause, dem ehemaligen Vorsitzenden der Deutschen Röntgengesellschaft. Die Deutsche Physikalische Gesellschaft steuerte lediglich eine Spende bei und einen Vortrag über »Röntgens Bedeutung als Physiker«.

Der damalige Oberbürgermeister enthüllte das Denkmal, in welchem er »eine Mahnung an die Lebenden« sah, mit den Worten: »Er war neben dem bedeutenden Forscher, den wir in ihm verehren, vor allem ein guter Deutscher. (...) Möchte in der heutigen schweren Zeit, in der so viele Gegensätze durch die wirtschaftliche Not hervorgerufen sind, uns C.W. Röntgen ein Vorbild sein in seiner Selbstlosigkeit und in seinem Verantwortungsgefühl. (...) Möge Röntgens Gedächtnis segnend sein für die Wissenschaft, gesegnet sein für seine Vaterstadt und unser Vaterland.«[3]

---

2 Münchner Neueste Nachrichten Nr. 43 (14. Feb. 1923).

3 Dr. Hartmann, Oberbürgermeister von Remscheid–Lennep, bei der Enthüllung des Röntgendenkmals. Zitiert nach: Krause, Paul (Hrsg.): Röntgen-Gedächtnis-Heft anläßlich der Enthüllungsfeier des Röntgendenkmals in Lennep am 29. und 30. November 1930. Jena 1930. S. 109–110 (= Arbeiten zur Kenntnis der Geschichte der Medizin im Rheinland und in Westfalen; Heft 8).

Auch den anwesenden Ärzten fiel vor allem Völkisches ein. So dem Geschäftsführer der Deutschen Tuberkulosegesellschaft: »Wie groß erscheint uns demgegenüber der Mann, der in selbstloser Gelehrtenbescheidenheit den Weg ging, den ihm seine Wissenschaft vorzeichnete, den Weg, dessen Leitmotiv wir in die Worte fassen können: ›Deutsch sein heißt eine Sache um ihrer selbst willen tun.‹«[4]
Das Denkmal stammte von Arno Breker, der während der NS-Zeit neben Thorak der erfolgreichste deutsche Bildhauer wurde, und steht heute noch gegenüber dem »Deutschen Röntgen-Museum«, dessen ersten Abschnitt man 1932 eröffnete. Brekers Darstellung des »Lichtgenius« zeigte bereits, in welcher Weise in den folgenden zwei Jahrzehnten des Wissenschaftlers gedacht werden sollte: »deutsch«. Brekers Denkmal war »deutsche Kunst«, die Festreden von Remscheid waren Würdigungen eines »deutschen Helden«. Und nach der Machtergreifung der Nationalsozialisten im Januar 1933 sollte alles noch deutscher werden: Kunst, Literatur und Wissenschaften, Schulen und Universitäten, Berufsbeamte und »Arbeiter der Stirn und der Faust«, Mütter, Töchter und ihre Söhne.
Eine Zeitungsmeldung gibt Hinweis darauf, daß die Leistungen deutscher Wissenschaftler in diesem »neuen Staat« eine wichtige Rolle spielten: Anläßlich der Jahresversammlung des Deutschen Museums hielt Prof. Dr. Peter Debye 1934 eine Festrede über »Röntgen und seine Entdeckung«. »Ungemein feinsinnig psychologisch(en) und menschlich sich einfühlend(en)« habe Debye gesprochen und dabei einen Forscher vorgestellt, der »abweisend kühl« auf seine Außenwelt gewirkt, dahinter jedoch »Bescheidenheit« versteckt habe. »Dem beifällig aufgenommenen Vortrag wohnten Reichsminister Rudolf Heß, der Stellvertreter des Führers, der gesamte Vorstand des

---

4 Oberarzt Privatdozent Dr. J.E. Kayser-Petersen, Geschäftsführer der Deutschen Tuberkulosegesellschaft, bei der Enthüllung des Röntgendenkmals. Zitiert nach Krause; S. 113.

Museums (Vorsitzender des Vorstandrates Köttgen, Geh. Rat Duis-
berg, Dr. Krupp von Bohlen-Halbach, Röchling und andere Führer
der Großindustrie) sowie fast alle hervorragenden Vertreter der der
Physik nahestehenden Wissenschaften in München, endlich Vertreter
aller Münchener Behörden bei«[5], berichteten die Münchner Neuesten Nachrichten am 9. Mai 1934.

Zu Röntgens 90. Geburtstag am 27. März 1935 verkündete Paul Wittko im Völkischen Beobachter: »Konrad Röntgen ist ein Bestandteil
des Weltgeistes geworden, der seinen deutschen Namen als den eines Großen der Wissenschaft für alle Ewigkeit hochhalten wird.«[6]
»Deutsche Helden« aus allen Disziplinen und Ständen waren gefragt.
Sie sollten, entsprechend der »Rasselehre« des Nationalsozialismus,
die Überlegenheit »deutschen Blutes und Geistes« deutlich machen.
Wie mit dieser Absicht auch das Andenken an Röntgen pervertiert
und zu nationalsozialistischen Propagandezwecken genutzt wurde,
zeigt am deutlichsten ein Hörbild, das der Reichssender in München
am 21. November 1938 ausstrahlte. Die halbstündige Sendung schloß
mit den Worten: »Dies ist die wahre Geschichte von der Entdeckung
der Röntgenstrahlen, nach Dokumenten der Zeit, den Tatsachen entsprechend dargestellt. Bis heute hatte sich das Märchen von der rein
zufälligen Entdeckung dieser für die Menschheit so segensreichen
Strahlen erhalten können. Heute wissen wir, daß jüdische Univer-
sitätsprofessoren die prahlerische unwahre Aussage eines Laborato-
riumsdieners zum Vorwurf nahmen, um Röntgen herabzusetzen. Der
Laboratoriumsdiener nehm [!] sich, von seinem Gewissen bedrängt,
das Leben, aber seine Lüge lebt bis heute. Erst jetzt können wir die
Ehre eines deutschen Gelehrten wieder herstellen, der keinen Pfen-
nig für seine ungeheure Entdeckung nahm, die Millionen von Menschen schon das Leben rettete. Der Vater jenes berüchtigten Walther

---

5 Der Festvortrag ist abgedruckt in: Deutsches Museum. Abhandlungen und
  Berichte 4 (1934).
6 Paul Wittko im Völkischen Beobachter Nr. 86 (27. März 1935).

Rathenau versuchte mit echt jüdischem Geschäftsgeist die Ausnüt-
zung dieser Entdeckung an sich zu bringen; der deutsche Forscher
wies den Juden ab und blieb arm. Der Dank seines Volkes war ihm
mehr als Reichtum.«[7]

In der Sendung wurde nicht nur die Leistung des Glasbläsers William
Crookes, eines Engländers, geleugnet. Man gab auch den Münchner
jüdischen Kollegen Röntgens, Leo Graetz[8] und Arthur Korn, die
Schuld an den Verleumdungen. Daß sich Korns Entrüstung und die
folgende Reaktion der Presse gegen die Berufungspolitik der Philosophischen Fakultät gerichtet hatte, wurde verschwiegen. Und daß
Leo Graetz Röntgen seine Entdeckung nie streitig gemacht, sondern
sich – ganz im Gegenteil – 1905 aktiv an der Anbringung der Gedenktafel an der Universität Würzburg beteiligt hatte, wurde ebenfalls verheimlicht.

Doch solche Propaganda paßte ins nationalsozialistische Weltbild
von der Überlegenheit der arischen Rasse und der »Ausbeutungs-
mentalität« der Juden, deren Kunst, Literatur, aber auch wissenschaftliche Leistungen als entartet oder »bolschewisiert« bezeichnet
wurden. Die Tatsache, daß sich ausgerechnet der »deutscheste« aller damaligen Physiker aktiv an der Verleumdung Röntgens beteilig-
te, wurde vertuscht: Philipp Lenard, der Anführer der »Deutschen
Physik« – einer mehr politisch als physikalisch agierenden Gruppe
von völkischen Wissenschaftlern[9] –, hatte seit geraumer Zeit einen
ganz privaten Krieg gegen den verstorbenen Physiker geführt. Er, der
Röntgen 1894 mit seiner »Lenard-Röhre« eine der technischen
Grundlagen auf dem Weg zur Entdeckung geschickt und danach weiterhin in freundlichem Kontakt zu ihm gestanden hatte, vertrat nun

---

7 Engasser, Quirin: Die wahre Geschichte von der Entdeckung der Röntgenstrahlen. Ein Hörbild nach Angaben von Oberingenieur Friedrich Janus. Gesendet vom Reichssender in München am 21. Nov. 1938.
8 Sein Vater war Historiker in Breslau, Redakteur der »Monatsschrift für Geschichte und Wissenschaft des Judentums« und Verfasser der »Geschichte der
  Juden von den ältesten Zeiten bis auf die Gegenwart«.
9 Vgl.: Beyerchen.

die Fiktion, daß nicht Röntgen, sondern er der eigentliche Entdecker der Strahlen sei. Er, Lenard, habe soweit Vorarbeit zu der Röntgensche Entdeckung geleistet, daß diese »ganz notwendigerweise erfolgen mußte«, Röntgen folglich nur der »erste Benutzer der eben beschriebenen Röhrenform«[10] war.

Immer wieder hatte er in der Vergangenheit versucht, seine Leistung – gegen Röntgen – ins rechte Licht zu rücken. Daß dies vor allem aus gekränkter Eitelkeit über den Ruhm Röntgens und die Verleihung des ersten Nobelpreises geschah, ward spätestens 1906 deutlich: In diesem Jahr erhielt Lenard selbst die hohe Auszeichnung für seine Kathodenstrahlen-Forschungen und sah die »erwünschte Gelegenheit« gekommen, »an ein oder zwei Punkten von den Beziehungen späterer oder nahe gleichzeitiger Arbeiten Anderer zu den meinigen zu reden«, er wollte »jetzt nicht nur von den Früchten reden, sondern auch von den Bäumen, auf denen sie gewachsen sind, und von den Pflanzern dieser Bäume«[11].

Während er in seinem Nobel-Vortrag zumindest noch von den »Röntgenschen Strahlen« redete, war dieser Ausdruck wenige Jahre später für ihn tabu. Holthusen, der zwischen 1910 und 1912 im Lenardschen Institut in Heidelberg gearbeitet hatte, erinnerte sich, daß Röntgens Name hier »nicht genannt werden durfte und die Bezeichnung ›Röntgenstrahlen‹ für den Bereich elektromagnetischer Schwingungen, den Röntgen entdeckt hatte, nicht gebraucht werden durfte«[12].

Nachdem 1912 dank von Laue und Knipping feststand, daß die Röntgenstrahlen kurzwellige elektromagnetische Strahlen sind, nannte sie Lenard nur noch »Hochfrequenzstrahlen«, so auch in seiner Biographie über »Große Naturforscher«, dem »grundlegende[n] Buch«[13] seiner Bewegung. Die Entdeckung der »Hochfrequenzstrahlen« sei Leistung Hermann von Helmholtz' gewesen, der bereits 1892 nach-

---

10 Lenard, Philipp: Über Kathodenstrahlen. Nobel-Vorlesung. Leipzig 1906; S. 17.
11 ebd.; S. 3–4.
12 Holthusen; S. 7.
13 Beyerchen; S. 173.

gewiesen habe, »daß genügend kurzwellige Lichtstrahlen durch Alles gradlinig hindurchgehen würden, 3 Jahre bevor Strahlen, bei denen dies zutrifft, entdeckt wurden, und 20 Jahre bevor die entdeckten, bald in der Medizin so wichtig gewordenen Strahlen als äußerst kurzwellige Ätherstrahlung (Hochfrequenzstrahlung) in der Tat feststellbar wurden«[14].

Röntgen, der Lenards Gesinnungswandel noch erlebt hatte, war bereits 1921 zu dem Schluß gekommen: »Das infame Gerücht, ich hätte die X-Strahlen nicht selbst gefunden, hat seine Quelle nach meiner Vermutung in Heidelberg bei Quincke, dem ich ein paarmal auf den Fuß getreten bin. Es wurde wohl durch Lenard gepflegt. Auffallend war es mir, als ich beim Aufräumen meiner alten Briefe solche von Lenard fand, die eine sehr freundliche Gesinnung gegen mich bekunden sollten, deren Fortsetzung (der Briefe) aber gänzlich aufhörte um die Zeit, wo Wien mein Nachfolger in Würzburg wurde und ich den Nobelpreis erhielt.«[15]

Aber nun war Röntgen tot, und Lenard und sein Freund Johannes Stark waren die Wortführer »Deutscher Physik«: Noch 1933 wurde Stark als Präsident der Physikalisch-technischen Reichsanstalt eingesetzt, und Lenard kommentierte die Ernennung im »Völkischen Beobachter«: »Eine entschiedene Abkehr bedeutet sie von der schon als unvermeidlich betrachteten Vorherrschaft des – am kürzesten – Einstein-mäßig zu nennenden Denkens.«[16]

Die von beiden propagierte »Deutsche Physik« unterschied sich inhaltlich von der internationalen durch die Akzeptanz zweier theoretischer Ansätze: Äther-Theorie und Atomtheorie, d.h. Forschungsergebnisse von Lenard und Stark. Grundsätzlich abgelehnt wurden die Relativitätstheorie und die zunehmende Mathematisierung, sowie

---

14 Lenard, Philipp: Große Naturforscher. Eine Geschichte der Naturforschung in Lebensbeschreibungen. München 1929; S. 265–266.
15 RaZ aus Weilheim am 15. Mai 1921.
16 Zitiert nach: Hermann (1986).

die Quantentheorie. Man setzte angebliche arische Klarheit und Ein-
deutigkeit gegen angebliche jüdische Verwirrtheit und Chaos. Erst
1940 wurden die »Deutschen Physiker«, die viele andersgesinnte
Wissenschaftler ins Ausland vertrieben hatten, zur Anerkennung wissenschaftlicher Tatbestände gezwungen, worauf auch in Deutschland ein Paradigmenwechsel stattfand.[17]

Ebensowenig wie sein Kampf um die Positionen der »Deutschen
Physik« blieben Lenards Bemühungen um den Ruhm der Entdeckung auf Dauer erfolgreich. Röntgen wurde weiter zum Nationalhelden stilisiert. Im bereits genannten Hörspiel von Janus ebenso wie
in dem biographischen Roman »Röntgen« von F.H. Neher, der 1936
bereits seine 5. Auflage erlebte (und 1952 in »konvertierter« Fassung
vom Autor nochmals in gemäßigteren Tönen vorgelegt wurde):
»Deutsch ist die Erfindung der Viervierteltaktkraftmaschine. Ein
Deutscher hat der Welt das Dynamoprinzip geschenkt. Deutsch ist
der Dieselmotor. Ein Deutscher hat das Gesetz von der Erhaltung der
Energie gefunden. Deutsch sind die Röntgenstrahlen. Die deutsche
Industrie hatte Röntgen jenen Ruhmkorffindikator geliefert, der ihm
bei der Entdeckung gedient hatte.«[18]

Es ist typisch für Röntgen und seine Zeit, daß er aufgrund seiner epochemachenden Entdeckung, die durch die medizinische Anwendung
fast allen Menschen bekannt wurde, als deutscher Held dargestellt
und benutzt wurde; wie schon 1898, als auf Geheiß Kaiser Wilhelms II. und nach dem Vorbild der Büste, die der Berliner Bildhauer
Reinhold Felderhoff zwei Jahre zuvor in Würzburg modelliert hatte,
eine lebensgroße Gruppe auf der Südseite der Potsdamer Brücke in
Berlin aufgestellt worden war: Röntgen in einem Stuhl sitzend, eine
Gasentladungsröhre in der Hand, zu ihm gereckt ein kleiner Junge;
an seiner Seite weitere Gruppen von Helmholtz, Siemens und Gauß.

---

17 Richter, Steffen: Die »Deutsche Physik«. In: Mehrtens, Herbert, Steffen Richter (Hrsg.): Naturwissenschaft, Technik und NS-Ideologie. Beiträge zur Wissenschaftsgeschichte des Dritten Reiches. Frankfurt/M. 1980; S. 116–141.
18 Neher, F.L.: Röntgen. Roman eines Forschers; 5. Aufl. München 1936; S. 321.

Dieses bronzene Denkmal fiel zwar 1942 (wie alle anderen Brücken-denkmäler) dem »Erlass zur Verstärkung der Metallreserven des Reichsministeriums des Inneren« zum Opfer, wurde abgebrochen und eingeschmolzen[19], aber es war, wie der »Lichtgenius« von Breker, einmal mehr Zeichen dafür, in welche Rolle man Röntgen steckte, um seine Leistung für deutsche Gesinnung zu beschlagnahmen.

Nach dem Ende des Zweiten Weltkrieges wurden nationale Töne im Zusammenhang mit dem Namen Röntgens wohl nur noch einmal offiziell angeschlagen: am 5. Juli 1959 in der Walhalla bei der Einweihung einer Röntgen-Büste. In einem Staatsakt der Bayerischen Staatsregierung, bei dem der damalige Kultusminister Maunz die Festrede hielt, nannte er Röntgen die Verkörperung der Ideale des 19. Jahrhunderts: Stark, aufrecht, kraftvoll, völlig hingegeben seiner Wissenschaft. Maunz schloß seine Rede mit den Worten des Stifters der Walhalla, König Ludwig I.: »Möchten alle Deutschen, welches Stammes sie auch seien, immer fühlen, daß sie ein gemeinsames Vaterland haben, auf das sie stolz sein können. Möchten in dieser sturmbewegten Zeit fest, wie dieses Baues Steine vereinigt sind, alle Deutschen zusammenhalten.«[20]

Mag, wie die Biographie vermuten läßt, der Staatsbeamte Röntgen noch so deutsch gedacht und gehandelt haben; als Forscher und Wissenschaftler spielten für ihn Nationalitäten, Konfessionen oder Weltanschauungen nie eine Rolle. Seine Entdeckung war und ist international. Internationale und interdisziplinäre Forschung trug zur Klärung ihrer Struktur ebenso bei wie zu den raschen Fortschritten in der Röntgen-Medizin. Und selbst auf einem völlig anderen Sektor eröffnete seine Entdeckung weltweit neue Möglichkeiten: »Die Ob-

---

19 Vgl. Streller, Ernst: Beitrag zur Geschichte der verschiedenen Röntgenbüsten. In: Aus dem Deutschen Röntgen-Museum, Remscheid–Lennep. S. 115–147; hier: S. 148–149.
20 Zitiert nach: Alt, Friedrich: W.C. Röntgen in der Walhalla. In: Röntgenblätter Jg. 12, H. 8 (1959); S. 241–243; hier: S. 243.

jektive und das Okular, die Präzisionsinstrumente und Spiegelreflex-
kameras, das Kino mit der Zeitlupe und dem Zeitraffer, die Röntgen-
und X-, Y-, Z-Strahlen haben in meine Stirn noch 20, 2000, 2 000 000
haarscharfe, geschliffene, abtastende Augen gesetzt«[21], beschrieb
der russische Maler und Architekt El Lissitzky 1926 die Erfindungen
und Entdeckungen, die die Sehweise seiner Künstlergeneration mit-
bestimmten. Auch der Spanier Salvador Dali stieß auf der Suche nach
der eigentlichen, ungeschützten, unthematisierten menschlichen
Realität an die Sehweise eines Röntgenbild-Betrachters: »In meinem
Notizbuch verwahre ich eine beunruhigende Röntgenaufnahme des
Skeletts meiner Geliebten, auf der sie schöner und zarter aussieht als
auf ihren besten Photos mit feiner und durchsichtiger Bekleidung. Ihr
Schmuck und die Platinfassung einer ihrer Zähne schwimmen re-
flexlos zwischen den milchigen Eisscheiben des Aquariums der Röntgenaufnahmen mit einer Bestimmtheit, die erloschen und astrono-
misch ist.«[22]
Der Röntgen-Blick in den Menschen hatte von der Karikatur nach fast
30 Jahren den Weg in die Kunst gefunden. Geebnet hatte diesen Weg
freilich auch eine andere wissenschaftliche Disziplin, die fast zeit-
gleich mit der Entdeckung der Röntgenstrahlen entwickelt worden
war und noch tiefere Spuren in der Kunst hinterlassen sollte: Sigmund Freuds Psychoanalyse. Der Nervenarzt hatte den Zugang zum
Inneren des Menschen über die Analyse von Träumen und Ängsten
ermöglicht, hatte »am Schlaf der Welt gerührt«[23], hatte psychische
Erkrankungen von den anatomischen Banden gelöst, mit welchen die
Wissenschaft seiner Zeit sie verknüpft hatte.
Mit Gewalt drängte das Innere nach außen, es entstand eine Wirklichkeit hinter der »Wirklichkeit«, die es heute ohne Röntgenstrahlen
in der Physik und Medizin nicht gäbe, ohne Freud wohl nicht in den
gesellschaftlichen Bereichen, in Kunst und Kultur.

---

21 Lissitzky, El: »Der Lebensfilm von El bis 1926«. Zitiert nach: Sehsucht; S. 291.
22 Salvador Dali; Auszug aus »Honig ist süßer als Blut«. In: L'Amic de les Arts 19
    (31. Okt. 1927). Zitiert nach Buñuel; S. 131.
23 Sigmund Freud. Gesammelte Werke, Bd. 10. London 1946; S. 60.

ANMERKUNG UND DANKSAGUNG
DER VERFASSERIN

Als ich begann, Recherchen für diese Biographie anzustellen, wußte ich kaum mehr über Wilhelm Conrad Röntgen, als daß er in Würzburg die gleichnamigen Strahlen entdeckt hatte. »Fachfremd« begann ich mich in die Röntgen-Literatur einzulesen, ohne gleich eine Theorie beweisen zu wollen, und stieß doch schnell auf immer dieselbe Frage, die meine »Vorarbeiter« – Physiker, Ärzte – beschäftigt hat: War Röntgen aufgrund dieser Entdeckung aus dem Jahr 1895 ein genialer Physiker, oder war er es nicht? Der Mensch Wilhelm Conrad Röntgen, geboren 1845 in Remscheid als Sohn eines Tuchfabrikanten, war in all ihren Veröffentlichungen seit seinem Tod 1923 nicht zu greifen.

Zum einen hatte natürlich Röntgen selbst dafür gesorgt, daß wenig Persönliches von ihm erhalten geblieben war. Zum anderen jedoch – und das war um so erstaunlicher, als die Popularität dieses Forschers und das Interesse der Öffentlichkeit an seinem Leben in den Jahren nach dem Strahlenfund und dann immer wieder anläßlich der Jubiläen enorm groß war – existieren kaum Aussagen aus seiner Umgebung über ihn. Schüler, Freunde, Verwandte schwiegen sich weitgehend aus. Alle Berichte schienen ein stereotypes Bild zu bestätigen, das schon in den Nachrufen gezeichnet wurde: das in jungen Jahren verkannte Genie, das der Schule verwiesen worden war; der brave, pflichtbewußte, ordnungsliebende, bescheidene, selbstlose Forscher – mit allen Tugenden ausgestattet, die einen großen Deutschen ausmachen?

Quellenarbeit war dringend nötig, um dieser Charakterzeichnung andere, widersprüchliche Akzente beizumischen.

Einen ersten Zugang erhoffte ich mir durch Photographien. Weniger die offiziellen Porträtaufnahmen, die aus den Jahren nach der Entdeckung massenweise existieren und Röntgens Gesicht schlagartig ins Licht der Öffentlichkeit zerrten, mehr die privaten »Schnappschüsse« interessierten mich: Wilhelm Conrad und Bertha in der Kutsche oder auf dem Balkon des Weilheimer Landhauses, Röntgen mit Rauschebart und Edelweiß auf einem Berg, Bilder von Gebirgslandschaft, von der plüschigen Münchner Bürgerwohnung, stereographische Spielereien. Ein Blick hinter das Familienidyll war auch so nicht möglich. Und es galt, einen Mangel zu beschreiben: Seltsamerweise gibt es keine Aufnahmen, die die Röntgens im privaten Freundeskreis zeigen. Dabei soll der Physiker Hobbyphotograph gewesen sein.

Bei den schriftlichen Zeugnissen begann ich zunächst auszuwerten, was bereits andernorts publiziert worden war. Und auch hier stieß ich wieder auf die Tendenz, ein harmonisches Bild zu entwerfen. Der gesellige Privatmann, der immer eine Flasche Wein für Freunde im Keller hatte, bei dem man sich zum Bocciaspielen traf, der Urlaubsreisen den Kongressen mit Fachleuten vorzog.

Kritiker wollte keiner von denen sein, die neben und mit dem berühmten Zeitgenossen gelebt haben. Und doch muß es Kritik an ihm gegeben haben. Denn verstreut tauchten in Archiven Briefe und andere Dokumente auf, die neue Sehweisen zuließen: Röntgen war eitel, wie das Beispiel Hohenheim zeigte; er war vielleicht intrigant, mit Sicherheit aber berechnend, wenn es darum ging, seine Stellung an der Universität auszubauen; er war kein allzu guter Pädagoge.

An historischen Ereignissen hangelte ich mich dort entlang, wo keine Zeugnisse zu existieren schienen: Röntgens Einstellung zum Krieg – deutschnational, getragen von der Zustimmung der Mehrheit. Seine Rede anläßlich der Eröffnung des Deutschen Museums – ein Musterexemplar an Repräsentations-Rhetorik. Auch sein Verhältnis zum Kaiser war, trotz allen Wetterns gegen Vorgesetzte und trotz eines angeblich distanzierten Verhältnisses zu offiziellem Gepränge, blind autoritätshörig, dienend. Immer wieder trat er bei den Großen und Einflußreichen in diesem Land auf – gezwungenermaßen oder aus Eitelkeit und Überzeugung? Die Vorbehalte des Physikers gegen Juden waren groß und sind nicht wegzudiskutieren. Hier neigte der kühle Denker, wie in seiner Kriegsbegeisterung, zu Vorurteilen und zur Anpassung an den Zeitgeist.

Ich habe mich dem Menschen Wilhelm Conrad Röntgen ohne Vorbehalte genähert. Ob ich ihn heute, nachdem ich sein Leben »bearbeitet« und ihn ein wenig kennengelernt habe, – soweit, wie er es selbst
zugelassen hat – ob ich ihn heute sympathisch finde oder nicht, kann
ich nicht sagen. Für mich ist er zu einem typischen Vertreter seiner
Zeit geworden, den von vielen anderen nur seine enorme Popularität
unterschied – Last und Nutzen zugleich.

Auch wenn ich bemüht war, meine persönliche Meinung über den
Menschen Wilhelm Conrad Röntgen hintanzustellen, verrät sich in
den Fragestellungen der Kapitel natürlich meine Sehweise, meine
Geschichtsauffassung und mein Interesse, anhand seiner Biographie
zugleich ein Türchen zum damaligen Weltgeschehen aufzustoßen.

Wer sich heute an die Aufgabe macht, über Röntgens Leben und Forschungen zu schreiben, tut sich schwer. Die Quellenlage ist dürftig.
Zumal trotz einer Vielzahl von Veröffentlichungen kaum eine der bisher publizierten Biographien es verstanden hat, zitierte Quellen auch
standortlich nachzuweisen. Das gilt für die Biographie Otto Glassers
von 1931 bzw. 1958, die bis heute als quellenreiches Standardwerk
gelten muß, bis zu Erscheinungen jüngeren Datums, die sich zumeist
auf Zitate aus Glassers Werk beschränken. Seit den 60er Jahren wurde in verschiedenen Aufsätzen der Versuch unternommen, die Quellen zumindest zu Detailaspekten aufzuarbeiten.

Einen zentralen Röntgen-Nachlaß gibt es nicht. Über Möbel, Bilder
und andere persönliche Besitzstücke verfügt das Deutsche Röntgen-
Museum in Remscheid. Die dort gesammelten Briefe bedürften
endlich einer geordneten Archivierung oder – besser noch – einer
Publikation, die sie einer wissenschaftlichen Benutzung erschließen.
Einige wenige Instrumente, Schriftstücke und Photographien besitzt
das Physikalische Institut der Universität Würzburg bzw. die Röntgen-Gedenkstätte in der Fachhochschule Würzburg-Schweinfurt.

Die größten und vor allem umfassendsten Sammlungen von Briefen
sind ebenfalls in Würzburg sowie in Zürich zugänglich. So liegt in der
Handschriftenabteilung der Zentralbibliothek Zürich der Briefwechsel zwischen Wilhelm Conrad Röntgen und seinem Assistenten

Ludwig Zehnder, der den Zeitraum zwischen 1886 und 1922 umfaßt. Die meisten, jedoch nicht alle der hier verfügbaren 123 Schriftstücke, hat Ludwig Zehnder bereits 1935 veröffentlicht.

Ähnliches gilt für die in der Handschriftenabteilung der Universitätsbibliothek Würzburg befindliche Korrespondenz zwischen Röntgen und Theodor Boveri sowie dessen Familie. Viele der Briefe wurden von Margret Boveri, der Publizistin und Tochter Theodor Boveris, bereits 1931 im Rahmen der Biographie Otto Glassers der Öffentlichkeit präsentiert. Die Originale fielen im Zweiten Weltkrieg leider den Flammen zum Opfer. Was Margret Boveri dem Zoologischen Institut der Universität Würzburg dennoch 1955 schenken konnte, waren ihre fein säuberlichen Typoskripte sowie Regesten, die sie zur Abfassung ihres Artikels für Glasser angefertigt hatte. Die 223 Abschriften der Briefe bzw. Briefteile gehen weit über das hinaus, was bereits publiziert wurde, und gewähren insbesondere einen aufschlußreichen Blick in die sehr enge Freundschaft zwischen Marcella Boveri und Wilhelm Conrad Röntgen nach dem Tod ihrer Ehepartner.

Bislang unbeachtet blieb die mit 81 Blättern auch recht umfangreiche Korrespondenz Röntgens mit seinem Assistenten Peter Paul Koch aus den Jahren 1903 sowie 1906 bis 1923, die heute in Besitz der Staatsbibliothek Berlin ist. Die Universitätsblibiothek Würzburg hat erst 1994 den – weit weniger umfangreichen und nicht so ergiebigen – Schriftwechsel Röntgens mit Rudolf Cohen erworben, seinem ehemaligen Assistenten sowie Physiker. Die Briefe stammen aus den Jahren 1890 bis 1922, sind vermutlich nicht vollständig und werden anläßlich des »Röntgen-Jahres« 1995, in dem der 100. Geburtstag der Röntgenstrahlen und der 150. Geburtstag Röntgens gefeiert wird, erstmals publiziert.

Ebenfalls 1995 werden im Rahmen einer Ausstellung »Röntgen und die Schweiz«, die das medizinhistorische Institut der Universität Zürich organisiert, bislang unveröffentlichte Dokumente aus dem Nachlaß Emil Ritzmanns, eines engen Freundes von Röntgens, zu sehen und zu lesen sein. Kurt Ritzmann, der Enkel des Züricher Arztes, besitzt – wie er mir freundlicherweise mitteilte – etwa 32 Photographien, 42 Briefe und Karten, die Röntgen an seinen Großvater schrieb, und 13 Briefe von Frau Röntgen an dessen Frau. Dieser Nachlaß war mir leider nicht zugänglich. In einigen Fällen ließen sich jedoch Briefe verwenden, die in Auszügen bereits 1945 von Friedrich Dessauer in seiner Röntgen-Biographie veröffentlicht wurden.

Dessauer wie Glasser konnten in ihren Publikationen auf eine große Anzahl weiterer Briefe sowie persönlicher Erinnerungen von Freunden, Bekannten und Zeitgenossen Röntgens zurückgreifen. Da die Zeitzeugen tot und Originale zumeist nicht mehr auffindbar sind, mußte ich mehrere Male die dort zitierten Schriftstücke nutzen, ohne jedoch für Datierung und wortgetreue Übertragung der Originale garantieren zu können. Dieses Risiko bin ich eingegangen. Nicht übernommen habe ich dagegen die bei Glasser, Dessauer und in sehr vielen kürzeren biographischen Abhandlungen und Erinnerungen auftauchenden Bonmots, für die sich heute keine Belege mehr finden lassen.

Neben den persönlichen Briefen sind als historische Quellen noch Urkunden und offizielle Korrespondenzen zu nennen. Wichtige Anhaltspunkte für Datierungen fanden sich vor allem in der Handschriftenabteilung der Universitätsbibliothek Gießen, im Universitätsarchiv bzw. Museum zur Geschichte Hohenheims, im Universitätsarchiv München, im Archiv des Senats und Rektorats der Universität Würzburg, im Bayerischen Hauptstaatsarchiv und im Staatsarchiv des Kantons Zürich.

Grundsätzlich ist festzustellen: Was vor der Entdeckung der Röntgenstrahlen im Leben von Wilhelm Conrad Röntgen vor sich ging, ist schlecht bis gar nicht dokumentiert (seine Zeit in Straßburg beispielsweise). Weit mehr Quellen lassen sich aus den Jahren nach 1895 ausfindig machen.

Bedauerlich ist abschließend noch die Tatsache zu nennen, daß auch im Vorfeld zu den Jubiläumsfeierlichkeiten 1995 die Chance vertan wurde, Röntgens gesamten Nachlaß an einem zentralen Ort zusammenzuführen, zu präsentieren und zu erhalten.

Danken möchte ich an dieser Stelle allen Personen, die mich bei der Arbeit an diesem Buch unterstützt haben, sowie allen Institutionen, die mir die Benutzung ihrer Bestände und das Zitieren aus ihren Sammlungen erlaubt haben – neben den bereits genannten: dem Archiv der Gemeinde Apeldoorn, dem Archivdienst der Gemeinde Utrecht, dem Archiv du Bas-Rhin (Straßburg), dem Archiv communales (Straßburg), Herrn Anders Bárány vom Nobel-Komitee für Physik (Stockholm), dem Baugeschichtlichen Archiv der Stadt Zürich, der Berlin-Brandenburgischen Akademie der Wissenschaften, dem Deutschen Museum (München), Herrn Dr. Michael Eckert (München), der ETH-Bibliothek (Zürich), dem Geheimen Staatsarchiv Preußischer Kulturbesitz (Berlin), dem Institut für Hochschulkunde (Würzburg), Herrn Jost Lemmerich (Berlin), der königlich schwedischen Akademie der Wissenschaften (Stockholm), Herrn Dr. Winfried Speitkamp (Gießen), dem Staatsarchiv des Kantons Zürich, der Staatsbibliothek zu Berlin (Preußischer Kulturbesitz), dem Stadtarchiv Gießen, dem Stadtarchiv Würzburg und dem Stadtarchiv Zürich.

Ich danke insbesondere Frau Ursula Weiß, M.A., für Korrekturen, Herrn Wolfgang Gabel für unermüdliche historische wie fachliche Hilfestellung, sowie nicht zuletzt Herrn Prof. Dr. Dr. Gundolf Keil für die zweijährige Begleitung und Betreuung dieses Projektes, das ohne seine Vermittlung nicht zustande gekommen wäre.

ANHANG

PERSONEN

Halbfette Seiten kennzeichnen eine Abbildung der genannten Person.

LITERATUR

Albers-Schönberg, Heinrich Ernst: Die Röntgentechnik. Lehrbuch für Ärzte und Studierende. Hamburg 1903.

Baltzer, Fritz: Theodor Boveri. Leben und Werk eines grossen Biologen 1862–1915. Stuttgart 1962 (= Grosse Naturforscher, Bd. 25).

Baumgart, Peter (Hrsg.): Vierhundert Jahre Universität Würzburg. Eine Festschrift. Neustadt/A. 1982 (= Quellen und Beiträge zur Geschichte der Universität Würzburg, Bd. 6).
ders.: Bildungspolitik in Preußen zur Zeit des Kaiserreichs. Stuttgart 1980 (= Preußen in der Geschichte, Bd. 1).

Baumgarten, Marita: Vom Gelehrten zum Wissenschaftler. Studien zum Lehrkörper einer kleinen Universität am Beispiel der Ludoviciana Gießen (1815–1914). Gießen 1988 (= Berichte und Arbeiten aus der Universitätsbibliothek und dem Universitätsarchiv Gießen, Bd. 42).

Bausinger, Hermann, Klaus Beyrer, Gottfried Korff (Hrsg.): Reisekultur. Von der Pilgerfahrt zum modernen Tourismus. München 1991.

Becks, Joseph: Die X-Strahlen oder Herr Röntgen bringt es an den Tag. Schwank mit Gesang in einem Akt. Paderborn 1896.

Beier, Walter: Wilhelm Conrad Röntgen. Leipzig 1985 (= Biographien hervorragender Naturwissenschaftler, Techniker und Mediziner, Bd. 78).

Berberich, A., G. Bornemann, O. Müller (Hrsg.): Jahrbuch der Erfindungen und Fortschritte auf den Gebieten der Physik, Chemie und Chemischen Technologie, der Astronomie und Meteorologie. 35. Jg., Leipzig 1899.

Berg, Christa (Hrsg.): Handbuch der deutschen Bildungsgeschichte. Bd. IV: 1870–1918. Von der Reichsgründung bis zum Ende des Ersten Weltkriegs. München 1991.

Beyerchen, Alan D.: Wissenschaftler unter Hitler. Physiker im Dritten Reich. Mit einem Vorwort von K.D. Bracher. Köln 1980.

Bleich, Alan Ralph: The story of X-rays from Röntgen to Isotopes. London 1960.

Berichte der Physikalisch-Medizinischen Gesellschaft zu Würzburg. Würzburg 79 (1971).

Boehm, Laetitia, Johannes Spörl (Hrsg.): Die Ludwig-Maximilians-Universität in ihren Fakultäten. Bd. 1. Berlin 1972.

Böhme, Klaus (Hrsg.): Aufrufe und Reden deutscher Professoren im Ersten Weltkrieg. Mit einer Einleitung des Herausgebers. Stuttgart 1975.

Bönneken, Ernst: Aus der Geschichte des rheinisch-bergischen Geschlechts Röntgen. In: Archiv für Sippenforschung (1971), S. 261–286; (1972), S. 443–461.

Boveri, Margret: Tage des Überlebens – Berlin 1945. München 1968.
dies.: Verzweigungen. Eine Autobiographie. Herausgegeben und mit einem Nachwort von Uwe Johnson. München 1977.

Brandstätter, Christian, Franz Hubmann (Hrsg.): Made in Germany. Die Gründerzeit deutscher Technik und Industrie in alten Photographien 1840–1914. Mit einem einleitenden Essay von Otto Wolff von Amerongen. Wien, München, Zürich 1977.

Bredekamp, Horst: Antikensehnsucht und Maschinenglauben. Die Geschichte der Kunstkammer und die Zukunft der Kunstgeschichte. Berlin 1993 (= Kleine Kulturwissenschaftliche Bibliothek, Bd. 41).

Broschüre des Deutschen Röntgen-Museums. Remscheid 1960.

Buchmann, F.: Röntgen-Computer-Tomographie heute. Remscheid 1981 (= Schriftenreihe Deutsches Röntgen-Museum, Nr. 3).

Burckhardt, Martin: Metamorphosen von Raum und Zeit. Eine Geschichte der Wahrnehmung. Frankfurt/M., New York 1994.

Cahan, David: Meister der Messung. Die Physikalisch-Technische Reichsanstalt im Deutschen Kaiserreich. Weinheim, New York, Basel, Cambridge 1992.

Canto, Christophe, Odile Faliu: The history of future. Images of the 21st century. Paris 1993.

Caufield, Catherine: Das strahlende Zeitalter. Von der Entdeckung der Röntgenstrahlen bis Tschernobyl. München 1994.

Contribution à l'histoire de la neuroradiologie europèene. XVIe Congrès – XXe Anniversaire. Paris 2–6 Juillet 1989. Paris 1989.

Craig, Gordon A.: Geld und Geist. Zürich im Zeitalter des Liberalismus 1830–1869. München 1988.

Crawford, Elisabeth: The Beginnings of the Nobel Institution. The science prizes 1901–1915. Cambridge, London, New York, New Rochelle u.a. 1984.

Crawford, Elisabeth, J.L. Heilbron, Rebecca Ullrich: The Nobel population 1901–1937. A Census of the Nominators and Nominees for the Prizes in Physics and Chemistry. Berkeley, Uppsala 1987.

Debye, Peter: Röntgen und seine Entdeckung. München 1934 (= Deutsches Museum. Abhandlungen und Berichte 4).

Dessauer, Friedrich: Kontrapunkte eines Forscherlebens. Frankfurt/M. 1962.
ders.: Die Offenbarung einer Nacht. Leben und Werk von Wilhelm Conrad Röntgen. 4. erw. u. verb. Aufl. Frankfurt/M. 1958.

Dettelbacher, Werner: Erinnerung an Alt-Würzburg. Bilddokumente aus der Zeit von 1866–1914. Würzburg 1970.
ders.: Würzburg – ein Gang durch seine Vergangenheit. Würzburg 1974.

Eckert, Michael: Die Atomphysiker. Eine Geschichte der theoretischen Physik am Beispiel der Sommerfeld-Schule. Braunschweig, Wiesbaden 1993.

Eckert, Michael, Willibald Pricha: Boltzmann, Sommerfeld und die Berufungen auf die Lehrstühle für theoretische Physik in Wien und München 1890–1917. In: Mitteilungen der österr. Gesellschaft für Geschichte der Naturwissenschaften 4 (1984), S. 101–119.

Eckart, Wolfgang: Geschichte der Medizin. Berlin, Heidelberg, New York, London u.a. 1990.

Eisenberg, Ronald L.: Radiology. An Illustrated History. St. Louis, Baltimore, Boston u.a. 1992.

Engasser, Quirin: Die wahre Geschichte von der Entdeckung der Röntgenstrahlen. Ein Hörbild nach Angaben von Oberingenieur Friedrich Janus. Gesendet vom Reichssender München am 21.11.1938.

Erb, Hans: Geschichte der Studentenschaft an der Universität Zürich 1833–1936. Zürich 1937.

Erfindungen und Entdeckungen. Röntgenstrahlen. Leipzig o.J. (= Miniatur-Bibliothek, Bd. 269).

Evers, G.A.: Wilhelm Conrad Röntgen in den Niederlanden. In: Acta radiologica 16 (1935), S. 88–92. (zuerst holländisch in: Natuur en Mensch 51 (1931) 7).

Ewald, P.P.: Erinnerungen an die Anfänge des Münchener Physikalischen Kolloquiums. In: Physikalische Blätter 24 (1968) 12, S. 538–542.

Fehr, Werner: C.H.F. Müller – mit Röntgen begann die Zukunft. Überliefertes und Erlebtes. Hamburg 1981.

Forman, P., J. Heilbron, Spencer Weart: Physics circa 1900. Princeton 1975 (= Historical Studies in the Physical Sciences, Bd. 5).

Franke, Hans: Entdeckung zum Wohle der Menschheit. 75 Jahre Röntgenstrahlen. Sonderdruck aus: Würzburg heute 10 (1970).

Fraunberger, Fritz: Röntgen und Würzburg. In: Informationsmappe zur Übergabe der Röntgen-Gedächtnisstätte an die Öffentlichkeit anläßlich des 90. Jahrestages der Entdeckung der Röntgenstrahlen am 7. November 1985. Würzburg 1985.

Glasser, Otto: Wilhelm Conrad Röntgen und die Geschichte der Röntgenstrahlen. Mit einem Beitrag »Persönliches über W.C. Röntgen« von Margret Boveri. 2. Aufl. Berlin, Göttingen, Heidelberg 1959.

Gocht, Hermann: Lehrbuch der Röntgen-Untersuchung zum Gebrauche für Mediciner. Stuttgart 1898.

Goerke, Heinz: Arzt und Heilkunde. Vom Asklepiospriester zum Klinikarzt. 3000 Jahre Medizin. München 1984.

Gundel, Hans Georg: Professorengräber auf dem Alten Friedhof in Gießen. Eine Übersicht. Gießen 1978.

Habrich, Marguth, Wolf, Hennich (Hrsg.): Medizinische Diagnostik in Geschichte und Gegenwart. Festschrift für Heinz Goerke. München 1978 (= Neue Münchner Beiträge zur Geschichte der Medizin und Naturwissenschaften, Bd. 7/8).

Håkansson, Björn: Unbekannte Briefe an Wilhelm Conrad Röntgen. Aachen 1974 (= Diss. Med.).

Harder, Dietrich: Röntgen's discovery – how and why it happened. In: Int. J. Radiat. Biol. 51 (1987) 5, S. 815–839.

Heffner, Carl (Hrsg.): Würzburg und seine Umgebung, ein historisch-topographisches Handbuch, illustriert durch Abbildungen in Lithographie und Holzschnitt. 2. gänzlich umgearbeitete, vermehrte und verbesserte Ausgabe. Würzburg 1871.

Hennig, Ulrich: Deutsches Röntgen-Museum Remscheid-Lennep. Braunschweig 1989.

Hermann, Armin: Der Weg in das Atomzeitalter. München 1986.

ders.: Weltreich der Physik. Von Galilei bis Heisenberg. 2. Aufl. Esslingen 1981.

ders.: Geschichte der physikalischen Institute im Deutschland des 19. Jahrhunderts. In: Erwin K. Scheuch und Heine von Alemann (Hrsg.): Das Forschungsinstitut. Formen der Institutionalisierung von Wissenschaft. Erlangen 1978, S. 95–118.

Herneck, Friedrich: Bahnbrecher des Atomzeitalters. Große Naturforscher von Maxwell bis Heisenberg. 8. Aufl. Berlin 1977.

ders.: Max von Laue. Leipzig 1979 (= Biographien hervorragender Naturwissenschaftler, Techniker und Mediziner, Bd. 42).

Hertz, Mathilde, Charles Susskind (Hrsg.): Heinrich Hertz. Erinnerungen, Briefe, Tagebücher. Zusammengestellt von Johanna Hertz. Mit einer Einleitung von Max von Laue. 2. erw. Aufl. Weinheim, San Francisco 1977.

Heuss, Theodor: Deutsche Gestalten. Studien zum 19. Jahrhundert. Stuttgart, Tübingen 1947.

Hochreiter, Walter: Vom Musentempel zum Lernort. Zur Sozialgeschichte deutscher Museen 1800–1914. Darmstadt 1994.

Holzknecht, Guido: Einstellung zur Röntgenologie. Eine Untersuchung über die Einfügung der Röntgenstrahlenanwendung in Praxis, Forschung und Unterricht. Wien 1927.

Hundert Jahre bayerisch. Ein Festbuch, herausgegeben von der Stadt Würzburg. Würzburg 1914.

Joffe, Abram Fjodorowitsch: Begegnungen mit Physikern. Basel 1967.

Keil, Gundolf: Conrad Wilhelm Röntgen und die Radiologie der Atemorgane. In: Herbsttagung des Berufsverbandes der Pneumologen in Bayern e.V., Würzburg, Oktober 1986. Vorträge. München 1987, S. 6–27.

Kellerer, Albrecht M.: Wilhelm Conrad Röntgen – Ausstrahlung seines Werkes. Remscheid 1986 (= Schriftenreihe Deutsches Röntgen-Museum, Nr. 8).

Kirsten, Christa, Hans-Günther Körber: Physiker über Physiker. Wahlvorschläge zur Aufnahme von Physikern in die Berliner Akademie 1870 bis 1929 von Hermann von Helmholtz bis Erwin Schrödinger. Berlin 1975 (= Studien zur Geschichte der Akademie der Wissenschaften der DDR, Bd. 1).

dies.: Physiker über Physiker II. Antrittsreden, Erwiderungen bei der Aufnahme von Physikern in die Berliner Akademie, Gedächtnisreden 1870–1929. Berlin 1979 (= Studien zur Geschichte der Akademie der Wissenschaften der DDR, Bd. 8).

Klein, Ernst: Die akademischen Lehrer der Universität Hohenheim (Landwirtschaftliche Hochschule) 1818–1968. Stuttgart 1968 (= Veröffentlichungen der Kommission für geschichtliche Landeskunde in Baden-Württemberg, Reihe B, Bd. 45).

Klotz, Heinrich: Von der Urhütte zum Wolkenkratzer. Geschichte der gebauten Umwelt. München 1991.

Knutsson, Folke: Röntgen and the Nobelprize. The discussion at the Royal Swedish Academy of Sciences in Stockholm in 1901. In: Acta radiologica (Diagn) 15 (1974), S. 465–473.

ders.: Röntgen and the Nobelprize. With notes from his correspondence with Svante Arrhenius. In: Acta radiologica 6 (1969), S. 449–460.

Koch, Ernst-Eckhard: Das Konservatorenamt und die mathematisch-physikalische Sammlung der Bayerischen Akademie der Wissenschaft. Arbeitsbericht aus dem Institut für Geschichte der Naturwissenschaften der Universität München (= Veröffentlichungen des Forschungsinstituts des Deutschen Museums für die Geschichte der Naturwissenschaften und der Technik, Reihe A, Nr. 30, 1967).

Kohlmaier, Georg, Barna von Sartory: Das Glashaus – ein Bautypus des 19. Jahrhunderts. München 1981 (= Studien zur Kunst des neunzehnten Jahrhunderts, Bd. 43).

Kolbe, Jürgen: Heller Zauber. Thomas Mann in München 1894–1933. Ausstellungskatalog. Berlin 1987.

Krafft, Fritz (Hrsg.): Wilhelm Conrad Röntgen. Über eine neue Art von Strahlen. Mit einem biographischen Essay von Walther Gerlach. München 1972.

Krankenhagen, Gernot, Horst Laube: Werkstoffprüfung. Von Explosionen, Brüchen und Prüfungen. Reinbek 1983 (= Kulturgeschichte der Naturwissenschaften und Technik).

Kraus, Rolf H.: Jenseits von Licht und Schatten. Die Rolle der Photographie bei bestimmten paranormalen Phänomenen – ein historischer Abriß. Marburg 1992.

Krause, Paul (Hrsg.): Röntgen-Gedächtnis-Heft anläßlich der Enthüllungsfeier des Röntgendenkmals in Lennep am 29. und 30. November 1930. Jena 1931 (= Arbeiten zur Kenntniss der Geschichte der Medizin im Rheinland und in Westfalen, Heft 8).

Küppers, G., P. Weingart, N. Utlitzka: Die Nobelpreise in Physik und Chemie 1901–1929, Material zum Nominierungsprozess. Bielefeld 1982 (= Report Wissenschaftsforschung Nr. 23).

Laubenberger, Theodor: Technik der medizinischen Radiologie. Diagnostik, Strahlentherapie, Strahlenschutz. 5. überarb. Aufl. Köln 1990.

Lemmerich, Jost: Max von Laue. Berlin 1992 (= Domäne Dahlem. Aus Landgut und Museum, Bd. 16).

Lenard, Philipp: Erinnerungen eines Naturwissenschaftlers, der Kaiserreich, Judenherrschaft und Hitler erlebt hat. Unveröffentlichtes Manuskript aus den Jahren 1930–1931 mit einigen späteren Hinzufügungen. Abschrift eines verfilmten Manuskriptes aus dem Besitz der University of California, Berkeley, USA.
ders.: Große Naturforscher. Eine Geschichte der Naturforschung in Lebensbeschreibungen. 6. Aufl. München 1943.
ders.: Über Kathodenstrahlen. Nobel-Vorlesung, gehalten in öffentlicher Sitzung der königl. schwedischen Akademie der Wissenschaften zu Stockholm am 28. Mai 1906. Leipzig 1906.

Litten, Freddy: »Vielleicht hilft uns Professor Röntgen mit der Zeit?« Die Korn-Röntgen-Affäre. In: Kultur & Technik 4 (1993), S. 43–49.

Lorey, Wilhelm: Die Physik an der Universität Gießen im 19. Jahrhundert. In: Nachrichten der Gießener Hochschulgesellschaft 15 (1941), S. 80–132.
ders.: Röntgens Berufung nach Gießen und seine Gießener Zeit mit einem Rückblick auf die Entwicklung der Physik in Gießen. In: Fortschritte auf dem Gebiet der Röntgenstrahlen 64 (1941), S. 59–72.
ders: Ergänzungen zu dem Aufsatz »Röntgens Berufung nach Gießen und seine Gießener Tätigkeit«. In: Fortschritte auf dem Gebiet der Röntgenstrahlen 64 (1941), S. 353–355.

Lossen, Heinz: Wilhelm Conrad Röntgen. Mit Abdruck der drei Mitteilungen Röntgens »Über eine neue Art von Strahlen« und drei Abbildungen. Baden-Baden 1948.

Mälzer, Gottfried (Hrsg.): Briefe von W.C. Röntgen in der Universitätsbibliothek. Begleitheft zur Ausstellung der Universitätsbibliothek Würzburg im Röntgenjahr 1995. Würzburg 1995 (= Kleine Drucke der Universitätsbibliothek Würzburg: 16).

Matschoss, Conrad (Hrsg.): Das Deutsche Museum. Geschichte/Aufgaben/Ziele. Im Auftrage des Vereins Deutscher Ingenieure unter Mitwirkung hervorragender Vertreter der Technik und Naturwissenschaft. Berlin, München 1925.

Mayr, Otto (Hrsg.): Deutsches Museum von Meisterwerken der Naturwissenschaft und Technik. München 1990.

Mehrtens, Herbert, Steffen Richter (Hrsg.): Naturwissenschaft, Technik und NS-Ideologie. Beiträge zur Wissenschaftsgeschichte des Dritten Reiches. Frankfurt/M. 1980.

Molineus, W., H. Holthusen, H. Meyer: Ehrenbuch der Radiologen aller Nationen. 3. erw. Ausg. Berlin 1992.

Mould, Richard F.: A Century of X-rays and Radioactivity in Medicine. With Emphasis on Photographic Records of the Early Years. Bristol, Philadelphia 1993.

C.H.F. Müller AG (Hrsg.): Röntgenröhren von 1895 bis 1935. 40 Jahre Entwicklung. Hamburg, Berlin 1935.
dies.: Röntgenstrahlen. Geschichte und Gegenwart. Hamburg 1953.
dies.: Röntgenstrahlen. Geschichte und Gegenwart. Hamburg 1959.

Nadjmi, Marshallah: 90 Jahre Nobelpreis für W.C. Röntgen – 90. Geburtstag von B.G. Ziedses des Plantes. In: Klinische Neuroradiologie 1 (1991) 4, S. 187–191.

Neher, Franz Ludwig: Röntgen. Roman eines Forschers. 5. Aufl. München 1936.
ders.: Blick ins Unsichtbare. Weg und Wirken Wilhelm Conrad Röntgens und die Entdeckungsgeschichte der Röntgenstrahlen. Reutlingen 1952.

Neumann, Reinhard, Gisbert Frh. zu Putlitz: Philipp Lenard 1862–1947. In: Wilhelm Doerr u.a. (Hrsg.): Semper Apertus. Sechshundert Jahre Ruprecht-Karls-Universität Heidelberg 1386–1986. Band III. Das zwanzigste Jahrhundert 1918–1985. Berlin, Heidelberg, New York, Tokyo 1985, S. 376–405.

Nitske, W. Robert: The life of Wilhelm Conrad Röntgen, discoverer of the X-Ray. Tucson (Arizona) 1971.

Oechsli, Wilhelm: Geschichte der Gründung des Eidg. Polytechnikums mit einer Übersicht seiner Entwicklung 1855–1905. 1.Teil. Frauenfeld 1905 (= Festschrift zur Feier des fünfzigjährigen Bestehens des Eidg. Polytechnikums).

Osietzki, Maria: Die Gründungsgeschichte des Deutschen Museums von Meisterwerken der Naturwissenschaft und Technik in München 1903–1906. In: Technikgeschichte 52 (1985) 1, S. 49–75.

Otremba, Heinz: Wilhelm Conrad Röntgen. Ein Leben im Dienste der Wissenschaft. Mit einer wissenschaftlichen Würdigung von Prof. Dr. Walther Gerlach. Würzburg 1970.

Pyenson, Lewis, Douglas Skopp: Educating Physicists in Germany circa 1900. In: Social Studies of Science 7 (1977), S. 329–366.

Radkau, Joachim: Technik in Deutschland. Vom 18. Jahrhundert bis zur Gegenwart. Frankfurt/M. 1989.

Reindl, Maria: Lehre und Forschung in Mathematik und Naturwissenschaften, insbesondere Astronomie, an der Universität Würzburg von der Gründung bis zum Beginn des 20. Jahrhunderts. Würzburg 1966 (= Diss. Uni Würzburg).

Röntgen, Wilhelm Conrad: Studien über Gase. Inaugural Dissertation zur Erlangung der Doctorwürde vorgelegt der hohen philosophischen Facultät der Universität Zürich. 1869.

ders.: Über die durch Bewegung eines im homogenen elektrischen Felde befindlichen Dielektrikums hervorgerufene elektrodynamische Kraft. Mathematische und naturwissenschaftliche Mittheilungen aus den Sitzungsberichten der preussischen Akademie der Wissenschaften. Physikalisch-mathematische Klasse (1888) 7.

ders.: Über eine neue Art von Strahlen. Erste Mittheilung. Sitzungsberichte der Physikalisch-Medizinischen Gesellschaft. Würzburg (1895) 137.

ders: Eine neue Art von Strahlen. Zweite Mittheilung. Sitzungsberichte der Physikalisch-Medizinischen Gesellschaft. Würzburg (1896) 137–147.

ders.: Weitere Beobachtungen über die Eigenschaften der X-Strahlen. Dritte Mittheilung. Mathematische und naturwissenschaftliche Mittheilungen aus den Sitzungsberichten der preussischen Akademie der Wissenschaften. Physikalisch-mathematische Klasse (1897) 576–592.

Wilhelm Conrad Röntgen. Acta des Königl. Staats-Ministeriums des Inneren für Kirchen- und Schulangelegenheiten. Faksimile-Ausgabe. München 1959.

Wilhelm Conrad Roentgen 1845–1923. Bonn 1973.

Wilhelm Conrad Röntgen in Giessen 1879–1888. Katalog zur Ausstellung in der Universitätsbibliothek Giessen vom 28. Juni bis 27. Juli 1979 aus Anlass der Berufung Röntgens nach Giessen vor 100 Jahren. Giessen 1979 (= Berichte und Arbeiten aus der Universitätsbibliothek und dem Universitätsarchiv Giessen, Bd. 33).

Wilhelm Conrad Röntgen: Opera selecta. Remscheid-Lennep 1979 (= Veröffentlichungen des Deutschen Röntgenmuseums, Bd. 11).

Das Geburtshaus Wilhelm Conrad Röntgens in Remscheid-Lennep. Remscheid 1980 (= Heimatkundliche Hefte des Stadtarchivs Remscheid, Heft 14).

Schadewaldt, Hans: Anfänge der Röntgentherapie. Remscheid 1983 (= Schriftenreihe Deutsches Röntgen-Museum, Nr. 5).

Schimank, Hans: Nobelpreisträger der Röntgenphysik berichten von ihren Entdeckungen. Eine Zusammenstellung anläßlich des 50jährigen Bestehens der Nobelstiftung. Hamburg 1951 (= Röntgenstrahlen, Geschichte und Gegenwart, Bd. 1).

Schinz, Hans R.: Röntgen und Zürich. Aus alten Akten. In: Acta radiologica 15 (1934), S. 562–575.

Schivelbusch, Wolfgang: Lichtblicke. Zur Geschichte der künstlichen Helligkeit im 19. Jahrhundert. München 1983.

Schmid, Bastian (Hrsg.): Deutsche Naturwissenschaft, Technik und Erfindungen im Weltkriege. München, Leipzig 1919.

Schmolze, Gerhard (Hrsg.): Revolution und Räterepublik in München 1918/19 in Augenzeugenberichten. Mit einem Vorwort von Eberhard Kolb. Düsseldorf 1969.

Schreier, Wolfgang (Hrsg.): Biographien bedeutender Physiker. Berlin 1984.

Schreus, H. Th.: W.C. Röntgen. Entdecker neuer Strahlen. Ein kritischer Essay. Düsseldorf 1964 (= Schriftenreihe der Zeitschrift Zentralblatt für Sozialversicherung, Sozialhilfe und Versorgung, Bd. 2).

Schwabe, Klaus: Wissenschaft und Kriegsmoral. Die deutschen Hochschullehrer und die politischen Grundfragen des Ersten Weltkrieges. Göttingen, Zürich, Frankfurt/M. 1969.

Segrè, Emilio: Die großen Physiker und ihre Entdeckungen. Von den Röntgenstrahlen zu den Quarks. München, Zürich 1984.

Sehsucht. Das Panorama als Massenunterhaltung des 19. Jahrhunderts. Basel 1993 (= Katalog zur gleichnamigen Ausstellung in der Kunst- und Ausstellungshalle der Bundesrepublik Deutschland, 28.5.–10.10.1993).

Seifert, Richard (Hrsg.): Zur Geschichte der Physik an der Universität Würzburg. Festrede zur Feier des 312. Stiftungstages der Julius-Maximilians-Universität, gehalten am 2. Januar 1894 von Dr. W.C. Röntgen. Mit einem Nachwort von Herbert Böttger. Hamburg 1959.

Sommerfeld, Arnold: Zu Röntgens siebzigstem Geburtstag. In: Zeitschrift des Vereins Deutscher Ingenieure Nr. 15 vom 10. April 1915, Bd. 59, S. 293–295.

Speitkamp, Winfried: Wilhelm Conrad Röntgen. Bürger und Forscher. In: Archiv für Kulturgeschichte 75 (1993) 1, S. 123–151.

Spies, Paul: Über Roentgensche Strahlen. Populärer Experimentalvortrag, gehalten in der Urania zu Berlin. Berlin 1896 (= Sammlung populärer Schriften, herausgegeben von der Gesellschaft Urania zu Berlin, No. 39).

Statuten der physicalisch-medizinischen Gesellschaft in Würzburg. (Nach den Beschlüssen vom 2. December 1849, 21. December 1850 und 13. December 1851) Würzburg 1852.

Stichweh, Rudolf: Zur Entstehung des modernen Systems wissenschaftlicher Disziplinen. Physik in Deutschland 1740–1890. Frankfurt/M. 1984.

300 Jahre Straßenbeleuchtung in Berlin. Herausgegeben vom Senator für Bau- und Wohnungswesen. Berlin 1979.

Tijssen, Rainer, Günther Franz, Klaus Herrmann u.a.: 200 Jahre Schloß Hohenheim. Stuttgart-Hohenheim 1984 (= Mitteilungsblatt des Universitätsbundes Hohenheim, Nr. 4).

Töpner, Kurt: Gelehrte Politiker und politisierende Gelehrte. Die Revolution von 1918 im Urteil deutscher Hochschullehrer. Göttingen, Zürich, Frankfurt/M. 1970 (= Veröffentlichungen der Gesellschaft für Geistesgeschichte, Bd. 5).

Unger, Hellmuth: Wilhelm Conrad Röntgen. 2. Aufl. Hamburg 1954.

Universität Gießen: 375 Jahre Universität Gießen: 1607–1982. Geschichte und Gegenwart. Ausstellungskatalog. Gießen 1982.

Universität Hohenheim. Landwirtschaftliche Hochschule. 1818–1968. Stuttgart 1868.

Universität Zürich: Die Universität Zürich 1833–1933 und ihre Vorläufer. Festschrift zur Jahrhundertfeier. Herausgegeben vom Erziehungsrate des Kantons Zürich. Bearbeitet von Ernst Gagliardi, Hans Nabholz, Jean Strohl. Zürich 1938 (= Die Zürcherischen Schulen seit der Regeneration der 30er Jahre, 3. Bd.).

van Wylick, W.A.H.: Röntgen und die Niederlande. Ein Beitrag zur Biografie Wilhelm Conrad Röntgens. Remscheid-Lennep 1975.

vom Bruch, Rüdiger: Wissenschaft, Politik und öffentliche Meinung. Husum 1980 (= Historische Studien, Heft 435).

von Brocke, Bernhard: Von der Wissenschaftsverwaltung zur Wissenschaftspolitik. Friedrich Althoff (19.2.1839–20.10.1908). In: Berichte zur Wissenschaftsgeschichte 11 (1988), S. 1–26.
ders. (Hrsg.): Wissenschaftsgeschichte und Wissenschaftspolitik im Industriezeitalter. Das »System Althoff« in historischer Perspektive. Hildesheim 1991.

Walther, Kurt M.: Ein Leben mit Röntgenstrahlen. Röntgenschwester Leonie Moser und ihre Lebenserinnerungen. (Leer/Ostfriesland) 1967.

Weltausstellung in Paris 1900. Amtlicher Katalog der Ausstellung des Deutschen Reichs. Berlin 1900.

Wendel, Günter: Neue Dokumente von und über Wilhelm Conrad Röntgen. In: Strube, Irene, Hans Wussing (Hrsg.): Beiträge zur Geschichte der Naturwissenschaften, Technik und Medizin. Festschrift für Gerhard Harig. Leipzig 1964. Beiheft. S. 137–147.

Wheaton, Bruce R.: Impulse x-rays and radiant intensity: The double edge of analogy. In: Historical Studies in the Physical Sciences 11:2 (1981), S. 367–390.

Wölfflin, Ernst: Meine persönlichen Erinnerungen an W.C. Röntgen. München 1955.

Wolff, Stefan L.: August Kundt (1839–1894). Die Karriere eines Experimentalphysikers. In: Physis. Revista internationale di storia della Scienza 29 (1992) 2, S. 403–446.

Zehnder, Ludwig: Persönliches über W.C. Röntgen und seine Entdeckung. Sonderdruck aus: Die Umschau. Wochenschrift über die Fortschritte in Wissenschaft und Technik 13 (1935).
ders.: Persönliche Erinnerungen an W. C. Röntgen und über die Entwicklung der Röntgenröhre. Sonderdruck aus: Helvetica Physica Acta VI. Jg., Nr. 8.
ders.: W.C. Röntgen: Briefe an L. Zehnder. Mit den Beiträgen »Geschichte seiner Entdeckung der Röntgenstrahlen« und »Röntgens Einstellung zur Renaissance der klassischen Physik. Von Dr. Ludwig Zehnder«. Zürich, Leipzig, Stuttgart 1935.

Zeuner-Schnorf, Gustav: Röntgens Doktorvater in Zürich. (= Technische Rundschau 1958).

BILDQUELLEN

Arch. Roentgenology 1897:
Abb. 20

Baugeschichtliches Archiv der Stadt Zürich:
Abb. 4

Bayerisches Staatsarchiv, München:
Abb. 12

Berlin-Brandenburgische Akademie der Wissenschaften:
Abb. 26, 28

Deutsches Museum, München:
Abb. 13, 21, 24, 29

Deutsches Röntgen-Museum, Remscheid:
Abb. 2, 5, 6, 14, 15, 19, 30.

Institut für Geschichte der Medizin der Universität Würzburg:
Abb. 7

Joffe, A. (1967):
Abb. 23

Life magazine:
Abb. 18

Röntgen, W.C. (1888):
Abb. 8

Röntgen-Gedenkstätte der Fachhochschule Würzburg-Schweinfurt:
Abb. 3, 9, 10, 22, 27

South Kensington Museum, London:
Abb. 1, 16

Stadtarchiv Zürich:
Abb. 11

Universitätsbibliothek Würzburg:
Abb. 25

ABKÜRZUNGEN

ABR	Archives du Bas-Rhin, Straßburg
ADM	Archiv des Deutschen Museums, München
AUW	Archiv des Rektorats und Senats der Univ. Würzburg
BayHStAM	Bayerisches Hauptstaatsarchiv, München
BBAW	Berlin-Brandenburgische Akademie der Wissenschaften
FH	Röntgen-Gedächtnisstätte der FH Würzburg-Schweinfurt
GStA	Geheimes Staatsarchiv Preussischer Kulturbesitz, Berlin
HA	Handschriftenabteilung
NR	Nachlaß Emil Ritzmann
NZZ	Neue Zürcher Zeitung
RaK	Brief W.C. Rontgens an P.P. Koch
RM	Röntgen-Museum, Remscheid
RaZ	Brief W.C. Röntgens an L. Zehnder
RaFB	Brief W.C. Röntgens an Marcella Boveri
RaMB	Brief W.C. Röntgens an Margret Boveri
RaMuMB	Brief W.C. Röntgens an Marcella und Margret Boveri
RaTB	Brief W.C. Röntgens an T. Boveri
RSAoS	Royal Swedish Academy of Sciences, Stockholm
SN	Sommerfeld-Nachlaß
StAZ	Staatsarchiv des Kantons Zürich
StBB	Staatsbibliothek Berlin
TBaR	Brief T. Boveris an W.C. Röntgen
UAH	Universitätsarchiv, Museum zur Geschichte Hohenheims
UAM	Universitätsarchiv der Ludwig-Maximilians-Universität, München
UB	Universitätsbibliothek
WA ETH	Wissenschaftshist. Abteilung der ETH Zürich
ZaR	Brief L. Zehnders an W.C. Röntgen
ZB Zürich	Zentralbibliothek Zürich